Springer-Lehrbuch

Springer-Verlag Berlin Heidelberg GmbH

Wilhelm Rödder

Wirtschaftsmathematik für Studium und Praxis 1

Lineare Algebra

Mit 36 Abbildungen
und 13 Tabellen

Springer

Prof. Dr. Wilhelm Rödder
FernUniversität Hagen
Fachbereich Wirtschaftswissenschaft,
Lehrgebiet für Betriebswirtschaftslehre,
insb. Operations Research
Postfach 940
D-58084 Hagen

Die Deutsche Bibliothek - CIP-Einheitsaufnahme

Wirtschaftsmathematik für Studium und Praxis. - Berlin ; Heidelberg ; New York ; Barcelona ; Budapest ; Hong Kong ; London ; Milan ; Paris ; Santa Clara ; Singapore ; Tokyo : Springer.
(Springer-Lehrbuch)

1. Lineare Algebra : mit 13 Tabellen / Wilhelm Rödder. - 1996
ISBN 978-3-540-61706-8 ISBN 978-3-642-59085-6 (eBook)
DOI 10.1007/978-3-642-59085-6
NE: Rödder, Wilhelm

ISBN 978-3-540-61706-8

SPIN 10488543 42/2202-5 4 3 2 1 0 – Gedruckt auf säurefreiem Papier

Vorwort

In den Wirtschaftswissenschaften beschäftigt man sich mit dem Einsatz knapper Ressourcen zur Befriedigung menschlicher Bedürfnisse. Ressourcen sind Stoffe und Materialien, Kräfte, Rechte, Dispositionen etc. Da die Ressourcen knapp sind, müssen sie bewirtschaftet werden; Bewirtschaften bedeutet ihren Einsatz nach dem ökonomischen Prinzip: Bestimmte Leistungen zur Bedürfnisbefriedigung sollen mit möglichst geringem Ressourcenverzehr erreicht werden. Der Anspruch, ökonomisch zu wirtschaften, erfordert also eine Bewertung von Ressourcen und Leistungen, z.B. in Geldeinheiten.

In modernen Volkswirtschaften und Unternehmen sind die Prozesse des ökonomischen Einsatzes von Ressourcen zur Leistungserstellung sehr kompliziert geworden. Um die Prozesse

- beschreiben
- erklären
- optimieren

zu können, bedient man sich gewisser Modellvorstellungen. Die Modelle heißen dementsprechend Beschreibungs-, Erklärungs- bzw. Optimierungsmodelle. Nun hat sich bereits in den Ingenieurswissenschaften, in der Physik, der Chemie und z.B. auch in der modernen Biologie gezeigt, daß *mathematische* Modelle sehr gut zur Abbildung realer Phänomene der jeweiligen Heimwissenschaft geeignet sind. Die Mathematik übernimmt hier die Funktion einer *Hilfswissenschaft*.

mathematische Modelle

Hilfswissenschaft

Wirtschaftswissenschaftler bedienen sich nolens volens in den letzten vier bis fünf Jahrzehnten ebenfalls verstärkt mathematischer Hilfsmittel zur Untersuchung ihres Forschungsgegenstands „Wirtschaft“.

Die „Wirtschaftsmathematik“ ist eine Zusammenfassung der in den Wirtschaftswissenschaften gemeinhin benötigten mathematischen Kenntnisse. Traditionell teilt sie sich auf in „Lineare Algebra“ und „Analysis“. Während die Analysis im wesentlichen die Differential- und Integralrechnung von reellwertigen Funktionen umfaßt, beschäftigt sich die Lineare Algebra mit Vektoren und linearen Abbildungen zwischen Vektorräumen.

Die Analysis ist stets Gegenstand der Lehre an deutschen höheren Schulen, die Lineare Algebra ist es erstaunlicherweise nicht in gleichem Maße. Erstaunlicherweise, da sie weder schwieriger als die Analysis ist, noch weniger Anwendungen in Physik, den Ingenieurswissenschaften oder eben den Wirtschaftswissenschaften hat.

Der vorliegende Lehrtext „Wirtschaftsmathematik für Studium und Praxis" erscheint in drei Bänden mit den Untertiteln

- Lineare Algebra (Kapitel 1 bis 9)
- Analysis I (Kapitel 10 bis 12)
- Analysis II (Kapitel 13 bis 16)

Er ist inhaltsgleich mit dem an der FernUniversität (FeU) in Hagen entwickelten Kurs *Mathematik für Wirtschaftswissenschaftler*. Wesentliche Anregungen zum Inhalt wurden aus dem von T. Gal, H.-J. Kruse, G. Piehler, B. Vogeler, und H. Wolf verfaßten Vorläufer gleichen Namens entnommen, um die Kontinuität der Lehre zu gewährleisten. Den Wünschen der Lehrgebietsvertreter aller speziellen Betriebs- und Volkswirtschafslehren an der FernUniversität hinsichtlich der Inhalte wurde Rechnung getragen. Ca. ein Drittel der ersten fünf Kapitel ist eine überarbeitete Fassung der seinerzeit vom Unterzeichner in Koautorenschaft mit H.-J. Zimmermann und G. Sommer für die FernUniversität erstellten Kurseinheiten „Grundlagen der Linearen Algebra" und „Lineare Gleichungssysteme". Kapitel 10 ist fast identisch mit dem von G. Piehler verfaßten Kapitel aus dem Vorläuferkurs.

Der Text ist stark strukturiert: Wichtige mathematische Vereinbarungen sind als *Definitionen*, wichtige Aussagen als *Sätze* oder deren *Korollare* formuliert; *Beispiele* erläutern mathematische Zusammenhänge oder stellen den Bezug zu wirtschaftswissenschaftlichen Anwendungen her, *Abbildungen* visualisieren sie. In *Übungsaufgaben* werden Sie aufgefordert, Ihr Wissen zu überprüfen. Die Lösungen sind zwar in jedem Band am Ende beigefügt, sollten jedoch nur zur Kontrolle eigener Lösungsvorschläge dienen.

Speziell an der FernUniversität, aber auch verstärkt an Präsenzuniversitäten und in der Praxis ist der Lernende auf sich selbst gestellt; mit der Folge oft großer Unsicherheit hinsichtlich der Einschätzung eigenen Vorwissens und eines geeigneten Lernrhythmus. Wir haben dieser Unsicherheit Rechnung getragen, indem wir einen (in allen Bänden gleichen) Leitfaden zur Lektüre anbieten. Dort werden Sie sicher durch den Lehrstoff geführt.

Band 1 „Lineare Algebra" führt in die Vektor- und Matrizenrechnung ein, stellt Lineare Gleichungssysteme mit Lösungsalgorithmen vor, berichtet über Determinanten sowie deren mögliche Anwendungen und liefert Grundlagen der Eigenwerttheorie und Aussagen zur Definitheit von Matrizen. Schließlich wird das Rüstzeug zur Vorbereitung auf die Lineare Programmierung entwickelt. Alle Inhalte sind ökonomisch motiviert und um wirtschaftliche Anwendungen ergänzt. Der Leser wird auch auf Theorien verwiesen, in denen der vorgestellte Stoff Verwendung findet: etwa das betriebswirtschaftliche und das volkswirtschaftliche Input-Output Modell nach Leontieff. Die Mathematik wird anschaulich und ohne unnötige formale Beweise vermittelt.

Frau Gaus-Faltings trug zum Entstehen des Buches durch zahlreiche ökonomische Beispiele bei. Frau Schartl und Frau Michalik unterzogen sich der Mühe, den Text zu schreiben. Die Mitarbeiter an meinem Lehrgebiet mußten monatelang Gespräche bzgl. Inhalt und Gestaltung des Kurses über sich ergehen lassen. Frau Dr. Piehler war der gute Geist, bei dem über die fachlichen Gespräche hinaus alle organisatorischen Fäden zusammenliefen. Ihnen allen sei herzlich gedankt.

Hagen, im Juni 1996

Inhaltsverzeichnis

Leitfaden zur Lektüre der Wirtschaftsmathematik

Durch zahlreiche Gespräche mit Mentoren und Studenten wurden wir angeregt, diesen Leitfaden zu schreiben. Er soll ein effizientes Durcharbeiten der drei Bände ermöglichen und Ihnen die Scheu vor dem Stoff nehmen.

Für diejenigen unter Ihnen, die an der Schule den Leistungskurs Mathematik gewählt oder aber bereits ein quantitatives Studienfach absolviert haben, ist die Wirtschaftsmathematik ohnehin „Spielerei". Den übrigen wird empfohlen, ohne Berührungsängste an das Fach heranzugehen: Auch wenn sich Ihr Interesse an den Naturwissenschaften bisher in Grenzen hielt – Sie finden heute kaum noch ein Studienfach ohne formal-mathematische und EDV-technische Grundlagen.

Natürlich gibt es auch für den mathematisch gut vorgebildeten Leser viel Neues, denn der Kurs Wirtschaftsmathematik verfolgt das Ziel, neben den bereits aufgezählten Grundlagen gerade die Sachverhalte zu vermitteln, die im Lauf eines wirtschaftswissenschaftlichen Studiums immer wieder gebraucht werden, die in der Schulmathematik oder Studiengängen der Naturwissenschaften jedoch vernachlässigt werden.

Die folgenden Ausführungen teilen wir auf in Lektüreratschläge für den Studenten mit einer *schwächeren* und den mit einer *umfassenderen* mathematischen Vorbildung.

Wenig mathematische Vorbildung

Zunächst sollten Sie z.B. anhand eines einführenden Mathematiklehrbuches – im Literaturverzeichnis mit * gekennzeichnet – überprüfen, ob Ihr Wissen auf dem bundeseinheitlichen Niveau ist, welches für eine Hochschulzugangsberechtigung erwartet wird. Grundzüge der Geometrie und Algebra, Rechnen mit Folgen und Reihen sowie der Umgang mit elementaren Funktionen und ähnliches wird hier also vorausgesetzt.

Dennoch bieten wir Ihnen in Kapitel 10 des Bandes 2 eine gute Wiederholung des Stoffs zu Funktionen einer Variablen, Grenzwerten, Stetigkeit sowie zu Folgen und Reihen an. Dieses Kapitel kann völlig losgelöst von den Kapiteln 1 bis 9 studiert werden!

Recht bald schon werden Sie im wirtschaftswissenschaftlichen Studium mit Phänomenen konfrontiert, die sich mittels Vektoren und Matrizen, Linearen Gleichungssystemen oder Determinaten darstellen lassen. Welcher Art diese Phänomene sein können, ist in Kapitel 1 unter dem Titel „Lineare Zusammenhänge in der Wirtschaft" gezeigt. Es wird keinesfalls erwartet, daß Sie diese Probleme bereits selbst formulieren geschweige denn lösen können.

Stellen Sie einfach mit Erstaunen fest, daß man recht interessante Fragestellungen mittels Vektoren und Matrizen beschreiben kann! Gewöhnen Sie sich an die Indizierung von allgemeinen Zahlen, das Summationszeichen sowie die Vektoren- und Matrixschreibweise!

Die Kapitel 2 bis 6 sind dann Grundlagen der Linearen Algebra, angereichert um ökonomische Anwendungen. Kapitel 7 geht über die Grundlagen hinaus; der Inhalt darf jedoch in einem Grundkurs nicht fehlen, da dieser in späteren Semestern oder in der Praxis gelegentlich auch als *Nachschlagewerk Mathematik* dienen soll.

Die Inhalte von Kapitel 8 finden sich ebenfalls in allen Lehrbüchern der Wirtschaftsmathematik. Sollten Sie im Hauptstudium Produktionstheorie oder Operations Research als Spezialgebiete wählen, werden Ihnen die hier entwickelten geometrischen Vorstellungen nützen – ansonsten können Sie beim Durcharbeiten von Kapitel 8 die Zügel etwas lockern.

Kapitel 9 bereitet auf die Lineare Planungsrechnung vor, so wie sie in zahlreichen Teildisziplinen der Wirtschaftswissenschaften Anwendung findet.

Das folgende Ablaufschema zeigt also eine völlig streßfreie Variante bei der Lektüre der Studieninhalte der Kapitel 1 bis 10.

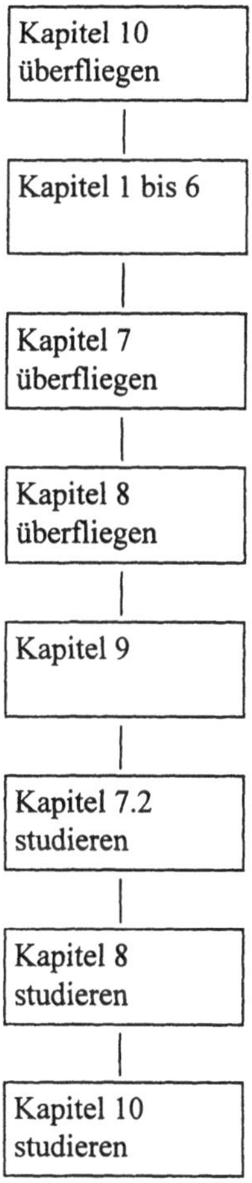

In Band 2 wird wieder der Tatsache Rechnung getragen, daß viele Studienanfänger mit den Grundlagen von reellen Funktionen, Folgen und Reihen sowie der Infinitesimalrechnung auf dem Kriegsfuß stehen. Der Inhalt von Kapitel 10 wurde bereits oben behandelt, Kapitel 11 und 12 stellen eine Zusammenfassung von Grundwissen zum Ableitungsbegriff, zu Kurvendiskussionen und zur Integralrechnung dar. Neu sind jedoch hier die ökonomischen Anwendungen, Ihnen sollten Sie Ihre besondere Aufmerksamkeit schenken.

Mit Kapitel 13 des Bandes 3 beginnt die Differentialrechnung für mehrdimensionale Funktionen und in Kapitel 14 wird nach Extrema bei solchen Funktionen gesucht. Sie dürfen getrost den theoretischen Teil von Kapitel 14 nur diagonal lesen, sollten aber den Abschnitt 14.5 über Extrema unter Nebenbedingungen intensiv bearbeiten.

Lesen Sie Kapitel 15 über Differential- und Differenzengleichungen diagonal, pikken sich jedoch die ökonomischen Anwendungen heraus und merken sich Namen und Bezugsfeld. Tun Sie gleiches mit Kapitel 16!

Streßfreies Studium der Bände 2 und 3 läuft also wie folgt ab:

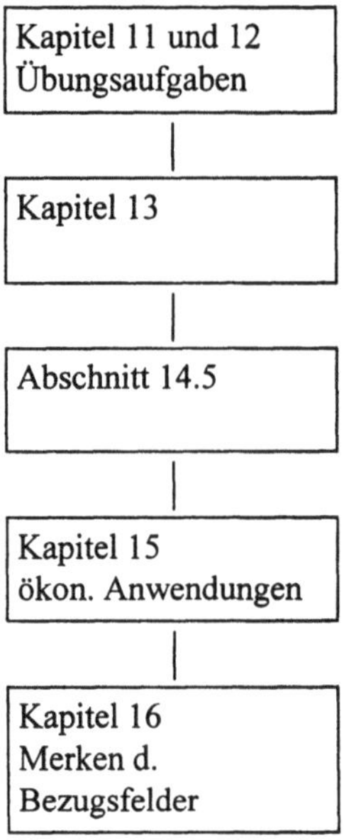

Gute mathematische Vorbildung

Für Sie gibt es zwei Varianten des Studiums der Wirtschaftsmathematik:

- Sie betrachten den Kurs als willkommene Wiederholung und Zusammenfassung Ihres Wissens. Sie lesen ihn daher ganz.
- Sie wollen schnell nur über die wirtschaftswissenschaftlichen Anwendungen informiert werden. Sollten Sie diesen Weg wählen, müssen Sie allerdings über die folgenden mathematischen Teilbereiche umfassende Kenntnisse haben.

Lineare Algebra: Vektorrechnung im $\boldsymbol{R}^n$; Lineare (Un-) Abhängigkeit; Dimension und Basis des $\boldsymbol{R}^n$; Hyperräume; Halbräume; Orthonormalisierung von Basen; Matrizen und ihre Grundrechenarten; Lineare Gleichungssysteme und deren Lösung mittels des Gaußschen Eliminationsverfahrens; Rang und Inverse von Matrizen; Determinanten mit Laplaceschem Entwicklungssatz und Cramerscher Regel; Definitheit von quadratischen Formen; Polyeder und Kegel; Lineare Optimierung.

Analysis: Funktionsbegriff und reelle Funktionen einer Variablen wie Polynome, trigonometrische Funktionen und Exponentialfunktionen sowie deren Eigenschaften; Differential- und Integralrechnung von Funktionen einer Variablen; Grenzwerte bei unbestimmten Ausdrücken (l'Hospital); Differentialrechnung von Funktionen mehrerer Variabler; Extrema von mehrdimensionalen Funktionen ohne und mit Nebenbedingung (Lagrange-Ansatz); klassische Lösungen von Differential- und Differenzengleichungen.

Für beide Gruppen von Studierenden, die „Wiederholer" und die „Schnellen", ist das Durchrechnen aller Übungsaufgaben unerläßlich. Ferner sollten Sie vertieft auf die folgenden wirtschaftswissenschaftlichen Anwendungen achten.

Lineare Algebra: Kapitel 1; Beispiele des Kapitels 4 zur Matrizenrechnung; Abschnitt 4.5; Beispiel 5.5.4; Abschnitt 5.9; Kapitel 9.

Analysis: Kosten-, Erlös-, Gewinn- und Nachfragefunktionen, Abschreibungen und Zinseszinsrechnung in Kapitel 10 sowie speziell Abschnitt 10.15; ökonomische Anwendungen der Differential- und Integralrechnung in Abschnitt 12.4; Änderungsraten und Elastizitäten in den Abschnitten 13.4 und 13.5; Extremwertberechnungen in der Ökonomie in 14.4; der gesamte Abschnitt 14.5 über Extrema unter Nebenbedingungen; die Beispiele 15.2.3 und 15.4.4, Abschnitt 15.7 sowie Abschnitt 15.9 in Kapitel 15; das gesamte Kapitel 16.

Wir hoffen, daß der Leitfaden Ihnen das Bearbeiten der „Wirtschaftsmathematik für Studium und Praxis" erleichtert.

Inhaltsübersicht zu Band 2

Inhaltsübersicht zu Band 3

Symbolverzeichnis

Mengenlehre/Logik

$x \leq y$ (bzw. $x \geq y$)	x ist kleiner (bzw. größer) oder gleich y
$x < y$ (bzw. $x > y$)	x ist echt kleiner (bzw. echt größer) y
$x = y$ (bzw. $x \neq y$)	x ist gleich (bzw. ungleich) y
$\pi \approx 3{,}14$	π ist ungefähr gleich 3,14
( )	runde Klammern bei Vektoren, Punkten, Matrizen, offenen Intervallen und geordneten Paaren
[ ]	eckige Klammern bei abgeschlossenen Intervallen
{ }	geschweifte Klammern bei Mengen
$\boldsymbol{N}$ (bzw. $\boldsymbol{N}_0$)	Menge der natürlichen Zahlen (bzw. einschließlich der Null)
$\boldsymbol{Z}$	Menge der ganzen Zahlen
$\boldsymbol{Q}$	Menge der rationalen Zahlen
$\boldsymbol{R}$ (bzw. $\boldsymbol{R}_+$)	Menge der reellen (bzw. positiven reellen) Zahlen
$\boldsymbol{C}$	Menge der komplexen Zahlen
$\boldsymbol{R}^n$	Menge der n-komponentigen reellen Vektoren
$x \in M$ (bzw. $x \notin M$)	x ist (bzw. ist nicht) Element von M
$\{x \mid x \in M\}$	die Menge aller x, für die $x \in M$ gilt
$\{x \in M \mid \ldots\}$	die Menge aller x aus M, für die … gilt
$\emptyset$	leere Menge
$A \subset B$ (bzw. $A \not\subset B$)	A ist (bzw. ist keine) Teilmenge von B
$A \underset{\neq}{\subset} B$	A ist echte Teilmenge von B
$A \cup B$	Vereinigungsmenge (oder: A vereinigt mit B)
$A \cap B$	Schnittmenge (oder: A geschnitten mit B)
$A \setminus B$	Differenzmenge (oder: A ohne B)
$A \times B$	kartesisches Produkt (oder: A kreuz B)
(a,b)	geordnetes Paar (oder auch: offenes Intervall, je nach Zusammenhang)
$p \Rightarrow q$	aus p folgt q (oder: Implikation)

$p \Leftrightarrow q$	p gilt genau dann, wenn q gilt (oder: Äquivalenz)
$p \wedge q$	p und q (oder: Konjunktion)
$p \vee q$	p oder q oder beides (oder: Disjunktion)
$\neg p$	nicht p (oder: Negation)
$j = 1,\ldots,n$	Der Index j läuft von 1 bis n
$\sum_{j=k}^{n}$	Summe über j von k bis n $\left[\text{z.B. } \sum_{j=3}^{5} a_j = a_3 + a_4 + a_5\right]$
$\prod_{j=k}^{n}$	Produkt über j von k bis n $\left[\text{z.B. } \prod_{j=3}^{5} a_j = a_3\, a_4\, a_5\right]$
$n!$	n-Fakultät, $n! = \prod_{j=1}^{n} j$
$\mathrm{U}_\varepsilon(\mathbf{x})$	ε - Umgebung des Punktes $\mathbf{x}$
U_r	r - Kugel mit Radius r
$[\mathbf{x},\mathbf{y}]$ bzw. $(\mathbf{x},\mathbf{y})$	Abgeschlossenes bzw. offenes Intervall des $\boldsymbol{R}^n$
$[\mathbf{x},\mathbf{y}), (\mathbf{x},\mathbf{y}]$	Halboffene Intervalle des $\boldsymbol{R}^n$

Lineare Algebra

$\mathbf{a} = (a_1,\ldots,a_n)^{\mathrm{T}} = \begin{pmatrix} a_1 \\ \vdots \\ a_n \end{pmatrix}$	Spaltenvektor $\mathbf{a} \in \boldsymbol{R}^n$
$\mathbf{a}^{\mathrm{T}} = (a_1,\ldots,a_n)$	Zeilenvektor; der transponierte Vektor von $\mathbf{a}$ (lies: „a transponiert")
$\mathbf{a}^i = \begin{pmatrix} a^i{}_1 \\ \vdots \\ a^i{}_n \end{pmatrix}$	indizierter Spaltenvektor
$\mathbf{a}^{i\mathrm{T}} = (a^i{}_1,\ldots,a^i{}_n)$	indizierter Zeilenvektor
$a_j, a^i{}_j$	j-te Komponente des Vektors $\mathbf{a}$ bzw. $\mathbf{a}^i$
$\mathbf{0} = (0,\ldots,0)^{\mathrm{T}}$	(n-komponentiger) Nullvektor
$\mathbf{e}^i$	i-ter Einheitsvektor $\left[\text{z.B. } \mathbf{e}^2 = (0,1,0,0)^{\mathrm{T}} \in \boldsymbol{R}^4\right]$
$\Vert\mathbf{a}\Vert$	Betrag oder Norm des Vektors $\mathbf{a}$

$\mathbf{A} = \mathbf{A}_{m,n} = (a_{ij}) = (a_{ij})_{m,n} = \begin{pmatrix} a_{11} & \cdots & a_{1n} \\ \vdots & & \vdots \\ a_{m1} & \cdots & a_{mn} \end{pmatrix}$	$m \times n$ - Matrix mit den Elementen $a_{ij},\ i = 1,\ldots,m,\ j = 1,\ldots,n$

bei Matrizen:

a^j	j-ter Spaltenvektor der Matrix **A**
$a^{[i]}$	i-ter Zeilenvektor der Matrix **A**
$\mathbf{A}_n = (a_{ij})_n$	$n \times n$ -Matrix
$\mathbf{I},\ \mathbf{I}_n$	Einheitsmatrix $\left[\text{z.B. } \mathbf{I}_3 = \begin{pmatrix} 1 & 0 & 0 \\ 0 & 1 & 0 \\ 0 & 0 & 1 \end{pmatrix}\right]$
$\mathbf{0}_{m,n},\ \mathbf{0}_n$	Nullmatrix $\left[\text{z.B. } \mathbf{0}_{2,3} = \begin{pmatrix} 0 & 0 & 0 \\ 0 & 0 & 0 \end{pmatrix},\ \mathbf{0}_2 = \begin{pmatrix} 0 & 0 \\ 0 & 0 \end{pmatrix}\right]$
$\mathbf{A}^{\mathrm{T}}$	transponierte Matrix von **A**
$\mathbf{A}^{-1}$	inverse Matrix von **A**
$Rg\ \mathbf{A}$	Rang von **A**
$\lvert\mathbf{A}\rvert,\ \det \mathbf{A}$	Determinante von **A**
$a_{ij}^{\text{alt}},\ a_{ij}^{\text{neu}}$	Elemente der Matrix $\mathbf{A} = (a_{ij})$ vor bzw. nach Durchführung eines Pivotschrittes
$\mathbf{Ax} = \mathbf{b}$	Lineares Gleichungssystem mit der Koeffizientenmatrix **A**, dem Variablenvektor **x** und der rechten Seite **b**
$(\mathbf{A}\vert\mathbf{b})$	Erweiterte Koeffizentenmatrix
B bzw. **N**	Basis(-matrix) bzw. Matrix der Nichtbasisvektoren
$\mathbf{x}_{\mathrm{B}}$	Vektor der Basisvariablen
$\mathbf{x}_{\mathrm{N}}$	Vektor der Nichtbasisvariablen (oder: der frei wählbaren) Variablen
$q(\mathbf{x}) = \mathbf{x}^{\mathrm{T}}\mathbf{Ax}$	quadratische Form

Kapitel 1

Lineare Zusammenhänge in der Wirtschaft

1.1. Vektoren, Matrizen und Lineare Planungsrechnung

Studieren Sie aufmerksam die folgenden Beispiele ökonomischer Sachverhalte.

Beispiel 1.1.1

Die Preisskala eines Unternehmens für die Produkte $P_1, P_2, \ldots, P_n$ sei $(p_1, p_2, \ldots, p_n)$. n Zahlen bei fester Reihenfolge (durch Indizierung und Klammerung angedeutet) werden n-Tupel genannt. Nach Einführung gewisser Operationen werden wir solche n-Tupel auch oft n-Vektoren oder Vektoren mit n Komponenten nennen.

Die Auftragsmengen des Kunden 1 für die Produkte $P_1, P_2, \ldots, P_n$ seien $(q_{11}, q_{12}, \ldots, q_{1n})$. Der erste Index steht hierbei für den Kunden und der zweite Index für die Produktnummer.

Analog seien die Auftragsmengen für die Kunden 2, 3, …, m:

$$\begin{array}{l} (q_{21}, q_{22}, \ldots, q_{2n}) \\ (q_{31}, q_{32}, \ldots, q_{3n}) \\ \ \vdots \quad\ \vdots \qquad\ \ \vdots \\ (q_{m1}, q_{m2}, \ldots, q_{mn}). \end{array}$$

Speziell könnten folgende Zahlen für die allgemeinen Symbole stehen:

Die Preisliste für fünf Produkte (z.B. in DM/St.) sei:

$$(p_1, p_2, p_3, p_4, p_5) = (4, 5, 6, 1, 3).$$

Die Bestellmengenlisten der Kunden 1 bis 3 (z.B. in St.) seien:

$$(q_{11}, q_{12}, q_{13}, q_{14}, q_{15}) = (500, \ 20, \ 30, 100, \ 20)$$

$$(q_{21}, q_{22}, q_{23}, q_{24}, q_{25}) = (400, \ 50, \ 20, 300, \ 20)$$

$$(q_{31}, q_{32}, q_{33}, q_{34}, q_{35}) = (250, 100, 100, 100, \ 30).$$

Will man nun den Erlös aus der Bestellung des Kunden 1 berechnen, geht man doch offensichtlich wie folgt vor:

Man multipliziert die Mengen mit den dazugehörigen Preisen und summiert über alle Produkte. Also:

$$\begin{aligned} &q_{11} \cdot p_1 + q_{12} \cdot p_2 + q_{13} \cdot p_3 + q_{14} \cdot p_4 + q_{15} \cdot p_5 = \\ &500 \cdot 4 + 20 \cdot 5 + 30 \cdot 6 + 100 \cdot 1 + 20 \cdot 3 = 2440 \text{ DM}. \end{aligned}$$

Vereinbart man eine „Multiplikation" von n-Tupeln bzw. n-Vektoren in der gerade durchgeführten Weise, ist der Erlös also einfach das Produkt des Mengenvektors mit dem Preisvektor. In diesem Produkt schreibt man gewöhnlich den voranstehenden Vektor als Zeile: z.B. $(q_{11}, q_{12}, \ldots, q_{1n})$ und den nachstehenden Vektor als Spalte:

$$\begin{pmatrix} p_1 \\ p_2 \\ \vdots \\ p_n \end{pmatrix}.$$

Multipliziert man einen solchen Zeilenvektor mit einem Spaltenvektor, erhält man keinen neuen Vektor, sondern eine Zahl.

In unserem Beispiel ist das etwa der Gesamterlös beim Kunden 1, nämlich 2440 DM. Analog zu unserem Beispiel läßt sich allgemein eine solche Multiplikation von Vektoren als Summe schreiben.

$$(q_{11}, q_{12}, \ldots, q_{1n}) \begin{pmatrix} p_1 \\ p_2 \\ \vdots \\ p_n \end{pmatrix} = \sum_{j=1}^{n} q_{1j} p_j.$$

Für die Erlöse der Aufträge des Kunden 2 bzw. 3 ergibt sich:

$$\begin{aligned} &q_{21} \cdot p_1 + q_{22} \cdot p_2 + q_{23} \cdot p_3 + q_{24} \cdot p_4 + q_{25} \cdot p_5 = \\ &400 \cdot 4 + 50 \cdot 5 + 20 \cdot 6 + 300 \cdot 1 + 20 \cdot 3 = 2330 \text{ DM} \end{aligned}$$

$$q_{31} \cdot p_1 + q_{32} \cdot p_2 + q_{33} \cdot p_3 + q_{34} \cdot p_4 + q_{35} \cdot p_5 =$$
$$250 \cdot 4 + 100 \cdot 5 \ + 100 \cdot 6 \ + 100 \cdot 1 \ + 30 \cdot 3 \ = 2290 \text{ DM} .$$

Die allgemeine Notierung für Kunden 2 bis m und n Produkte ist:

$$(q_{21}, q_{22}, \dots, q_{2n}) \begin{pmatrix} p_1 \\ p_2 \\ \vdots \\ p_n \end{pmatrix} = \sum_{j=1}^{n} q_{2j} p_j$$

bis

$$(q_{m1}, q_{m2}, \dots, q_{mn}) \begin{pmatrix} p_1 \\ p_2 \\ \vdots \\ p_n \end{pmatrix} = \sum_{j=1}^{n} q_{mj} p_j .$$

Wir vereinbaren nun folgende Schreibweise: statt der einzelnen Mengenvektoren schreibt man ein Zahlenschema mit Klammern

$$\begin{pmatrix} 500 & 20 & 30 & 100 & 20 \\ 400 & 50 & 20 & 300 & 20 \\ 250 & 100 & 100 & 100 & 30 \end{pmatrix} .$$

Die Zeilen dieses Zahlenschemas sind die Mengenvektoren der Kunden 1, 2 und 3. Solch ein Zahlenschema heißt Matrix. Die obige Matrix „führt den Preisvektor in den Erlösvektor über“. Jede Zeile dieser Matrix (Bestellmengen eines Kunden) wird also mit dem Vektor der Preise in oben dargestellter Weise multipliziert. Man erhält dann den Erlösvektor für alle Kunden

$$\begin{matrix} \text{1. Zeile} \\ \text{2. Zeile} \\ \text{3. Zeile} \end{matrix} \begin{pmatrix} 500 & 20 & 30 & 100 & 20 \\ 400 & 50 & 20 & 300 & 20 \\ 250 & 100 & 100 & 100 & 30 \end{pmatrix} \begin{pmatrix} 4 \\ 5 \\ 6 \\ 1 \\ 3 \end{pmatrix} = \begin{pmatrix} 2440 \\ 2330 \\ 2290 \end{pmatrix} .$$

Sie werden zu Recht sagen: für dieses Beispiel war die vorgestellte Terminologie überflüssig. Es wäre auch ohne sie gegangen! Daher jetzt ein Beispiel, das die Notwendigkeit der Hilfsmittel der Linearen Algebra besser erkennen läßt.

Beispiel 1.1.2

Ein Förderungs- und Veredelungsbetrieb ist nach den vier Profitzentren Energie, Transport, Förderung und Veredelung organisiert. In den Zentren fallen Primärkosten und Sekundärkosten für den Leistungsbezug von anderen Zentren an. Die Primärkosten pro Jahr mögen in Mio. DM betragen:

E	*T*	*F*	*V*
880	840	1030	950

.

Die relativen Leistungsabgaben in Prozent der Gesamtleistung sind in folgendem Leistungsgeflecht, das man auch einen Gozintographen nennt, dargestellt.

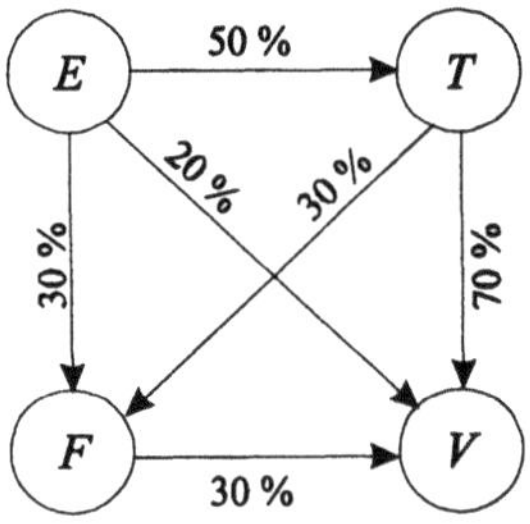

Abb. 1.1.3: Gozintograph der relativen Leistungsabgaben

Die Gleichung Gesamtkosten = Primärkosten + Sekundärkosten läßt sich nun wie folgt spezifizieren:

$$\begin{aligned} KE &= 880 \\ KT &= 840 + 0{,}5\,KE \\ KF &= 1030 + 0{,}3\,KE + 0{,}3\,KT \\ KV &= 950 + 0{,}2\,KE + 0{,}7\,KT + 0{,}3\,KF\,. \end{aligned}$$

Dies ist ein lineares Gleichungssystem, für das die Variablen *KE*, *KT*, *KF*, *KV* bestimmt werden müssen. Ihre Werte stellen dann die Gesamtkosten der einzelnen Profitzentren, ihre Werte abzüglich der Primärkosten die Sekundärkosten dar.

Offensichtlich sind die Zusammenfassungen $\begin{pmatrix} KE \\ KT \\ KF \\ KV \end{pmatrix}$ und $\begin{pmatrix} 880 \\ 840 \\ 1030 \\ 950 \end{pmatrix}$ Vektoren; das

Zahlenschema $\begin{pmatrix} 0 & 0 & 0 & 0 \\ 0{,}5 & 0 & 0 & 0 \\ 0{,}3 & 0{,}3 & 0 & 0 \\ 0{,}2 & 0{,}7 & 0{,}3 & 0 \end{pmatrix}$ stellt wie im ersten Beispiel eine Matrix dar.

Die obige Kostengleichung kann man auch schreiben

$$\begin{pmatrix} KE \\ KT \\ KF \\ KV \end{pmatrix} = \begin{pmatrix} 880 \\ 840 \\ 1030 \\ 950 \end{pmatrix} + \begin{pmatrix} 0 & 0 & 0 & 0 \\ 0{,}5 & 0 & 0 & 0 \\ 0{,}3 & 0{,}3 & 0 & 0 \\ 0{,}2 & 0{,}7 & 0{,}3 & 0 \end{pmatrix} \begin{pmatrix} KE \\ KT \\ KF \\ KV \end{pmatrix},$$

wenn man darunter eine zeilenweise Gleichsetzung der Gesamtkosten mit den Primärkosten und den akkumulierten Sekundärkosten versteht.

Als Ergebnis, das Sie überprüfen sollten, erhält man

$$\begin{pmatrix} KE \\ KT \\ KF \\ KV \end{pmatrix} = \underbrace{\begin{pmatrix} 880 \\ 1280 \\ 1546 \\ 2023 \end{pmatrix}}_{\text{Gesamt -}} = \underbrace{\begin{pmatrix} 880 \\ 840 \\ 1030 \\ 950 \end{pmatrix}}_{\text{Primär -}} + \underbrace{\begin{pmatrix} 0 \\ 440 \\ 516 \\ 1073 \end{pmatrix}}_{\text{Sekundärkosten.}}$$

Bei der Überprüfung des Ergebnisses haben Sie gemerkt, daß die rekursive Einsetzbarkeit die Lösung einfach macht.

$$\begin{array}{lllll} KE & & & & \\ KT & \leftarrow & KE & & \\ KF & \leftarrow & KE & KT & \\ KV & \leftarrow & KE & KT & KF \end{array}$$

Das liegt daran, daß die Leistungsverflechtung „zyklenfrei“ ist. Es gibt keine „Rückverflechtungen“ von nachgelagerten Profitzentren zu vorgelagerten. Im Laufe des Kurses werden wir auch rückgekoppelte Fälle studieren.

Noch eindringlicher als die beiden ersten weist das dritte Beispiel auf die Eignung von Instrumenten aus der Linearen Algebra zur Darstellung und Lösung ökonomischer Sachverhalte hin.

Beispiel 1.1.4

In einem Großkrankenhaus besteht folgender mittlere Bedarf an Pflegepersonal:

0 – 4	Uhr	300	Personen
4 – 8	Uhr	1000	Personen
8 – 12	Uhr	800	Personen
12 – 16	Uhr	500	Personen
16 – 20	Uhr	1000	Personen
20 – 24	Uhr	500	Personen

Das Personal arbeitet in sechs Schichten:

Nachtschicht 1	20 – 4	Uhr	4500 DM
Nachtschicht 2	0 – 8	Uhr	4500 DM
Frühschicht	4 – 12	Uhr	3750 DM
Tagschicht 1	8 – 16	Uhr	3000 DM
Tagschicht 2	12 – 20	Uhr	3000 DM
Spätschicht	16 – 24	Uhr	3750 DM

Aufgrund von 25 bzw. 50% Zuschlägen für Früh-, Spät- bzw. Nachtschichten sind die mittleren monatlichen Bruttolöhne verschieden, sie sind oben in der letzten Spalte beigefügt.

Die Schichten sollten personalkostenoptimal besetzt werden – dabei sind jedoch die Bedarfe einzuhalten!

Sind n_1, n_2, f, t_1, t_2, s die noch zu bestimmenden Schichtbesetzungen, so muß also gelten

$$\begin{array}{lllllllllllll}
n_1 & + & n_2 & & & & & & & & & \geq & 300 \\
 & & n_2 & + & f & & & & & & & \geq & 1000 \\
 & & & & f & + & t_1 & & & & & \geq & 800 \\
 & & & & & & t_1 & + & t_2 & & & \geq & 500 \\
 & & & & & & & & t_2 & + & s & \geq & 1000 \\
n_1 & & & & & & & & & + & s & \geq & 500
\end{array} \quad , n_1, n_2, f, t_1, t_2, s \geq 0.$$

Ferner sind die Personalkosten so niedrig wie möglich zu halten. Das drückt man durch eine Zielfunktion aus:

$$\text{Min } z = 4500\, n_1 + 4500\, n_2 + 3750 f + 3000\, t_1 + 3000\, t_2 + 3750\, s.$$

Durch aufwendiges Probieren findet man eine kostenoptimale Schichtbesetzung zu:

$$\begin{array}{lll} n_1 = 100 \quad , & n_2 = 200 \quad , & f = 800 \\ t_1 = \;\; 0 \quad , & t_2 = 600 \quad , & s = 400 \quad ; \end{array}$$

die akkumulierten Bruttolöhne belaufen sich auf DM 7 650 000,–.

Auch bei diesem Beispiel kann man wieder eine kompaktere Darstellung der Aufgabe durch Zuhilfenahme der Vektoren- und Matrizenschreibweise erreichen.

$$\text{Min } z = (4500, 4500, 3750, 3000, 3000, 3750) \begin{pmatrix} n_1 \\ n_2 \\ f \\ t_1 \\ t_2 \\ s \end{pmatrix}$$

ist die vektorielle Schreibweise für den Imperativ, die Personalkosten minimal zu halten.

$$\begin{pmatrix} 1 & 1 & & & & \\ & 1 & 1 & & & \\ & & 1 & 1 & & \\ & & & 1 & 1 & \\ & & & & 1 & 1 \\ 1 & & & & & 1 \end{pmatrix} \begin{pmatrix} n_1 \\ n_2 \\ f \\ t_1 \\ t_2 \\ s \end{pmatrix} \geq \begin{pmatrix} 300 \\ 1000 \\ 800 \\ 500 \\ 1000 \\ 500 \end{pmatrix}$$

drückt in Matrixschreibweise die Personalbedarfe aus.

Die zwar recht einfachen Beispiele zeigen dennoch eindringlich, daß lineare Zusammenhänge häufig in der Wirtschaft anzutreffen sind; und linear sind die Zusammenhänge deshalb, weil keine höheren Rechenarten als die Addition und die Multiplikation auftreten.

1.2. Lineare Algebra versus Linearität in der Ökonomie

Sie haben im vorigen Abschnitt Begriffe aus zwei wissenschaftlichen Disziplinen vorgefunden, nämlich aus der Linearen Algebra und der Ökonomie.

Nun hat sich die Lineare Algebra als mathematische Teildisziplin längst vor der Ökonomie etabliert. Wie bereits im Vorwort erwähnt, ließen und lassen sich mit ihr u.a. Phänomene der Physik, Astronomie, Biologie sowie der Ingenieurwissenschaften beschreiben. Die junge Wissenschaft Ökonomie bedient sich des Hilfsmittels Lineare Algebra erst in diesem Jahrhundert und befruchtet seitdem ihrerseits die mathematische Theorie.

Es gibt also gute Gründe, den vorliegenden Text mit „Lineare Algebra" zu überschreiben und so den mathematischen Aspekt hervorzuheben. Mit gleichem Fug und Recht kann man den ökonomischen Bezug betonen und beispielsweise den Titel „Linearität in der Wirtschaft" wählen.

Unabhängig von der Titelwahl sollte die wirtschaftswissenschaftliche Komponente Leitfaden der Lehrinhalte sein; eine bloße abgespeckte Version mathematischer Vorlesungen hilft dem Ökonomen wenig.

Sie werden also einen Text vorfinden, in dem die Polarität Ökonomie – Lineare Algebra stets gegenwärtig ist. Damit sind Sie hoffentlich motiviert, auch Passagen „trockenen" mathematischen Stoffes durchzuarbeiten.

Kapitel 2

Der 2-dimensionale Vektorraum R^2

2.1. Grundbegriffe und Grundrechenarten im R^2

Elemente der Menge

$$R \times R = \{(x_1, x_2) \mid x_1 \in R,\ x_2 \in R\},$$ wobei R die Menge der reellen Zahlen bedeutet,

heißen reelle Zweitupel. Gewöhnlich werden solche Zweitupel im rechtwinkligen Koordinatensystem dargestellt.

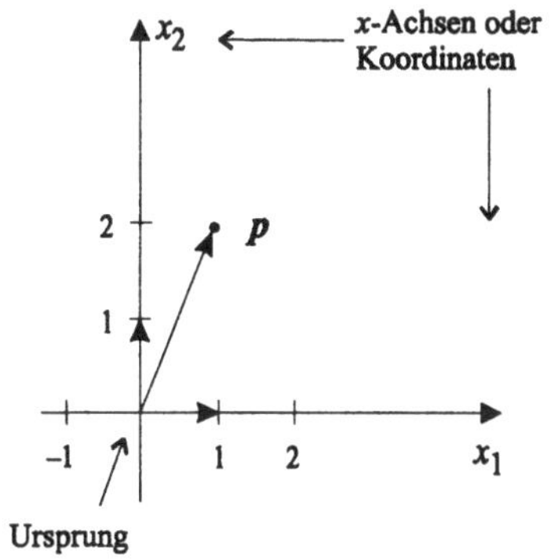

Abb. 2.1.1: Darstellung von 2-Tupeln

Der Punkt p der Ebene hat im rechtwinkligen Koordinatensystem der Abb. 2.1.1 die Koordinatendarstellung (1,2) – andererseits ist dem 2-Tupel (1,2) als graphische Darstellung in dem Koordinatensystem p zugeordnet.

Gerichtete Strecken (Pfeile) der in Abb. 2.1.1 gezeichneten Art sind gekennzeichnet durch Aufpunkt und Endpunkt. Man bezeichnet sie als Vektoren.

Betrachtet man nur solche Vektoren, deren Aufpunkte im Ursprung liegen, kann man sie eindeutig durch ihre „Spitzen" identifizieren.

In der Abbildung kann man den Vektor, der vom Ursprung (0,0) nach (1,2) gerichtet ist, kürzer mit (1,2) bezeichnen.

Man ordnet also dem Element (1,2) aus $R \times R$ den Vektor zu und umgekehrt.

Punkt des $R \times R$
Vektor des $R \times R$
(reelles) 2-Tupel

Ab jetzt werden wir die Begriffe: *Punkt des $R \times R$*
Vektor des $R \times R$
(reelles) 2-Tupel
synonym gebrauchen.

Definition 2.1.2 (Vektor des $R \times R$)

Komponenten eines Vektors

Ein Vektor des $R \times R$ ist eine Zusammenfassung zweier (reeller) Zahlen, durch Kommata getrennt und durch Klammerung angedeutet. Die zwei Zahlen heißen seine Komponenten.

Beliebige, aber feste Vektoren werden mit Fettdruck symbolisiert: **a, b, c**. Indiziert (= durchnumeriert) werden Vektoren mit einem hochgestellten Index: $\mathbf{a}^1$, $\mathbf{a}^2$, $\mathbf{a}^3$. Die Komponenten sind unten durchnumeriert. So sind z.B.:

$$\mathbf{a} = \begin{pmatrix} a_1 \\ a_2 \end{pmatrix}, \quad \mathbf{b} = \begin{pmatrix} b_1 \\ b_2 \end{pmatrix}, \quad \mathbf{c} = \begin{pmatrix} c_1 \\ c_2 \end{pmatrix} \quad \text{oder}$$

$$\mathbf{a}^1 = \begin{pmatrix} a_1^1 \\ a_2^1 \end{pmatrix}, \; \mathbf{a}^2 = \begin{pmatrix} a_1^2 \\ a_2^2 \end{pmatrix}, \; \mathbf{a}^3 = \begin{pmatrix} a_1^3 \\ a_2^3 \end{pmatrix}$$

korrekte Darstellungen von beliebigen Vektoren des $R \times R$. Hierbei könnte **a** etwa den Vektor (das Zweitupel) $\begin{pmatrix} 1 \\ 2 \end{pmatrix}$ oder **b** den Vektor (das Zweitupel) $\begin{pmatrix} -1 \\ 3 \end{pmatrix}$ bedeuten.

Übungsaufgabe 2.1.3

Tragen Sie die Vektoren $\begin{pmatrix} -1 \\ 3 \end{pmatrix}, \begin{pmatrix} 1 \\ 0 \end{pmatrix}, \begin{pmatrix} 0 \\ 1 \end{pmatrix}, \begin{pmatrix} -4 \\ -2 \end{pmatrix}$ in ein Koordinatensystem ein!

Einheitsvektor

$\mathbf{e}^1 = \begin{pmatrix} 1 \\ 0 \end{pmatrix}$ und $\mathbf{e}^2 = \begin{pmatrix} 0 \\ 1 \end{pmatrix}$ sind spezielle Vektoren, sie heißen erster bzw. zweiter *Einheitsvektor*. Die beiden Einheitsvektoren liegen auf den Koordinatenachsen (vgl. Abb. 2.1.1).

$\mathbf{0} = \begin{pmatrix} 0 \\ 0 \end{pmatrix}$ ist ebenfalls ein spezieller Vektor, er heißt *Nullvektor*. Er liegt im Ursprung des Koordinatensystems.

Nullvektor

Mit 2-Tupeln kann man rechnen. Man kann sie *addieren*, voneinander subtrahieren und skalieren. Diese Rechenoperationen werden nun eingeführt und stets geometrisch veranschaulicht.

Addition von 2-Tupeln

Definition 2.1.4 (Addition)

Sind $\mathbf{a} = \begin{pmatrix} a_1 \\ a_2 \end{pmatrix}$ **und** $\mathbf{b} = \begin{pmatrix} b_1 \\ b_2 \end{pmatrix}$ **zwei Vektoren, so gilt** $\mathbf{a} + \mathbf{b} = \begin{pmatrix} a_1 + b_1 \\ a_2 + b_2 \end{pmatrix}$.

Die Addition ist also komponentenweise definiert. Ursprünglich geht die Vektorrechnung auf die Physik und hier speziell auf das Rechnen mit Kräften zurück. Die folgende Abbildung verdeutlicht den Zusammenhang zwischen Kräftevektoren und komponentenweiser Addition.

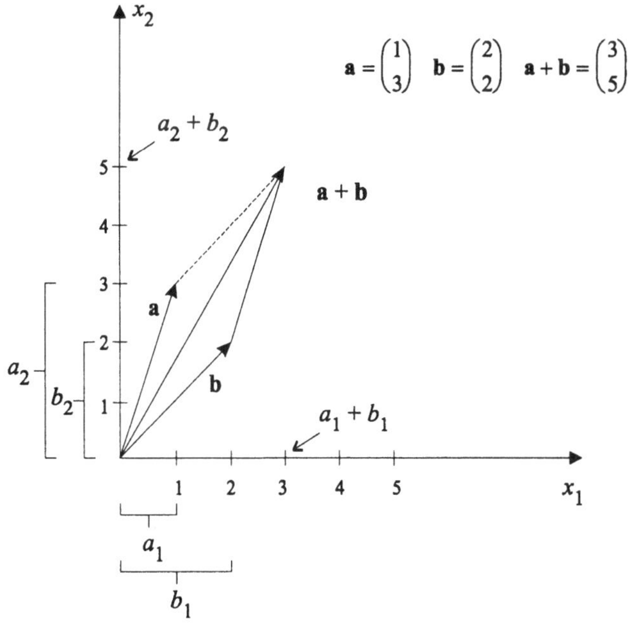

Abb. 2.1.5: Vektoraddition und Addition von Zweitupeln

Aufgrund der Definition der komponentenweisen Addition sind folgende Regeln offensichtlich richtig:

(A_0) Die Summe zweier Vektoren des $\boldsymbol{R}\times\boldsymbol{R}$ ist wieder ein Vektor des $\boldsymbol{R}\times\boldsymbol{R}$ (Abgeschlossenheit der Addition).

Sind **a**, **b**, **c** beliebige Vektoren des $\boldsymbol{R}\times\boldsymbol{R}$, so gilt:

(A_1) $\mathbf{a}+\mathbf{b}=\mathbf{b}+\mathbf{a}$ (Kommutativität der Addition)

(A_2) $(\mathbf{a}+\mathbf{b})+\mathbf{c}=\mathbf{a}+(\mathbf{b}+\mathbf{c})$ (Assoziativität der Addition)

(A_3) zu **a**, **b** gibt es genau ein **z** mit $\mathbf{a}+\mathbf{z}=\mathbf{b}$.

Während die Regeln (A_0) bis (A_2) unmittelbar einleuchten, bedarf (A_3) einer geometrischen Visualisierung

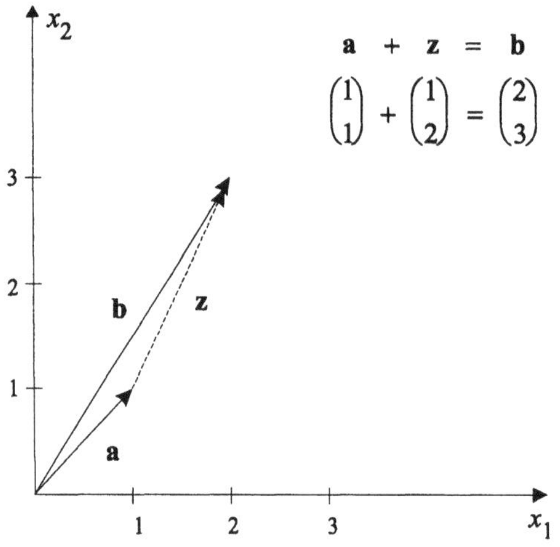

Abb. 2.1.6: $\mathbf{z}=\mathbf{b}-\mathbf{a}$

Der eindeutig bestimmte Vektor in Regel (A_3) heißt auch $\mathbf{b}-\mathbf{a}$. Man erhält ihn, indem man den Pfeil von der Spitze von **a** zur Spitze von **b** bestimmt. So wird in (A_3) die *Subtraktion* eingeführt. Zwei Spezialfälle verdienen Beachtung.

Subtraktion von Zweitupeln

- Ist $\mathbf{b}=\begin{pmatrix}0\\0\end{pmatrix}$, so nennt man $\mathbf{z}=\mathbf{b}-\mathbf{a}$ auch einfach $-\mathbf{a}$,
- Ist $\mathbf{b}=\mathbf{a}$, so ist $\mathbf{b}-\mathbf{a}$ stets der Nullvektor.

Übungsaufgabe 2.1.7

Zeichnen Sie folgende Vektoren in das vorbereitete Koordinatensystem:

i) $\mathbf{a} = \begin{pmatrix} -1 \\ 3 \end{pmatrix}$, $\mathbf{b} = \begin{pmatrix} 3 \\ -2 \end{pmatrix}$

ii) $\mathbf{a} + \mathbf{b}$

iii) $\mathbf{a} - \mathbf{b}$

iv) $-\mathbf{a}, \ -\mathbf{b}$.

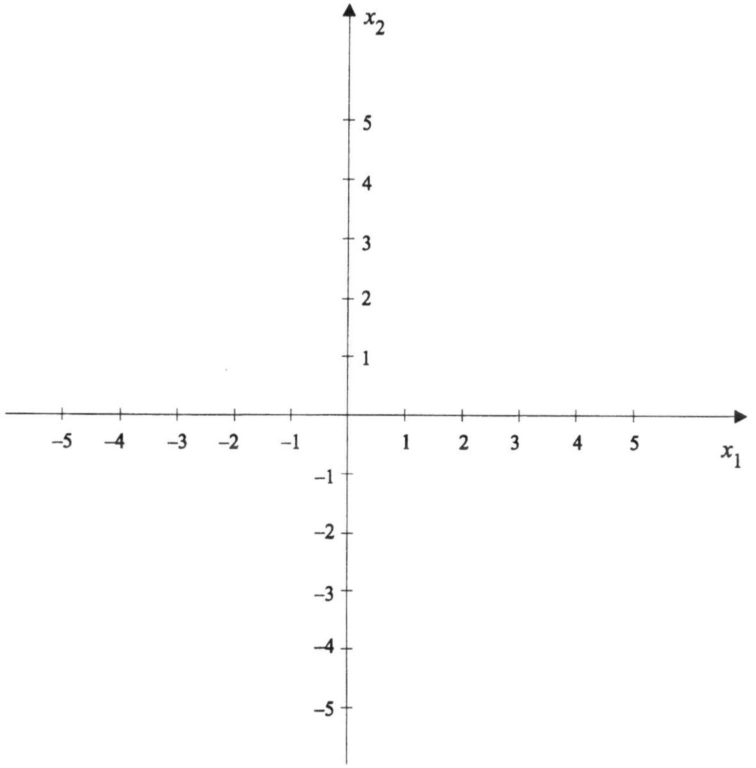

Abb. 2.1.8: Koordinatensystem zur Übungsaufgabe

Die Addition von Vektoren erinnert stark an die Addition von reellen Zahlen. Ein wenig schwieriger zu verstehen ist da schon die Multiplikation eines Vektors mit einer Zahl. Da diese Operation einen Vektor streckt bzw. staucht – allgemein skaliert – wird sie auch *Multiplikation mit einem Skalar* genannt.

Multiplikation mit einem Skalar

Definition 2.1.9 (Multiplikation mit Skalar im $R \times R$)

Produkt eines Vektors mit einem Skalar

Ist α eine reelle Zahl – hier Skalar genannt – und ist $\mathbf{a} = \begin{pmatrix} a_1 \\ a_2 \end{pmatrix}$ Vektor des $R \times R$, so heißt $\alpha \cdot \mathbf{a} = \alpha \cdot \begin{pmatrix} a_1 \\ a_2 \end{pmatrix} = \begin{pmatrix} \alpha \cdot a_1 \\ \alpha \cdot a_2 \end{pmatrix}$ das *Produkt von* a *mit dem Skalar* α.

(Wo keine Mißverständnisse möglich sind, werden die Malpunkte in Zukunft auch oft unterdrückt.)

Für verschiedene α und den Vektor $\mathbf{a} = \begin{pmatrix} 4 \\ 2 \end{pmatrix}$ zeigt die folgende Abbildung die Ergebnisse der Operation $\alpha \cdot \mathbf{a}$.

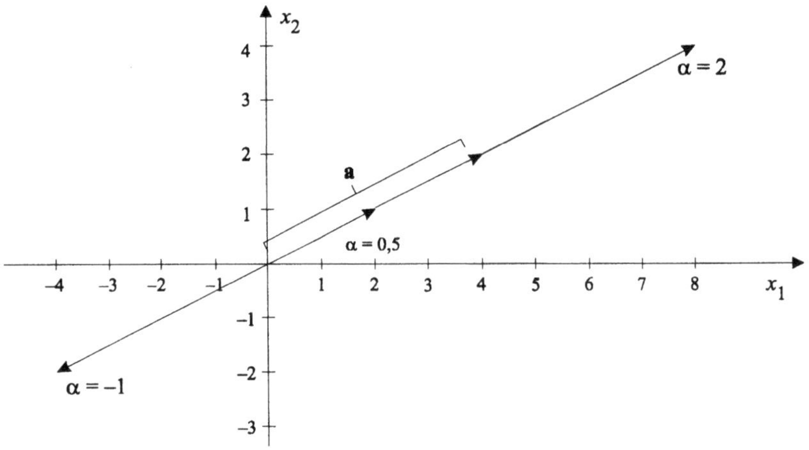

Abb. 2.1.10: Multiplikation mit einem Skalar

Folgende Spezialfälle sollten wieder hervorgehoben werden:

Ist $\alpha = 0$, so ist $\alpha \cdot \mathbf{a}$ stets der Nullvektor $\begin{pmatrix} 0 \\ 0 \end{pmatrix}$;

ist $\alpha = -1$, so ist $\alpha \cdot \mathbf{a}$ stets gleich $-\mathbf{a}$.

Vergleichen Sie hierzu nochmals die obige Abbildung!

Die Multiplikation mit einem Skalar erfüllt folgende Regeln:

(B_0) $\alpha \cdot \mathbf{a}$ ist für alle α wieder ein Vektor (Abgeschlossenheit der Multiplikation mit einem Skalar).

Für beliebige Vektoren **a**, **b** und Skalare α, β gilt:

(B_1) $1 \cdot \mathbf{a} = \mathbf{a}$

(B_2) $(\alpha \cdot \beta) \cdot \mathbf{a} = \alpha \cdot (\beta \cdot \mathbf{a})$

(B_3) $(\alpha + \beta)\mathbf{a} = \alpha\mathbf{a} + \beta\mathbf{a}$

(B_4) $\alpha(\mathbf{a} + \mathbf{b}) = \alpha\mathbf{a} + \alpha\mathbf{b}$

Die Multiplikation mit einem Skalar ist distributiv sowohl mit der Addition in $\boldsymbol{R}$ (B_3) als auch mit der Addition von Vektoren (B_4). Den übrigen Regeln geben wir keine gesonderten Namen; (B_1) bedeutet eine Skalenfestlegung und (B_2) gestattet das Ausmultiplizieren von Faktoren aus Vektoren.

Man sagt, die Menge aller 2-Tupel ist wegen der Regeln (A_0) bis (A_3) und (B_0) bis (B_4) ein *linearer Vektorraum* über den reellen Zahlen. $\boldsymbol{R} \times \boldsymbol{R}$ mit diesen Definitionen und Regeln bezeichnen wir abkürzend als $\boldsymbol{R}^2$. *linearer Vektorraum*

Ihnen ist aufgefallen, daß Vektoren $\mathbf{a} = \begin{pmatrix} a_1 \\ a_2 \end{pmatrix}$ stets spaltenweise (senkrecht) geschrieben werden; nun könnte man sie selbstverständlich auch zeilenweise (a_1, a_2) (waagerecht) notieren. Wir verabreden jedoch für diesen Kurs – und finden uns damit in guter Gesellschaft –:

Wenn nichts anderes gesagt ist, sollen Vektoren des $\boldsymbol{R}^2$ (und in den folgenden Kapiteln auch Vektoren des $\boldsymbol{R}^n$) immer als *Spalten*vektoren verstanden werden. *Spaltenvektor*

Durch das Transpositionszeichen T

- wird der *Spalten*vektor $\begin{pmatrix} a_1 \\ a_2 \end{pmatrix}$ in den *Zeilen*vektor (a_1, a_2) transponiert: *Zeilenvektor*

$$\begin{pmatrix} a_1 \\ a_2 \end{pmatrix}^{\mathrm{T}} = (a_1,\ a_2)$$

- wird der *Zeilen*vektor (a_1, a_2) in den *Spalten*vektor $\begin{pmatrix} a_1 \\ a_2 \end{pmatrix}$ transponiert: *transponierter Vektor*

$$(a_1, a_2)^{\mathrm{T}} = \begin{pmatrix} a_1 \\ a_2 \end{pmatrix}.$$

Insbesondere gilt dann

$$\left(\begin{pmatrix} a_1 \\ a_2 \end{pmatrix}^{\mathrm{T}}\right)^{\mathrm{T}} = \begin{pmatrix} a_1 \\ a_2 \end{pmatrix}; \quad \left((a_1, a_2)^{\mathrm{T}}\right)^{\mathrm{T}} = (a_1, a_2).$$

2.2. Dimension und Basis des $\boldsymbol{R}^2$

Nach Einführung der Operationen Addition und Multiplikation mit einem Skalar mit ihren Rechenregeln ist es nun möglich, zu m Vektoren $\mathbf{a}^1,\ldots,\mathbf{a}^m$ und m Zahlen $\alpha_1,\ldots,\alpha_m$ den Ausdruck

$$\sum_{i=1}^{m} \alpha_i \mathbf{a}^i$$

Linearkombination

zu bilden. Dieser Ausdruck heißt *Linearkombination* (kurz: *LK*) der Vektoren $\mathbf{a}^1$ bis $\mathbf{a}^m$. Man sagt weiterhin, der Vektor $\mathbf{b}$ sei aus $\mathbf{a}^1$ bis $\mathbf{a}^m$ linear kombinierbar, wenn die Gleichung

$$\mathbf{b} = \sum_{i=1}^{m} \alpha_i \mathbf{a}^i \tag{2.2.01}$$

für irgendwelche Zahlen α_i, $i = 1,\ldots,m$, erfüllt ist. In dem Fall schreibt man (2.2.01) auch

$$\mathbf{b} = LK(\mathbf{a}^1, \mathbf{a}^2, \ldots, \mathbf{a}^m). \tag{2.2.02}$$

Beispiel 2.2.1

i) Der Vektor $\mathbf{b} = \begin{pmatrix} 1 \\ 2 \end{pmatrix}$ ist eine *LK* der Vektoren $\mathbf{a}^1 = \begin{pmatrix} 1 \\ 1 \end{pmatrix}$ und $\mathbf{a}^2 = \begin{pmatrix} 0 \\ 1 \end{pmatrix}$, da $\begin{pmatrix} 1 \\ 2 \end{pmatrix} = 1\begin{pmatrix} 1 \\ 1 \end{pmatrix} + 1\begin{pmatrix} 0 \\ 1 \end{pmatrix}$.

ii) Der Vektor $\mathbf{b} = \begin{pmatrix} 1 \\ 2 \end{pmatrix}$ ist keine *LK* der Vektoren $\mathbf{a}^1 = \begin{pmatrix} 1 \\ 3 \end{pmatrix}$ und $\mathbf{a}^2 = \begin{pmatrix} 2 \\ 6 \end{pmatrix}$, denn wie man auch immer $\begin{pmatrix} 1 \\ 3 \end{pmatrix}$ und $\begin{pmatrix} 2 \\ 6 \end{pmatrix}$ linear kombiniert, es kommt immer ein Vielfaches von $\begin{pmatrix} 1 \\ 3 \end{pmatrix}$ heraus, niemals jedoch $\begin{pmatrix} 1 \\ 2 \end{pmatrix}$!

iii) Der Vektor $\mathbf{0} = \begin{pmatrix} 0 \\ 0 \end{pmatrix}$ ist eine *LK* sowohl der Vektoren

$\mathbf{a}^1 = \begin{pmatrix} 1 \\ 3 \end{pmatrix}$ und $\mathbf{a}^2 = \begin{pmatrix} 3 \\ 1 \end{pmatrix}$ als auch der Vektoren

$\mathbf{c}^1 = \begin{pmatrix} 1 \\ 2 \end{pmatrix}$ und $\mathbf{c}^2 = \begin{pmatrix} 2 \\ 4 \end{pmatrix}$.

Die beiden Fälle sind jedoch grundsätzlich verschieden:

- im ersten Fall erzwingt $\begin{pmatrix} 0 \\ 0 \end{pmatrix} = \alpha_1 \begin{pmatrix} 1 \\ 3 \end{pmatrix} + \alpha_2 \begin{pmatrix} 3 \\ 1 \end{pmatrix}$: $\alpha_1 = 0$ und $\alpha_2 = 0$

- im zweiten Fall gilt

$$\begin{pmatrix} 0 \\ 0 \end{pmatrix} = 0 \begin{pmatrix} 1 \\ 2 \end{pmatrix} + 0 \begin{pmatrix} 2 \\ 4 \end{pmatrix}, \text{ aber auch}$$

$$\begin{pmatrix} 0 \\ 0 \end{pmatrix} = 1 \begin{pmatrix} 1 \\ 2 \end{pmatrix} - \tfrac{1}{2} \begin{pmatrix} 2 \\ 4 \end{pmatrix}$$

$$= 2 \begin{pmatrix} 1 \\ 2 \end{pmatrix} - 1 \begin{pmatrix} 2 \\ 4 \end{pmatrix} \text{ usw.}$$

Es gibt also neben $\alpha_1 = \alpha_2 = 0$ mehrere Paare $\alpha_1 \neq 0$, $\alpha_2 \neq 0$ mit denen der Nullvektor linear kombinierbar ist.

Ist in Gleichung (2.2.01) $\mathbf{b} = \begin{pmatrix} 0 \\ 0 \end{pmatrix}$, spricht man auch von *Nullinearkombination* der Vektoren $\mathbf{a}^1$ bis $\mathbf{a}^m$. Sind alle α_i, $i = 1,\ldots,m$, gleich 0, heißt die Nullinearkombination *trivial*; ist auch nur ein $\alpha_i \neq 0$, heißt sie *nichttrivial*.

Nullinearkombination

triviale, nichttriviale Nullinearkombination

Im Beispiel 2.2.1 iii) gab es also einen Fall, in dem $\begin{pmatrix} 0 \\ 0 \end{pmatrix}$ nur trivial und einen Fall, in dem $\begin{pmatrix} 0 \\ 0 \end{pmatrix}$ auch nichttrivial linear kombinierbar ist.

Diese einfachen Beobachtungen führen zu einem zentralen Begriff der Linearen Algebra, nämlich der *Linearen (Un-)abhängigkeit*. Es lohnt sich, diesen Begriff in einer exakten Definition festzuhalten.

Lineare Abhängigkeit

Lineare Unabhängigkeit

Definition 2.2.2 (Lineare (Un-)abhängigkeit im R^2)

Die m Vektoren $\mathbf{a}^1, \mathbf{a}^2, \dots, \mathbf{a}^m$ heißen *linear unabhängig* (l.u.), wenn aus $\begin{pmatrix}0\\0\end{pmatrix} = \sum_{i=1}^{m} \alpha_i \mathbf{a}^i$ zwingend $\alpha_1 = \alpha_2 = \ldots = \alpha_m = 0$ folgt.

Sind $\mathbf{a}^1, \mathbf{a}^2, \dots, \mathbf{a}^m$ nicht linear unabhängig, heißen sie *linear abhängig* (l.a.).

Aufgrund der bereits vereinbarten Sprechweisen kann man auch sagen:

- $\mathbf{a}^1, \mathbf{a}^2, \dots, \mathbf{a}^m$ sind l.u., wenn sie nur trivial zu $\begin{pmatrix}0\\0\end{pmatrix}$ linear kombinierbar sind.
- $\mathbf{a}^1, \mathbf{a}^2, \dots, \mathbf{a}^m$ sind l.a., wenn sie auch nichttrivial zu $\begin{pmatrix}0\\0\end{pmatrix}$ linear kombinierbar sind.

In der folgenden Abbildung sind sowohl die Vektoren $\mathbf{a}^1$, $\mathbf{a}^2$ als auch $\mathbf{c}^1$, $\mathbf{c}^2$ des Beispiels 2.2.1 iii) eingezeichnet.

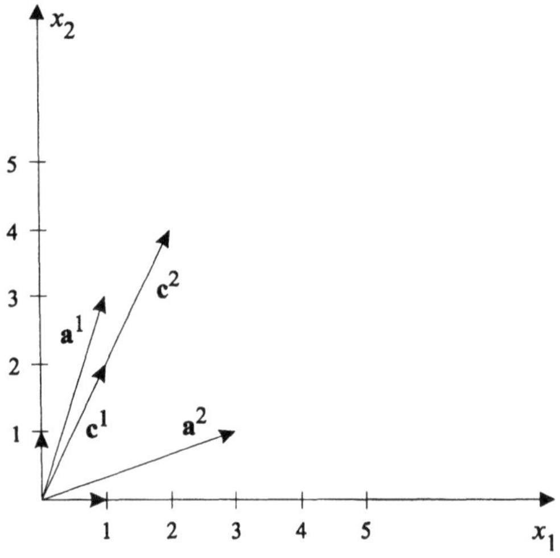

Abb. 2.2.3: Lin. unabhängige und lin. abhängige Vektorenpaare

Offensichtlich hat die Tatsache der Linearen (Un-)abhängigkeit etwas mit der Lage der Vektoren zueinander in der Ebene zu tun. Für verschiedene m wird diese Frage nun genauer untersucht.

$m=1$ Hier lautet die Definition bzw. ihre Folgerung: $\mathbf{a}^1$ l.a., wenn $\begin{pmatrix}0\\0\end{pmatrix}=\alpha_1\begin{pmatrix}a_1^1\\a_2^1\end{pmatrix}$ und $\alpha_1 \neq 0$.

Das kann aber nur $\mathbf{a}^1=\begin{pmatrix}0\\0\end{pmatrix}$ bedeuten. Nur wenn $\mathbf{a}^1$ der Nullvektor ist, ist er l.a., sonst aber l.u.

$m=2$ Hier lautet die Definition bzw. ihre Folgerung: $\mathbf{a}^1$, $\mathbf{a}^2$ l.a., wenn $\begin{pmatrix}0\\0\end{pmatrix}=\alpha_1\begin{pmatrix}a_1^1\\a_2^1\end{pmatrix}+\alpha_2\begin{pmatrix}a_1^2\\a_2^2\end{pmatrix}$ und nicht gleichzeitig $\alpha_1=0$ sowie $\alpha_2=0$ gilt.

Fall 1 Ist auch nur einer der beiden Vektoren $\mathbf{a}^1$ oder $\mathbf{a}^2$ der Nullvektor, so sind sie aufgrund dieser Überlegung l.a.! Wieso?

Fall 2 Ist keiner der beiden Vektoren $\mathbf{a}^1$, $\mathbf{a}^2$ der Nullvektor, so muß aus obiger Gleichung $\alpha_1 \neq 0$ und $\alpha_2 \neq 0$ folgen. Division durch α_1 ergibt dann $\mathbf{a}^1=-\frac{\alpha_2}{\alpha_1}\mathbf{a}^2$.

$\mathbf{a}^1$ muß also das $\left(-\frac{\alpha_2}{\alpha_1}\right)$-fache von $\mathbf{a}^2$ sein, beide Vektoren müssen auf einer Geraden liegen, die durch den Ursprung geht. In Abb. 2.2.3 ist $\mathbf{c}^1=\frac{1}{2}\mathbf{c}^2$, bzw. mit $\alpha_1=1$ und $\alpha_2=-\frac{1}{2}$ dargestellt:

$$\begin{pmatrix}0\\0\end{pmatrix}=1\begin{pmatrix}1\\2\end{pmatrix}+\left(-\frac{1}{2}\right)\begin{pmatrix}2\\4\end{pmatrix}$$

$m=3$ Ist einer der drei Vektoren $\mathbf{a}^1$, $\mathbf{a}^2$, $\mathbf{a}^3$ der Nullvektor, oder liegen bereits zwei der drei Vektoren auf einer Geraden, sind sie nach ähnlichen Überlegungen wie im Fall $m=2$ l.a. Denken Sie diese Behauptung durch!

Es gilt jedoch auch für den verbleibenden Fall – keine zwei Vektoren liegen auf einer Geraden –: Drei oder mehr Vektoren des $\boldsymbol{R}^2$ sind immer l.a. Bewiesen wird diese Tatsache erst später. Plausibel machen kann man sich die Zusammenhänge jedoch an Abb. 2.2.4.

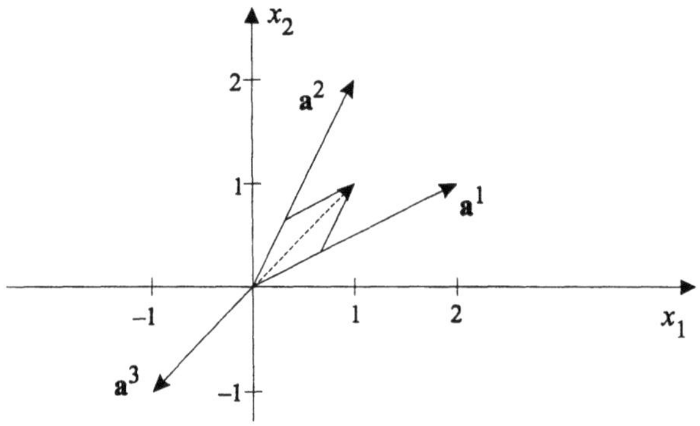

Abb. 2.2.4: Lineare Abhängigkeit dreier Vektoren im $\boldsymbol{R}^2$.

$\mathbf{a}^1$, $\mathbf{a}^2$ sowie $\mathbf{a}^1$, $\mathbf{a}^3$ sowie $\mathbf{a}^2$, $\mathbf{a}^3$ sind Paare l.u. Vektoren, jedoch $\mathbf{a}^1$, $\mathbf{a}^2$, $\mathbf{a}^3$ sind drei l.a. Vektoren, da

$$\frac{1}{3}\begin{pmatrix}2\\1\end{pmatrix}+\frac{1}{3}\begin{pmatrix}1\\2\end{pmatrix}+1\begin{pmatrix}-1\\-1\end{pmatrix}=\begin{pmatrix}0\\0\end{pmatrix}.$$

Es gibt also unzählige *Paare* l.u. Vektoren der Ebene, jedoch keine drei l.u. Vektoren.

Definition 2.2.5

Dimension der Ebene

i) **2, die Maximalzahl l.u. Vektoren, heißt die *Dimension der Ebene*.**

Basis des $\boldsymbol{R}^2$

ii) **Je zwei l.u. Vektoren der Ebene bilden eine *Basis des $\boldsymbol{R}^2$*. Man sagt auch, solch ein Paar spannt die Ebene auf!**

Die Begriffswelt Linearkombination, Lineare (Un-)abhängigkeit, Basis war im $\boldsymbol{R}^2$ recht anschaulich; im $\boldsymbol{R}^n$ wird Ihr Abstraktionsvermögen mehr gefordert. Zuvor üben Sie bitte anhand der folgenden

Übungsaufgabe 2.2.6

Sind die folgenden Vektoren des $\boldsymbol{R}^2$ l.u. (l.a.)? Begründen Sie Ihre Antworten!

i) $\begin{pmatrix}1\\1\end{pmatrix}$

ii) $\begin{pmatrix}1\\1\end{pmatrix}, \begin{pmatrix}2\\2\end{pmatrix}$

iii) $\begin{pmatrix}0\\0\end{pmatrix}, \begin{pmatrix}1\\5\end{pmatrix}$

iv) $\begin{pmatrix}1\\2\end{pmatrix}, \begin{pmatrix}2\\1\end{pmatrix}$

v) $\begin{pmatrix}1\\1\end{pmatrix}, \begin{pmatrix}-1\\5\end{pmatrix}, \begin{pmatrix}6\\\pi\end{pmatrix}.$

⌛

2.3. Skalarprodukt, Gerade und Halbebene

Über die Länge eines Vektors wurde bisher nicht gesprochen. Anschaulich (Lehrsatz des Pythagoras) ist jedoch klar, daß $\|\mathbf{a}\| = \sqrt{a_1^2 + a_2^2}$ die Länge des Vektors **a** ist. $\|\mathbf{a}\|$ heißt in der mathematischen Fachliteratur auch die (*euklidische*) *Norm* von **a**.

euklidische Norm

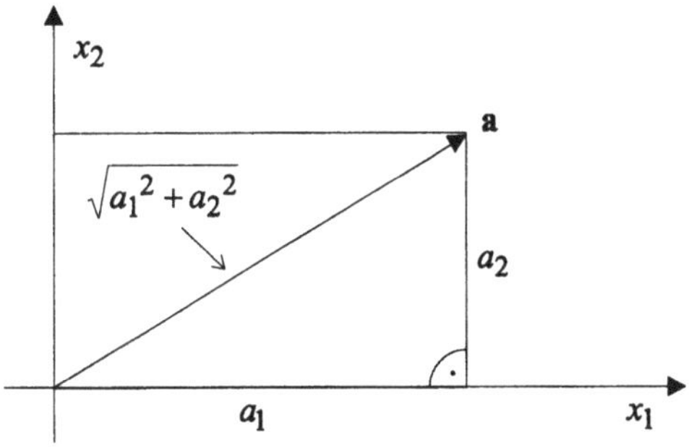

Abb. 2.3.1: Länge eines Vektors des R^2

Hat ein Vektor die Länge 1, heißt er *normiert*. Einen beliebigen Vektor $\mathbf{a} = \begin{pmatrix}a_1\\a_2\end{pmatrix}$ normiert man, indem man durch seine Länge dividiert: $\frac{\mathbf{a}}{\|\mathbf{a}\|} = \begin{pmatrix}a_1/\|\mathbf{a}\|\\a_2/\|\mathbf{a}\|\end{pmatrix}$.

normierter Vektor

Die beiden Einheitsvektoren und darüber hinaus alle Zweitupel auf dem Einheitskreis um den Ursprung sind normiert.

Nach diesen einführenden Bemerkungen wenden wir uns nun einer neuen Vektoroperation zu, dem *Skalarprodukt* (nicht zu verwechseln mit dem Produkt mit einem Skalar!).

Skalarprodukt

Definition 2.3.2 (Skalarprodukt)

inneres Produkt zweier Vektoren

Sind a und b zwei Vektoren des R^2, so ist die reelle Zahl

$$\mathbf{a}^T\mathbf{b} = \|\mathbf{a}\| \cdot \|\mathbf{b}\| \cdot \cos(\mathbf{a}, \mathbf{b})$$

ihr *Skalarprodukt* oder *inneres Produkt.*

(Wo keine Mißverständnisse möglich sind, werden die Malpunkte in Zukunft auch oft unterdrückt.)

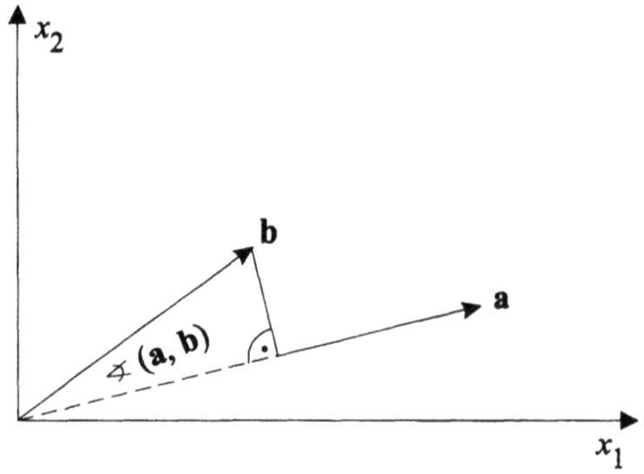

Abb. 2.3.3: Geometrische Darstellung zum Skalarprodukt von **a** und **b**

orthogonal

Die gestrichelte Strecke in Abb. 2.3.3 stellt $\|\mathbf{b}\|\cos(\mathbf{a},\mathbf{b})$ dar. Sie verschwindet, wenn der Winkel $\sphericalangle\ (\mathbf{a},\mathbf{b}) = 90°$ oder $= 270°$ ist. In diesem Fall stehen die Vektoren senkrecht aufeinander oder sind *orthogonal*. Aufgrund der Definition und der geometrischen Darstellung erkennt man sofort die Richtigkeit folgender Rechenregeln.

Für Vektoren **a**, **b**, **c** und den Skalar α gelten:

(S0)	$\mathbf{a}^T\mathbf{b}$	ist eine reelle Zahl
(S1)	$\mathbf{a}^T\mathbf{b} = \mathbf{b}^T\mathbf{a}$	(Kommutativität)
(S2)	$(\alpha\mathbf{a}^T)\mathbf{b} = \alpha(\mathbf{a}^T\mathbf{b})$	(Homogenität)
(S3)	$(\mathbf{a}^T + \mathbf{b}^T)\mathbf{c} = \mathbf{a}^T\mathbf{c} + \mathbf{b}^T\mathbf{c}$	(Distributivität)

Insbesondere (S3) sollten Sie sich anhand einer Skizze vergegenwärtigen.

Nun sind wir in der Lage, neben $\mathbf{a}^T\mathbf{b} = \|\mathbf{a}\|\,\|\mathbf{b}\|\cos(\mathbf{a},\mathbf{b})$ eine weitere Darstellung des Skalarproduktes zu liefern.

$$\mathbf{a}^{\mathrm{T}}\mathbf{b} = (a_1, a_2)\begin{pmatrix} b_1 \\ b_2 \end{pmatrix} = \big(a_1(1{,}0) + a_2(0{,}1)\big)\left(b_1\begin{pmatrix} 1 \\ 0 \end{pmatrix} + b_2\begin{pmatrix} 0 \\ 1 \end{pmatrix}\right)$$

$$\overset{(S2)(S3)}{=} \quad a_1 b_1 (1{,}0)\begin{pmatrix} 1 \\ 0 \end{pmatrix} + a_1 b_2 (1{,}0)\begin{pmatrix} 0 \\ 1 \end{pmatrix} + a_2 b_1 (0{,}1)\begin{pmatrix} 1 \\ 0 \end{pmatrix} + a_2 b_2 (0{,}1)\begin{pmatrix} 0 \\ 1 \end{pmatrix} = a_1 b_1 + a_2 b_2$$

Das letzte Gleichheitszeichen gilt, da $(1{,}0)\begin{pmatrix} 1 \\ 0 \end{pmatrix} = 1 \cdot 1 \cdot \cos(0°) \ = 1$

und $(0{,}1)\begin{pmatrix} 0 \\ 1 \end{pmatrix} = 1 \cdot 1 \cdot \cos(0°) \ = 1$

und $(1{,}0)\begin{pmatrix} 0 \\ 1 \end{pmatrix} = 1 \cdot 1 \cdot \cos(90°) = 0$

und $(0{,}1)\begin{pmatrix} 1 \\ 0 \end{pmatrix} = 1 \cdot 1 \cdot \cos(90°) = 0$.

Dieses Ergebnis ist es wert, in einem Satz festgehalten zu werden.

Satz 2.3.4 (Berechnung des Skalarproduktes)

Das Skalarprodukt zweier Vektoren a und b ist gleich der Summe der Komponentenprodukte.

Speziell sind nun zwei Vektoren orthogonal, wenn die Summe der Komponentenprodukte gleich 0 ist.

Übungsaufgabe 2.3.5

Berechnen Sie die folgenden Skalarprodukte! Welche der Vektoren stehen senkrecht aufeinander? Fertigen Sie jeweils eine Skizze an!

i) $\begin{pmatrix} 1 \\ 0 \end{pmatrix}, \begin{pmatrix} -1 \\ 0 \end{pmatrix}$

ii) $\begin{pmatrix} 1/\sqrt{2} \\ 1/\sqrt{2} \end{pmatrix}, \begin{pmatrix} 3/\sqrt{2} \\ -3/\sqrt{2} \end{pmatrix}$

iii) $\begin{pmatrix} 0 \\ 1 \end{pmatrix}, \begin{pmatrix} -1 \\ 0 \end{pmatrix}$

iv) $\begin{pmatrix}2\\1\end{pmatrix}, \begin{pmatrix}3\\-6\end{pmatrix}.$

Punkt-Anstiegs-Form

Achsenabschnitts-Form

Sie kennen zwei Darstellungsformen von Geraden in der Ebene, nämlich die *Punkt-Anstiegs-Form* (vgl. Abschnitt 10.7) und die *Achsenabschnitts-Form.*

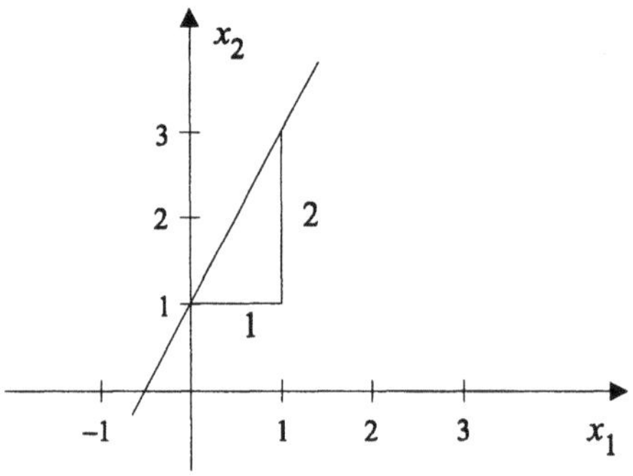

Abb. 2.3.6: Gerade in der Ebene

$x_2 = 1 + 2x_1$	ist die Punkt-Anstiegs-Form (umgerechnet) und
$-2x_1 + x_2 = 1$	ist die Achsenabschnitts-Form

der Geraden in Abb. 2.3.6. In der ersten Form stellt 2 den Anstieg und 1 den Schnittpunkt mit der x_2-Achse dar. In der zweiten Form erhält man die Achsenabschnitte durch Setzen von $x_1 = 0$ bzw. $x_2 = 0$ zu $x_2 = 1$ bzw. $x_1 = -\frac{1}{2}$.

Natürlich sind beide Formen äquivalent und ineinander überführbar. Für den weiteren Verlauf des Kurses verliert die erste Form zugunsten der zweiten an Bedeutung. In allgemeinen Zahlen schreiben wir eine Gerade also

- $a_1x_1 + a_2x_2 = b$ oder $a_1x_1 + a_2x_2 - b = 0$ bzw.
- $(a_1, a_2)\begin{pmatrix}x_1\\x_2\end{pmatrix} = b$ oder $(a_1, a_2)\begin{pmatrix}x_1\\x_2\end{pmatrix} - b = 0$ bzw.
- $\mathbf{a}^T\mathbf{x} = b$ oder $\mathbf{a}^T\mathbf{x} - b = 0$.

Hessesche Normalform

Die letzte Vektorschreibweise hat den Vorzug der Kürze; wo möglich, wird sie in diesem Kurs verwandt. Der Vektor **a** und die Zahl b haben geometrische Bedeutungen, die sich uns erst nach dem Studium der sogenannten *Hesseschen Normalform* der Geradengleichung erschließen.

Folgender Abb. 2.3.7 entnehmen Sie, daß jeder Punkt $\overline{\mathbf{x}} = \begin{pmatrix} \overline{x}_1 \\ \overline{x}_2 \end{pmatrix}$ der Ebene durch folgende Operation darstellbar ist:

$$\overline{\mathbf{x}} = \mathbf{s} + \rho\mathbf{r} + \sigma\mathbf{a}\,; \quad \begin{array}{l} \mathbf{s},\ \mathbf{r} \text{ und } \mathbf{a} \text{ sind hier Vektoren,} \\ \rho \text{ und } \sigma \text{ sind passende reelle Zahlen.} \end{array} \qquad \textbf{(2.3.01)}$$

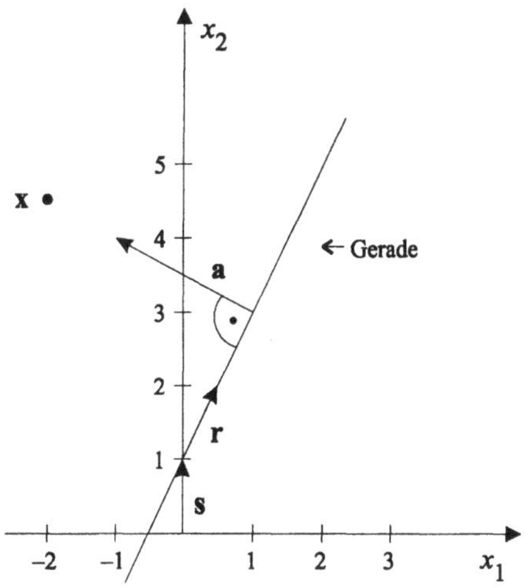

Abb. 2.3.7: Geometrie zur Hesseschen Normalform

Speziell ist das eingezeichnete $\overline{\mathbf{x}}$ darstellbar als

$$\overline{\mathbf{x}} = \mathbf{s} + 2\mathbf{r} + 1{,}5\mathbf{a}\,.$$

Setzt man $\sigma = 0$ und läßt nur den reellen Parameter ρ frei, so erhält man die Punkte der Geraden $\{\mathbf{x} \mid \mathbf{x} = \mathbf{s} + \rho\mathbf{r},\ \rho \in \boldsymbol{R}\}$. Wenn unmißverständlich, bezeichnen wir sie auch kurz mit $\mathbf{x} = \mathbf{s} + \rho\mathbf{r}$. Den Vektor **s** nennt man Stützvektor, **r** heißt **R**ichtungsvektor und **a** Orthogonalenvektor der Geraden. Im obigen Beispiel ist

$$\overline{\mathbf{x}} = \begin{pmatrix} -2 \\ 4{,}5 \end{pmatrix},\ \mathbf{s} = \begin{pmatrix} 0 \\ 1 \end{pmatrix},\ \mathbf{r} = \begin{pmatrix} 1/2 \\ 1 \end{pmatrix} \text{ und } \mathbf{a} = \begin{pmatrix} -2 \\ 1 \end{pmatrix}.$$

Die allgemeine Gleichung (2.3.01) kann man umformen zu (Multiplikation von links mit $\frac{\mathbf{a}^T}{\|\mathbf{a}\|}$ und Umstellung)

$$\frac{\mathbf{a}^T}{\|\mathbf{a}\|}\overline{\mathbf{x}} - \frac{\mathbf{a}^T}{\|\mathbf{a}\|}\mathbf{s} = \sigma \cdot \frac{\mathbf{a}^T}{\|\mathbf{a}\|}\mathbf{a} \qquad \textbf{(2.3.02)}$$

(2.3.02) ergibt sich aus (2.3.01), da das Skalarprodukt $\mathbf{a}^T\mathbf{r}$ der orthogonalen Vektoren **a** und **r** gleich 0 ist. Der Vektor $\frac{\mathbf{a}}{\|\mathbf{a}\|}$ in Gleichung (2.3.02) ist normiert, hat also die Länge 1.

Definiert man $\delta = \sigma\|\mathbf{a}\|$, so gilt zweierlei:

- Durch Einsetzen von σ in (2.3.02) erhält man wegen $\frac{\mathbf{a}^T\mathbf{a}}{\|\mathbf{a}\|^2} = 1$:

$$\frac{\mathbf{a}^T}{\|\mathbf{a}\|}\bar{\mathbf{x}} - \frac{\mathbf{a}^T}{\|\mathbf{a}\|}\mathbf{s} = \delta\,, \tag{2.3.03}$$

- $|\delta|$ ist der Abstand des Punktes $\bar{\mathbf{x}}$ von der Geraden $\mathbf{x} = \mathbf{s} + \rho\mathbf{r}$.

  δ ist > 0, falls $\bar{\mathbf{x}}$ auf der Seite der Geraden liegt, in die **a** weist.
  δ ist < 0, falls $\bar{\mathbf{x}}$ auf der Seite der Geraden liegt, in die **a** nicht weist.
  δ ist $= 0$, falls $\bar{\mathbf{x}}$ auf der Geraden liegt.

Hessesche Normalform

Die Geradengleichung (2.3.03) für $\delta = 0$ heißt *Hessesche Normalform*:

$$\frac{\mathbf{a}^T\mathbf{x}}{\|\mathbf{a}\|} - \frac{\mathbf{a}^T\mathbf{s}}{\|\mathbf{a}\|} = 0\,. \tag{2.3.04}$$

Beispiel 2.3.8

Die Berechnung des Abstandes von $\bar{\mathbf{x}} = \begin{pmatrix} -2 \\ 4{,}5 \end{pmatrix}$ von der Geraden in Abb. 2.3.7 geschieht nun wie folgt.

$$\frac{\mathbf{a}^T}{\|\mathbf{a}\|}\mathbf{x} - \frac{\mathbf{a}^T}{\|\mathbf{a}\|}\mathbf{s} = \frac{(-2{,}1)}{\sqrt{5}}\mathbf{x} - \frac{(-2{,}1)}{\sqrt{5}}\begin{pmatrix} 0 \\ 1 \end{pmatrix} = \frac{(-2{,}1)}{\sqrt{5}}\begin{pmatrix} x_1 \\ x_2 \end{pmatrix} - \frac{1}{\sqrt{5}} = 0$$

ist die Geradengleichung. Einsetzen von $\begin{pmatrix} \bar{x}_1 \\ \bar{x}_2 \end{pmatrix} = \begin{pmatrix} -2 \\ 9/2 \end{pmatrix}$ ergibt

$$\frac{15}{2\sqrt{5}} = \frac{3}{2}\sqrt{5} = \delta\,.$$

Liegt also die Hessesche Normalform einer Geradengleichung vor, gelten folgende Aussagen:

- $\frac{\mathbf{a}^T\mathbf{s}}{\|\mathbf{a}\|}$ ist bis aufs Vorzeichen der Abstand des Ursprungs von der Geraden.

- setzt man einen beliebigen Punkt $\bar{\mathbf{x}}$ der Geraden in (2.3.04) ein, so ist die Gleichheit mit 0 erfüllt.

- setzt man einen beliebigen Punkt $\bar{\mathbf{x}}$ der Ebene in (2.3.04) ein, so erscheint auf der rechten Seite bis aufs Vorzeichen der Abstand des Punktes von der Geraden.

- alle $\bar{\mathbf{x}}$, die $\frac{\mathbf{a}^T\bar{\mathbf{x}}}{\|\mathbf{a}\|} - \frac{\mathbf{a}^T\mathbf{s}}{\|\mathbf{a}\|} = \delta \leq 0$ erfüllen, stellen die *Halbebene* auf der Seite der Geraden dar (einschließlich ihrer selbst), in die **a** nicht weist. *Halbebene*

- alle $\bar{\mathbf{x}}$, die $\frac{\mathbf{a}^T\bar{\mathbf{x}}}{\|\mathbf{a}\|} - \frac{\mathbf{a}^T\mathbf{s}}{\|\mathbf{a}\|} = \delta \geq 0$ erfüllen, stellen die Halbebene auf der Seite der Geraden dar (einschließlich ihrer selbst), in die **a** weist.

- der Vektor **a** steht senkrecht auf der Geraden, er heißt ihr *Orthogonalenvektor*. *Orthogonalenvektor*

- der Vektor $\frac{\mathbf{a}}{\|\mathbf{a}\|}$ steht senkrecht auf der Geraden, er heißt ihr *Orthonormalenvektor*, da er zusätzlich normiert ist. *Orthonormalenvektor*

Nun merken wir noch die nicht ganz triviale Tatsache an, daß jede Geradengleichung $\mathbf{a}^T\mathbf{x} - b = 0$ sich durch Normierung und Bestimmung eines Stützvektors **s** in die Form (2.3.04), also in die Hessesche Normalform überführen läßt. Da **s** explizit gar nicht interessiert, sagt man auch: Die Hessesche Normalform zu

$$\mathbf{a}^T\mathbf{x} - b = 0 \qquad \text{ist} \qquad \frac{\mathbf{a}^T}{\|\mathbf{a}\|}\mathbf{x} - \frac{b}{\|\mathbf{a}\|} = 0,$$

man erhält sie durch Normierung von **a**.

Übungsaufgabe 2.3.9

i) Formen Sie die Geradengleichung $x_1 = 2x_2 + 5$ in die Hessesche Normalform um!

ii) Welchen Abstand hat der Punkt $\begin{pmatrix} 12 \\ 1 \end{pmatrix}$ von dieser Geraden?

iii) Liegen die Punkte $\begin{pmatrix} 1 \\ 1 \end{pmatrix}$ und $\begin{pmatrix} 2 \\ 2 \end{pmatrix}$ auf der selben Seite der Geraden?

iv) Was stellt $x_1 - 2x_2 \leq 5$ dar? Zeichnen Sie diese Halbebene.

Die intensive Behandlung der Grundrechenarten für Vektoren des $\boldsymbol{R}^2$, der Begriffe Basis, Dimension und Skalarprodukt, und die ausführliche geometrische Interpretation der Hesseschen Normalform dienten dem Zweck der Vorbereitung des folgenden Kapitels. Der n-dimensionale ist die Verallgemeinerung des 2-dimensionalen Vektorraums.

Kapitel 3

Der n-dimensionale Vektorraum R^n

3.1. Grundbegriffe und Grundrechenarten im R^n

Schon in Kapitel 1 wurden Beispiele von Vektoren mit 4, 5 oder 6 Komponenten angesprochen. In diesem Kapitel nun sollen die Erkenntnisse über den $\boldsymbol{R}^2$ auf den $\boldsymbol{R}^n$, den Vektorraum mit der Dimension $n = 3, 4, 5, 6$ etc., übertragen werden. Leider muß der Stoff nun gestraffter als in Kapitel 2 vorgetragen werden. Wo immer möglich und nötig, werden die Zusammenhänge durch bildliche Darstellungen im $\boldsymbol{R}^3$ visualisiert. Ökonomische Beispiele wirken an dieser Stelle noch ein wenig gekünstelt, dennoch sind sie motivierend in den Text eingestreut.

$$\underbrace{\boldsymbol{R}\times\boldsymbol{R}\times\ldots\times\boldsymbol{R}}_{n\text{-mal}} = \{(x_1, x_2, \ldots, x_n) \mid \; x_j \in \boldsymbol{R},\ j = 1, \ldots, n\}$$

ist die Menge der reellen n-Tupel.

Die Begriffe: *Punkt des* $\boldsymbol{R}\times\boldsymbol{R}\times\ldots\times\boldsymbol{R}$
Vektor des $\boldsymbol{R}\times\boldsymbol{R}\times\ldots\times\boldsymbol{R}$
(reelles) n-Tupel
werden synonym gebraucht.

Punkt des $\boldsymbol{R}\times\boldsymbol{R}\times\ldots\times\boldsymbol{R}$
Vektor des $\boldsymbol{R}\times\boldsymbol{R}\times\ldots\times\boldsymbol{R}$
(reelles) n-Tupel

Definition 3.1.1 (Vektor des $\boldsymbol{R}\times\boldsymbol{R}\times\ldots\times\boldsymbol{R}$)

> **Ein Vektor des $\boldsymbol{R}\times\boldsymbol{R}\times\ldots\times\boldsymbol{R}$ ist eine Zusammenfassung von n (reellen) Zahlen, durch Kommata getrennt und durch Klammerung angedeutet. Die n Zahlen heißen seine *Komponenten*.**

Komponenten eines Vektors

Die Bemerkungen zu Fettdruck und Indizierung von Vektoren gelten hier analog zu Abschnitt 2.1. Die folgende Abbildung zeigt den Vektor $(-1, 1, 2)$ des $\boldsymbol{R}\times\boldsymbol{R}\times\boldsymbol{R}$.

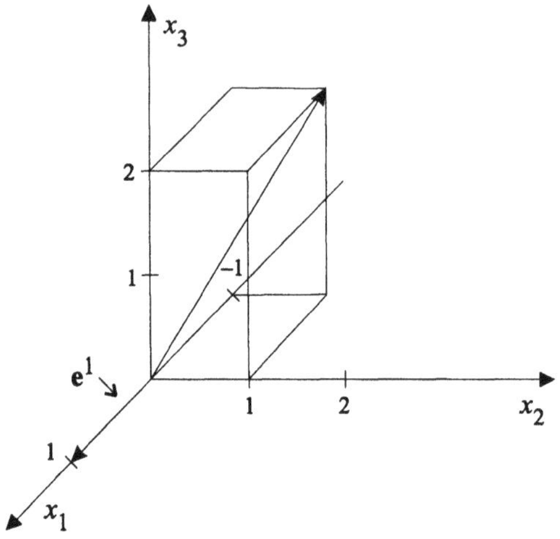

Abb. 3.1.2: Vektor des $\boldsymbol{R}^3$

Üben Sie die perspektivische Darstellung von Vektoren des $\boldsymbol{R}\times\boldsymbol{R}\times\boldsymbol{R}$, ähnlich wie beim Vektor (−1, 1, 2) in Abb. 3.1.2.

Addition von n-Tupeln
Multiplikation mit Skalar

Die folgenden Definitionen der *Addition* und der *Multiplikation mit einem Skalar* für Vektoren des $\boldsymbol{R}\times\boldsymbol{R}\times\ldots\times\boldsymbol{R}$ sind völlig analog zu denen im $\boldsymbol{R}\times\boldsymbol{R}$.

Definition 3.1.3 (Addition im $\boldsymbol{R}\times\boldsymbol{R}\times\ldots\times\boldsymbol{R}$)

Sind $\mathbf{a}=\begin{pmatrix} a_1 \\ \vdots \\ a_n \end{pmatrix}$ **und** $\mathbf{b}=\begin{pmatrix} b_1 \\ \vdots \\ b_n \end{pmatrix}$ **zwei Vektoren, so gilt** $\mathbf{a}+\mathbf{b}=\begin{pmatrix} a_1+b_1 \\ \vdots \\ a_n+b_n \end{pmatrix}$.

Übungsaufgabe 3.1.4

Eine Stahlbaufirma stellt fünf verschiedene Sorten von Stahlrohren her, die mit S_1 bis S_5 bezeichnet werden. Im Januar des vergangenen Jahres wurden von S_1 4000 t, von S_2 1500t, von S_3 2500t, von S_4 3000t und von S_5 1000t abgesetzt. Im Februar lauteten die entsprechenden Verkaufszahlen: von S_1 1000t, von S_2 1500t, von S_3 2400t, von S_4 1200t, von S_5 500t.

Stellen Sie die Absatzmengen für die Monate Januar und Februar als Vektoren dar und geben Sie die Gesamtabsätze über beide Monate ebenfalls als Vektor an!

Definition 3.1.5 (Multiplikation mit einem Skalar im $\boldsymbol{R}\times\boldsymbol{R}\times\ldots\times\boldsymbol{R}$)

Ist α eine reelle Zahl – hier Skalar genannt – und ist $\mathbf{a}=\begin{pmatrix}a_1\\ \vdots\\ a_n\end{pmatrix}$ ein Vektor,

so heißt $\alpha\cdot\mathbf{a}=\alpha\cdot\begin{pmatrix}a_1\\ \vdots\\ a_n\end{pmatrix}=\begin{pmatrix}\alpha a_1\\ \vdots\\ \alpha a_n\end{pmatrix}$ das *Produkt von* a *mit dem Skalar* α.

Produkt eines Vektors mit einem Skalar

(Wo keine Mißverständnisse möglich sind, werden die Malpunkte in Zukunft auch oft unterdrückt.)

Unmittelbar leuchtet ein, daß mit diesen beiden Definitionen wiederum die Regeln (A_0) bis (A_3) und (B_0) bis (B_4) gelten. Da die Addition und die Multiplikation mit einem Skalar komponentenweise definiert wurden, ist der Nachweis der Regeln trivial.

Der $\boldsymbol{R}\times\boldsymbol{R}\times\ldots\times\boldsymbol{R}$ ist mit den Operationen Addition und Multiplikation mit Skalar also wieder ein *linearer Vektorraum*, kurz mit $\boldsymbol{R}^n$ bezeichnet.

linearer Vektorraum

Im $\boldsymbol{R}^3$ stellen Sie sich die Addition wie schon in Abschnitt 2.1. als Addition von Kräftevektoren vor. Das folgende Bild ist der Versuch, das zu visualisieren.

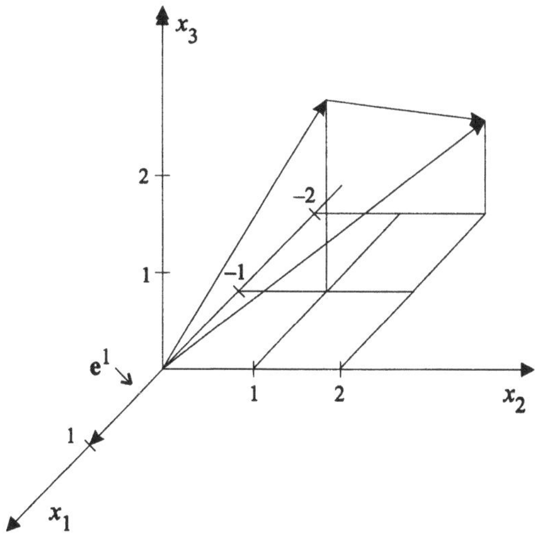

Abb. 3.1.6: Addition von Vektoren im $\boldsymbol{R}^3$

Gezeigt ist in dieser Abbildung die Addition der Vektoren $(-1, 1, 2)$ und $(-1, 1, -1)$ mit dem Ergebnis $(-2, 2, 1)$.

Selbstverständlich ist auch die Multiplikation mit einem Skalar wieder als Streckung oder Stauchung zu verstehen.

Übungsaufgabe 3.1.7

Zeichnen Sie wie in Abb. 3.1.6 rechts den Vektor $\frac{1}{2}(-1, 1, 2)$ und die „perspektivischen" Achsenabschnitte wie dort angedeutet.

Einheitsvektoren Nullvektor

Spezielle Vektoren sind wieder die *Einheitsvektoren* und der *Nullvektor*,

$\mathbf{e}^1 = \begin{pmatrix} 1 \\ 0 \\ \vdots \\ 0 \end{pmatrix}, \mathbf{e}^2 = \begin{pmatrix} 0 \\ 1 \\ \vdots \\ 0 \end{pmatrix}, \ldots, \mathbf{e}^n = \begin{pmatrix} 0 \\ \vdots \\ 0 \\ 1 \end{pmatrix}$ sind die n Einheitsvektoren. Die 1 steht jeweils an der 1., 2.,…, n-ten Position, ist also die 1., 2.,…, n-te Komponente.

Die Einheitsvektoren liegen auf den Koordinatenachsen, wie z.B. für $\mathbf{e}^1$ im $\boldsymbol{R}^3$ in Abb. 3.1.6 gezeigt.

Nullvektor

Der *Nullvektor* $\mathbf{0} = \begin{pmatrix} 0 \\ \vdots \\ 0 \end{pmatrix}$ liegt im Ursprung.

Zu zwei Vektoren $\mathbf{a}$, $\mathbf{b}$ aus dem $\boldsymbol{R}^n$ ist $\mathbf{b}-\mathbf{a}$ der Vektor $\mathbf{z}$, der $\mathbf{a}+\mathbf{z}=\mathbf{b}$ erfüllt. Insofern ist die Subtraktion genau wie in der Ebene definiert; $\mathbf{0}-\mathbf{a}$ heißt wiederum kurz $-\mathbf{a}$.

Spalten- und Zeilenvektoren

Schauen Sie nochmals in die Abschlußbemerkungen zu Abschnitt 2.1. über *Spalten-* und *Zeilen*vektoren. Bereits dort wurde erwähnt, daß die getroffenen Vereinbarungen auch für Vektoren des $\boldsymbol{R}^n$ gelten sollen.

3.2. Dimension und Basis des $\boldsymbol{R}^n$

Die Übertragung von Addition und Multiplikation mit einem Skalar vom $\boldsymbol{R}^2$ auf den $\boldsymbol{R}^n$ war mühelos; so konnte der Abschnitt 3.1. kurz gehalten werden.

Die Begriffe Lineare (Un-)abhängigkeit, Dimension und Basis des $\boldsymbol{R}^n$ zu verstehen, ist mühsamer. Empfohlen wird ein ständiges Zurückblättern zu Abschnitt 2.2. bei der Lektüre der folgenden Abhandlung!

Zu m Vektoren $\mathbf{a}^1,\dots,\mathbf{a}^m$ des $\boldsymbol{R}^n$ und m Zahlen $\alpha_1,\dots,\alpha_m$ kann man den Ausdruck

$$\sum_{i=1}^{m}\alpha_i\mathbf{a}^i$$

bilden. Er heißt *Linearkombination* der Vektoren $\mathbf{a}^1$ bis $\mathbf{a}^m$. Man sagt, der Vektor $\mathbf{b}$ sei aus $\mathbf{a}^1$ bis $\mathbf{a}^m$ linear kombinierbar, wenn die Gleichung *Linearkombination*

$$\mathbf{b}=\sum_{i=1}^{m}\alpha_i\mathbf{a}^i \tag{3.2.01}$$

für irgendwelche Zahlen α_i, $i=1,\dots,m$ erfüllt ist. Man schreibt dann auch

$$\mathbf{b}=LK(\mathbf{a}^1,\mathbf{a}^2,\dots,\mathbf{a}^m)\,.$$

Die Diktion ist also identisch mit der in Abschnitt 2.2.! Das gilt auch nur für die folgenden Sprechweisen und die Definition. Aber die Beispiele zeigen, daß uns im $\boldsymbol{R}^n$ die Anschauung aus dem $\boldsymbol{R}^2$ oder $\boldsymbol{R}^3$ im Stich läßt.

Beispiel 3.2.1

i) Der Vektor $\mathbf{b}=\begin{pmatrix}1\\1\\1\end{pmatrix}$ ist eine LK der Vektoren

$$\mathbf{a}^1=\begin{pmatrix}0\\1\\2\end{pmatrix},\ \mathbf{a}^2=\begin{pmatrix}1\\1\\0\end{pmatrix},\ \mathbf{a}^3=\begin{pmatrix}-2\\1\\3\end{pmatrix},\ \text{da}\ \begin{pmatrix}1\\1\\1\end{pmatrix}=1\begin{pmatrix}0\\1\\2\end{pmatrix}+\frac{1}{3}\begin{pmatrix}1\\1\\0\end{pmatrix}-\frac{1}{3}\begin{pmatrix}-2\\1\\3\end{pmatrix}.$$

ii) Der Vektor $\mathbf{b}=\begin{pmatrix}3\\0\\0\end{pmatrix}$ ist keine LK der Vektoren $\mathbf{a}^1=\begin{pmatrix}0\\1\\2\end{pmatrix}$, $\mathbf{a}^2=\begin{pmatrix}1\\1\\0\end{pmatrix}$, $\mathbf{a}^3=\begin{pmatrix}-1\\0\\2\end{pmatrix}$,

denn es gibt keine Zahlen $\alpha_1,\alpha_2,\alpha_3$, die die Vektoren $\mathbf{a}^1,\mathbf{a}^2,\mathbf{a}^3$ zu $\begin{pmatrix}3\\0\\0\end{pmatrix}$

linear kombinieren (siehe Abb. 3.2.2).

iii) Der Vektor $\mathbf{0} = \begin{pmatrix} 0 \\ 0 \\ 0 \end{pmatrix}$ ist eine *LK* sowohl der Vektoren

$$\mathbf{a}^1 = \begin{pmatrix} 1 \\ 2 \\ 3 \end{pmatrix},\ \mathbf{a}^2 = \begin{pmatrix} 2 \\ 4 \\ 6 \end{pmatrix}$$ als auch der Vektoren

$$\mathbf{a}^1 = \begin{pmatrix} 0 \\ 1 \\ 2 \end{pmatrix},\ \mathbf{a}^2 = \begin{pmatrix} 1 \\ 1 \\ 0 \end{pmatrix},\ \mathbf{a}^3 = \begin{pmatrix} -1 \\ 0 \\ 2 \end{pmatrix}$$ als auch der Vektoren

$$\mathbf{a}^1 = \begin{pmatrix} 2 \\ 0 \\ 0 \end{pmatrix},\ \mathbf{a}^2 = \begin{pmatrix} 0 \\ 2 \\ 0 \end{pmatrix},\ \mathbf{a}^3 = \begin{pmatrix} 0 \\ 0 \\ 2 \end{pmatrix}.$$

Die Aussagen sind jedoch von verschiedener Qualität:

Im *ersten Fall* sieht man sofort

$$\begin{pmatrix} 0 \\ 0 \\ 0 \end{pmatrix} = 2\begin{pmatrix} 1 \\ 2 \\ 3 \end{pmatrix} - 1\begin{pmatrix} 2 \\ 4 \\ 6 \end{pmatrix}$$

Im *zweiten Fall* erkennt man aufgrund der folgenden Abbildung, daß die drei Vektoren in einer Ebene liegen und daß der dritte aus den beiden ersten linear kombinierbar ist:

$$\begin{pmatrix} -1 \\ 0 \\ 2 \end{pmatrix} = 1\begin{pmatrix} 0 \\ 1 \\ 2 \end{pmatrix} - 1\begin{pmatrix} 1 \\ 1 \\ 0 \end{pmatrix}$$ und somit

$$\begin{pmatrix} 0 \\ 0 \\ 0 \end{pmatrix} = 1\begin{pmatrix} 0 \\ 1 \\ 2 \end{pmatrix} - 1\begin{pmatrix} 1 \\ 1 \\ 0 \end{pmatrix} - 1\begin{pmatrix} -1 \\ 0 \\ 2 \end{pmatrix}$$

Im *dritten Fall* sieht man sofort, daß

$$\begin{pmatrix} 0 \\ 0 \\ 0 \end{pmatrix} = \alpha_1\begin{pmatrix} 2 \\ 0 \\ 0 \end{pmatrix} + \alpha_2\begin{pmatrix} 0 \\ 2 \\ 0 \end{pmatrix} + \alpha_3\begin{pmatrix} 0 \\ 0 \\ 2 \end{pmatrix}$$

nur gelten kann, falls $\alpha_1 = \alpha_2 = \alpha_3 = 0$.

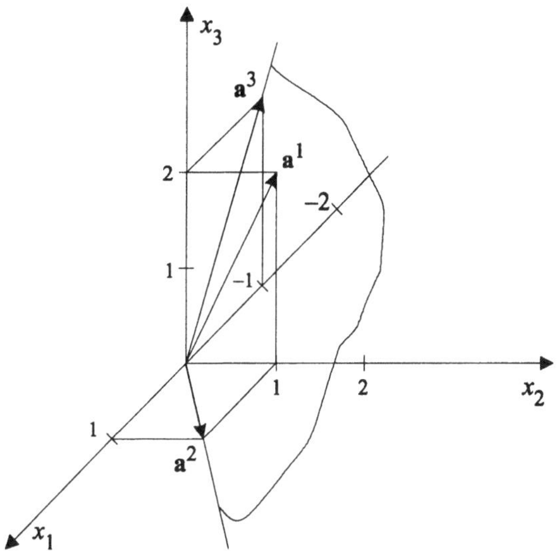

Abb. 3.2.2: Die Vektoren $\mathbf{a}^1$, $\mathbf{a}^2$, $\mathbf{a}^3$ liegen in einer Ebene

Übungsaufgabe 3.2.3

Die Keksfabrik „Knack und Süß" beliefert den Supermarkt „Schnellkauf" mit verschiedenen Kekssorten und zwar mit Schokoladenkeksen, Butterkeksen, Vollkorngebäck und Waffeln.

Der Supermarkt benötigt pro Monat 500 Pakete Schokokekse, 1150 Packungen Butterkekse, 450 Pakete Vollkorngebäck, 200 Schachteln Waffeln. Aus packungstechnischen Gründen werden die Kekse in zwei verschiedenen Versandkartons geliefert, und zwar enthält ein Karton der Sorte 1 jeweils 10 Pakete Schokokekse, 15 Pakete Butterkekse und 5 Packungen Vollkorngebäck.

In einem Versandkarton der Größe 2 befinden sich je 20 Packungen Butterkekse, 10 Packungen Vollkorngebäck und 10 Schachteln Waffeln.

Wieviele Versandkartons jeder Größe werden gebraucht, um den monatlichen Bedarf des Supermarktes zu decken?

Nullinearkombination

Ist in Gleichung (3.2.01) $\mathbf{b}=\begin{pmatrix}0\\ \vdots\\ 0\end{pmatrix}$, spricht man von *Nullinearkombination* der Vektoren $\mathbf{a}^1$ bis $\mathbf{a}^m$. Sind alle α_i, $i=1,\dots,m$, gleich 0, heißt die Nullinearkombination *trivial*; ist auch nur ein $\alpha_i \neq 0$, heißt sie *nichttrivial*. Üben Sie diese Begriffe an Beispiel 3.2.1 iii)!

triviale, nichttriviale Nullinearkombination

lineare Abhängigkeit
lineare Unabhängigkeit

Auch die Definition der *linearen (Un-)abhängigkeit* ist die direkte Übertragung von Definition 2.2.2 aus Abschnitt 2.2.

Definition 3.2.4 (Lineare (Un-)abhängigkeit im $\boldsymbol{R}^n$)

> **Die m Vektoren $\mathbf{a}^1,\mathbf{a}^2,\dots,\mathbf{a}^m$ heißen linear unabhängig (l.u.), wenn aus**
>
> $$\begin{pmatrix}0\\0\\ \vdots\\ 0\end{pmatrix}=\sum_{i=1}^{m}\alpha_i\mathbf{a}^i \textbf{ zwingend } \alpha_1=\alpha_2=\ldots=\alpha_m=0 \textbf{ folgt.}$$
>
> **Sind $\mathbf{a}^1,\mathbf{a}^2,\dots,\mathbf{a}^m$ nicht linear unabhängig, heißen sie *linear abhängig* (l.a.).**

Wie schon in Abschnitt 2.2. sind auch folgende Sprechweisen möglich:

- $\mathbf{a}^1,\mathbf{a}^2,\dots,\mathbf{a}^m$ sind l.u., wenn sie nur trivial zum Nullvektor linear kombinierbar sind.
- $\mathbf{a}^1,\mathbf{a}^2,\dots,\mathbf{a}^m$ sind l.a., wenn sie auch nichttrivial zum Nullvektor linear kombinierbar sind.

In Beispiel 3.2.1 haben Sie bereits erkannt, daß der Nachweis der Linearen Abhängigkeit oder Unabhängigkeit bei Vektormengen des $\boldsymbol{R}^n$ nicht mehr durch Augenschein erbracht werden kann. Vielmehr kann ein aufwendiges Probieren oder sogar Rechnen notwendig werden. Diese Rechnungen verschieben wir auf später.

Jedoch sollen bereits hier die Begriffe „Dimension des $\boldsymbol{R}^n$" und „Basis des $\boldsymbol{R}^n$" eingeführt und erläutert werden.

Zur Wiederholung und Vertiefung:

- Ein Vektor des $\boldsymbol{R}^3$ ist l.u. genau dann, wenn er *nicht* der Nullvektor $\mathbf{0}=(0,0,0)^{\mathrm{T}}$ ist. Vollziehen Sie das nach!

- Zwei Vektoren des $\boldsymbol{R}^3$ sind l.u. genau dann, wenn sie *nicht* in eine Gerade fallen. Die Überlegungen sind völlig identisch mit denen im $\boldsymbol{R}^2$, blättern Sie zurück!

Übungsaufgabe 3.2.5

i) Zeichnen Sie die l.u. Vektoren $\begin{pmatrix} 1 \\ -1 \\ 1 \end{pmatrix}$ und $\begin{pmatrix} 1 \\ 0 \\ 1 \end{pmatrix}$ in ein Koordinatenkreuz des $\boldsymbol{R}^3$.

ii) Zeichnen Sie die l.a. Vektoren $\begin{pmatrix} 1 \\ -1 \\ 1 \end{pmatrix}$ und $\begin{pmatrix} 2 \\ -2 \\ 2 \end{pmatrix}$ in ein Koordinatenkreuz des $\boldsymbol{R}^3$.

⌛

- Die drei Vektoren $\begin{pmatrix} 2 \\ 0 \\ 0 \end{pmatrix}, \begin{pmatrix} 0 \\ 2 \\ 0 \end{pmatrix}, \begin{pmatrix} 0 \\ 0 \\ 2 \end{pmatrix}$ sind nach Beispiel 3.2.1 linear unabhängig.

  Sie „spannen den Raum auf". Zeichnen Sie die Vektoren in ein Koordinatensystem. Machen Sie sich mit der „Rechte-Hand-Regel" klar, was dieses „Aufspannen" bedeutet.

- Die drei Vektoren $\begin{pmatrix} 0 \\ 1 \\ 2 \end{pmatrix}, \begin{pmatrix} 1 \\ 1 \\ 0 \end{pmatrix}, \begin{pmatrix} -1 \\ 0 \\ 2 \end{pmatrix}$ sind nach Beispiel 3.2.1 linear abhängig.

  Sie „fallen in eine Ebene".

- Die vier Vektoren $\begin{pmatrix} 2 \\ 0 \\ 0 \end{pmatrix}, \begin{pmatrix} 0 \\ 2 \\ 0 \end{pmatrix}, \begin{pmatrix} 0 \\ 0 \\ 2 \end{pmatrix}, \begin{pmatrix} 1 \\ 2 \\ 4 \end{pmatrix}$ spannen zwar den Raum auf – das machen ja schon die ersten drei! – dennoch sind sie l.a. Das sieht man sofort, da

$$\begin{pmatrix} 0 \\ 0 \\ 0 \end{pmatrix} = \frac{1}{2}\begin{pmatrix} 2 \\ 0 \\ 0 \end{pmatrix} + 1\begin{pmatrix} 0 \\ 2 \\ 0 \end{pmatrix} + 2\begin{pmatrix} 0 \\ 0 \\ 2 \end{pmatrix} - 1\begin{pmatrix} 1 \\ 2 \\ 4 \end{pmatrix}.$$

Bei einem, zwei oder drei Vektoren des $\boldsymbol{R}^3$ entscheidet ihre Lage zueinander über Lineare Abhängigkeit oder Unabhängigkeit, vier Vektoren scheinen immer l.a. zu sein.

In einer noch unvollkommenen Sprache – Mathematiker würden das anders ausdrücken – übertragen wir das für den $\boldsymbol{R}^3$ Gesagte auf den $\boldsymbol{R}^4$.

- Ein Vektor des $\boldsymbol{R}^4$ ist l.u. genau dann, wenn er *nicht* der Nullvektor $\mathbf{0} = (0,0,0,0)^{\mathrm{T}}$ ist. Vollziehen Sie das nach!

- Zwei Vektoren des $\boldsymbol{R}^4$ sind l.u. genau dann, wenn sie nicht in eine Gerade fallen.
$\mathbf{a}^1 = (1,1,1,1)^{\mathrm{T}}$, $\mathbf{a}^2 = (1,1,0,0)^{\mathrm{T}}$ sind l.u.
$\mathbf{a}^1 = (1,1,1,1)^{\mathrm{T}}$, $\mathbf{a}^2 = (2,2,2,2)^{\mathrm{T}}$ sind l.a.

- Drei Vektoren des $\boldsymbol{R}^4$ sind l.u. genau dann, wenn sie nicht in eine „zweidimensionale Ebene" fallen.
$\mathbf{a}^1 = (0,1,2,5)^{\mathrm{T}}$, $\mathbf{a}^2 = (1,1,0,5)$, $\mathbf{a}^3 = (-1,0,2,1)^{\mathrm{T}}$ sind l.u.
$\mathbf{a}^1 = (0,1,2,5)^{\mathrm{T}}$, $\mathbf{a}^2 = (1,1,0,5)$, $\mathbf{a}^3 = (-1,0,2,0)^{\mathrm{T}}$ sind l.a.

$$1\begin{pmatrix}0\\1\\2\\5\end{pmatrix} - 1\begin{pmatrix}1\\1\\0\\5\end{pmatrix} - 1\begin{pmatrix}-1\\0\\2\\0\end{pmatrix} \text{ ist nämlich der Nullvektor } \begin{pmatrix}0\\0\\0\\0\end{pmatrix}, \text{ mit}$$

$$\begin{pmatrix}0\\1\\2\\5\end{pmatrix} \quad \begin{pmatrix}1\\1\\0\\5\end{pmatrix} \quad \begin{pmatrix}-1\\0\\2\\1\end{pmatrix} \text{ ist der Nullvektor } \begin{pmatrix}0\\0\\0\\0\end{pmatrix} \text{ nur trivial linear kombinierbar.}$$

- Vier Vektoren des $\boldsymbol{R}^4$ sind l.u. genau dann, wenn sie nicht in eine „dreidimensionale Ebene" fallen.

$$\mathbf{a}^1 = \begin{pmatrix}1\\1\\0\\-1\end{pmatrix}, \mathbf{a}^2 = \begin{pmatrix}-1\\1\\1\\0\end{pmatrix}, \mathbf{a}^3 = \begin{pmatrix}-1\\-1\\1\\1\end{pmatrix}, \mathbf{a}^4 = \begin{pmatrix}-1\\1\\2\\0\end{pmatrix} \text{ sind l.a., } \mathbf{a}^1 + \mathbf{a}^2 + \mathbf{a}^3 - \mathbf{a}^4 = \mathbf{0}.$$

$$\mathbf{a}^1 = \begin{pmatrix}1\\0\\0\\0\end{pmatrix}, \quad \mathbf{a}^2 = \begin{pmatrix}1\\1\\0\\0\end{pmatrix}, \quad \mathbf{a}^3 = \begin{pmatrix}1\\1\\1\\0\end{pmatrix}, \quad \mathbf{a}^4 = \begin{pmatrix}1\\1\\1\\1\end{pmatrix} \quad \text{sind l.u., da}$$

$\alpha_1\mathbf{a}^1 + \alpha_2\mathbf{a}^2 + \alpha_3\mathbf{a}^3 + \alpha_4\mathbf{a}^4 = \mathbf{0}$ zwingend $\alpha_1 = \alpha_2 = \alpha_3 = \alpha_4 = 0$ impliziert.

- Fünf Vektoren des $\boldsymbol{R}^4$ sind vermutlich immer l.a.

Nach den Betrachtungen im $\boldsymbol{R}^2$, $\boldsymbol{R}^3$, $\boldsymbol{R}^4$ benötigen wir ein stärkeres Geschütz zur Klärung der Fragen nach Dimension und Basis des $\boldsymbol{R}^n$. Es ist der Teil eines Satzes aus der Linearen Algebra, dem

Austauschsatz von Steinitz. Er wird nun formuliert und verbal erläutert. Auf einen Beweis muß hier verzichtet werden.

Austauschsatz von Steinitz

Satz 3.2.6 (Steinitz)

> **Sind $\mathbf{a}^1,\ldots,\mathbf{a}^m$ Vektoren des $\boldsymbol{R}^n$ und lassen sich weitere l Vektoren $\mathbf{b}^1,\ldots,\mathbf{b}^l$ des $\boldsymbol{R}^n$ darstellen als $\mathbf{b}^i = LK(\mathbf{a}^1,\ldots,\mathbf{a}^m)$ und sind $\mathbf{b}^1,\ldots,\mathbf{b}^l$ l.u., so folgt daraus: $l \le m$.**

Verbal ausgedrück heißt das: Aus m Vektoren des $\boldsymbol{R}^n$ kann man nicht mehr als m l.u. Vektoren linear kombinieren.

Aus diesem Satz folgt unmittelbar scheinbar Selbstverständliches: Die *Dimension des $\boldsymbol{R}^n$* ist n. Hierzu definiert man wie in Abschnitt 2.2.

Dimension des $\boldsymbol{R}^n$

Definition 3.2.7

> **Die Maximalzahl l.u. Vektoren heißt die Dimension des $\boldsymbol{R}^n$.**

Korollar 3.2.8

> **Die Dimension des $\boldsymbol{R}^n$ ist n.**

Beweisidee: Es seien beliebige Vektoren $\mathbf{b}^1,\ldots,\mathbf{b}^l$ betrachtet. Nun läßt sich jedes $\mathbf{b}^i$ als LK der n l.u. Einheitsvektoren $\mathbf{e}^1,\ldots,\mathbf{e}^n$ darstellen.

$$\mathbf{b}^i = \begin{pmatrix} b_1^i \\ b_2^i \\ \vdots \\ \vdots \\ b_n^i \end{pmatrix} = b_1^i \begin{pmatrix} 1 \\ 0 \\ \vdots \\ \vdots \\ 0 \end{pmatrix} + b_2^i \begin{pmatrix} 0 \\ 1 \\ 0 \\ \vdots \\ 0 \end{pmatrix} + \ldots + b_n^i \begin{pmatrix} 0 \\ \vdots \\ \vdots \\ 0 \\ 1 \end{pmatrix}.$$

Also folgt nach Steinitz $l \le n$.

Es gibt *nicht mehr als n* l.u. Vektoren des $\boldsymbol{R}^n$, aber es *gibt n* l.u. Vektoren des $\boldsymbol{R}^n$ – nämlich die Einheitsvektoren. Also ist die Dimension des $\boldsymbol{R}^n$ genau n.

Basis des $\boldsymbol{R}^n$

Jetzt schließt sich völlig natürlich die Definition der *Basis* an.

Definition 3.2.9

> ***n* l.u. Vektoren des $\boldsymbol{R}^n$ heißen Basis des $\boldsymbol{R}^n$.**

Einheitsbasis

eindeutige LK

Eine wichtige Basis des $\boldsymbol{R}^n$ ist die aus den Einheitsvektoren bestehende *Einheitsbasis*. Die *eindeutige LK* eines Vektors $\mathbf{b} = (b_1, \ldots, b_n)^T$ aus den Einheitsvektoren

$$\mathbf{b} = b_1 \begin{pmatrix} 1 \\ 0 \\ \vdots \\ \vdots \\ 0 \end{pmatrix} + b_2 \begin{pmatrix} 0 \\ 1 \\ 0 \\ \vdots \\ 0 \end{pmatrix} + \ldots + b_n \begin{pmatrix} 0 \\ \vdots \\ \vdots \\ 0 \\ 1 \end{pmatrix}$$

Einheitskoordinatendarstellung

heißt auch seine *Einheitskoordinatendarstellung*.

Der Begriff der Basis wäre unglücklich gewählt, hätte ein beliebiger Vektor nicht auch in einer anderen als der Einheitsbasis eine Koordinatendarstellung. Es gilt sogar der folgende Satz.

Satz 3.2.10

> **Ist $\mathbf{a}^1, \ldots, \mathbf{a}^n$ eine Basis des $\boldsymbol{R}^n$ und ist b irgendein Vektor des $\boldsymbol{R}^n$, so existiert eine eindeutige Koordinatendarstellung von b in $\mathbf{a}^1, \ldots, \mathbf{a}^n$, d.h. es gibt genau ein n-Tupel $(\beta_1, \ldots, \beta_n)$ mit der Eigenschaft**
>
> $$\mathbf{b} = \beta_1 \mathbf{a}^1 + \ldots + \beta_n \mathbf{a}^n.$$

Die Zahlen $\beta_1, \ldots \beta_n$ heißen Koordinaten von **b** in der Basis $\mathbf{a}^1, \ldots, \mathbf{a}^n$. Der Beweis des Satzes ist recht einfach, soll aber hier ausgespart werden. Als interessierter Student finden Sie ihn in jedem mathematisch orientierten Lehrbuch der Linearen Algebra.

Übungsaufgabe 3.2.11

Überprüfen Sie die folgenden Aussagen auf Richtigkeit!

Koordinatendarstellung eines Vektors

i) $(\beta_1, \beta_2, \beta_3) = (-1, 1, 1)$ ist die Koordinatendarstellung des Vektors

$$\mathbf{b} = \begin{pmatrix} 1 \\ 2 \\ 0 \end{pmatrix} \text{ in der Basis } \mathbf{a}^1 = \begin{pmatrix} 1 \\ 0 \\ 1 \end{pmatrix}, \mathbf{a}^2 = \begin{pmatrix} 1 \\ 1 \\ 0 \end{pmatrix}, \mathbf{a}^3 = \begin{pmatrix} 1 \\ 1 \\ 1 \end{pmatrix}$$

ii) $(\beta_1, \beta_2, \beta_3, \beta_4) = (5, 4, 3, 2)$ ist die Koordinatendarstellung des Vektors

$$\mathbf{b} = \begin{pmatrix} 2 \\ 2 \\ 0 \\ 4 \end{pmatrix} \text{ in der Basis } \mathbf{a}^1 = \begin{pmatrix} 1 \\ 1 \\ 1 \\ 1 \end{pmatrix}, \mathbf{a}^2 = \begin{pmatrix} 1 \\ 1 \\ 1 \\ 0 \end{pmatrix}, \mathbf{a}^3 = \begin{pmatrix} 1 \\ 1 \\ 0 \\ 0 \end{pmatrix}, \mathbf{a}^4 = \begin{pmatrix} 1 \\ 0 \\ 0 \\ 0 \end{pmatrix}.$$

Nachdem die Begriffswelt „Lineare (Un-)abhängigkeit, Dimension, Basis" von $\boldsymbol{R}^2$ auf den $\boldsymbol{R}^n$ übertragen wurde, wird im folgenden Abschnitt 3.3. diese Erweiterung auch für „Skalarprodukt, Gerade und Halbebene" durchgeführt.

3.3. Skalarprodukt, Hyperebene und Halbraum

Wie die Überschrift dieses Abschnitts zeigt, werden im $\boldsymbol{R}^n$ teils andere Begriffe als im $\boldsymbol{R}^2$ verwendet. Die alten Sprechweisen sind Unterfälle der neuen; insofern kann man auch im $\boldsymbol{R}^2$ von Hyperebenen und Halbräumen sprechen, macht das jedoch i.a. nicht.

Länge/Norm eines Vektors

Die *Länge* oder euklidische *Norm* eines Vektors **a** des $\boldsymbol{R}^n$ ist

$$\|\mathbf{a}\| = \sqrt{\sum_{i=1}^{n} a_i^2}\ . \qquad \textbf{(3.3.01)}$$

Die folgende Abbildung zeigt, daß diese Definition im $\boldsymbol{R}^3$ unserer Intuition entspricht, man wende hierzu den Lehrsatz des Pythagoras zweimal an!

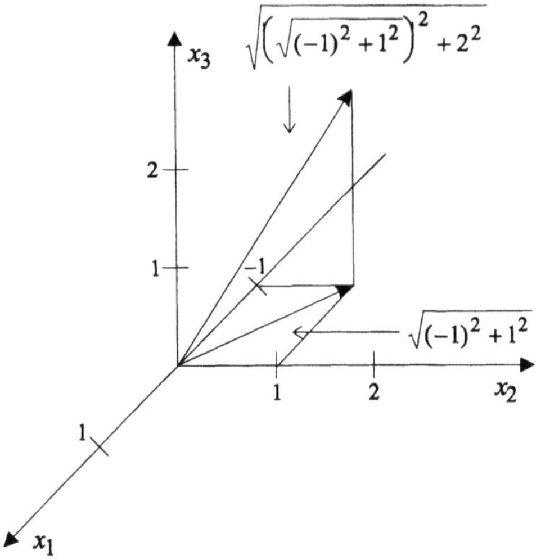

Abb. 3.3.1: Länge eines Vektors im $\boldsymbol{R}^3$

Studieren Sie die Abbildung sorgfältig. Sie zeigt, daß die Länge des Vektors $\mathbf{a}^{\mathrm{T}}=(-1,\ 1,\ 2)$ gleich $\sqrt{(-1)^2+1^2+2^2}=\sqrt{6}$ ist.

normiert Hat ein Vektor die Länge 1, heißt er *normiert*. Einen beliebigen Vektor normiert man durch Division durch seine Länge.

Die n Einheitsvektoren und darüberhinaus alle n-Tupel auf der Einheitskugel um den Ursprung sind normiert.

Skalarprodukt Das *Skalarprodukt* zweier Vektoren **a** und **b** des $\boldsymbol{R}^n$ ist definiert als $\mathbf{a}^{\mathrm{T}}\mathbf{b}=\sum_{i=1}^{n}a_ib_i$, es ist also die Summe der Komponentenprodukte.

Beispiel 3.3.2

Der Verlag „Pressa Germania" verlegt die beiden Tageszeitungen „der Tag (T)" und „der Abend (A)" sowie die drei Wochenzeitungen „die Woche der Frau (F)", „Mädchen (M)" und „Glück für die Frau (G)". Die wöchentlichen Verkaufszahlen kann man in einem Absatzvektor $\mathbf{v}=(t,\ a,\ f,\ m,\ g)^{\mathrm{T}}$ zusammenfassen. Der Verlag gibt die Blätter für Preise in [DM] pro Stück an die Kioske ab, die im Preisvektor $\mathbf{p}^{\mathrm{T}}=(p_T, p_A, p_F, p_M, p_G)$ zusammengefaßt sind. Der Umsatz u beträgt dann

$$u=\mathbf{p}^{\mathrm{T}}\cdot\mathbf{v}=p_T\cdot t+p_A\cdot a+p_F\cdot f+p_M\cdot m+p_G\cdot g\ \text{[DM]}.$$

Beispiel 3.3.3

In der Kantine der Fernuniversität werden folgende Gerichte angeboten:

Tagesgericht I zu 4.50 DM, Tagesgericht II zu 6.50 DM, Schonkost zu 5.75 DM, belegtes Brötchen zu 1.50 DM, Obstsalat zu 3.00 DM.

An einem bestimmten Tag werden folgende Mengen verkauft:

100 Tagesgerichte I, 50 Tagesgerichte II, 50 mal Schonkost, 250 belegte Brötchen und 75 Obstsalate.

Mit dem Preisvektor $\mathbf{p}^{\mathrm{T}} = (4.50,\ 6.50,\ 5.75,\ 1.50,\ 3.00)$ und dem Absatzvektor $\mathbf{m}^{\mathrm{T}} = (100,\ 50,\ 50,\ 250,\ 75)$ errechnet sich der Umsatz u zu

$$u = \mathbf{p}^{\mathrm{T}} \cdot \mathbf{m} = 4.50 \cdot 100 + \ldots + 3.00 \cdot 75 = 1662.50 \quad [\mathrm{DM}].$$

Damit die schönen geometrischen Eigenschaften des Skalarprodukts wie in Abschnitt 2.3. erhalten bleiben, definiert man umgekehrt zu dort

$$\cos(\mathbf{a},\mathbf{b}) = \frac{\mathbf{a}^{\mathrm{T}}\mathbf{b}}{\|\mathbf{a}\| \cdot \|\mathbf{b}\|}. \qquad \textbf{(3.3.02)}$$

Wichtiger Hinweis: Im $\boldsymbol{R}^3$ wäre noch der Weg des Abschnitts 2.3. gangbar – der cos ist im $\boldsymbol{R}^3$ noch anschaulich – bereits im $\boldsymbol{R}^4$ versagt jedoch diese Anschauung!

Die Vektoren **a**, **b** heißen konsequenterweise *orthogonal*, wenn $\cos(\mathbf{a},\mathbf{b}) = 0$ ist bzw. wenn $\mathbf{a}^{\mathrm{T}}\mathbf{b} = 0$ ist. Rechnerisch ergibt sich die Orthogonalität also aus der Tatsache, daß $\mathbf{a}^{\mathrm{T}} \cdot \mathbf{b} = \sum_{i=1}^{n} a_i b_i = 0$. *orthogonal*

Übungsaufgabe 3.3.4

Überprüfen Sie folgende Behauptungen

i) Die Vektoren $\mathbf{a} = \begin{pmatrix} 1 \\ 2 \\ 3 \end{pmatrix}$, $\mathbf{b} = \begin{pmatrix} -2 \\ -1 \\ 1 \end{pmatrix}$ sind orthogonal.

ii) Die Einheitsvektoren $\mathbf{e}^1 = \begin{pmatrix}1\\0\\0\end{pmatrix}$, $\mathbf{e}^2 = \begin{pmatrix}0\\1\\0\end{pmatrix}$, $\mathbf{e}^3 = \begin{pmatrix}0\\0\\1\end{pmatrix}$ sind paarweise orthogonal.

iii) Die n Einheitsvektoren $\mathbf{e}^1$, $\mathbf{e}^2,\ldots,$ $\mathbf{e}^n$ sind paarweise orthogonal.

⧗

Eine Menge von paarweisen orthogonalen Vektoren wie in Übungsaufgabe 3.3.4 nennt man auch ein Orthogonalensystem.

Hyperebene

Wir kommen nun zum Begriff der *Hyperebene* im $\boldsymbol{R}^n$. Ähnlich wie aus den aufwendigen Überlegungen des Abschnitts 2.3. hervorging, gilt auch im $\boldsymbol{R}^n$:

- Sind $\mathbf{r}^1$ bis $\mathbf{r}^{n-1}$ $n-1$ l.u. Vektoren und ist $\mathbf{a}$ ein Vektor, der senkrecht auf ihnen allen steht. Dann ist jeder Punkt $\overline{\mathbf{x}}$ des $\boldsymbol{R}^n$ darstellbar als

$$\overline{\mathbf{x}} = \mathbf{s} + \rho_1 \mathbf{r}^1 + \ldots + \rho_{n-1} \mathbf{r}^{n-1} + \sigma \mathbf{a} \qquad \textbf{(3.3.03)}$$

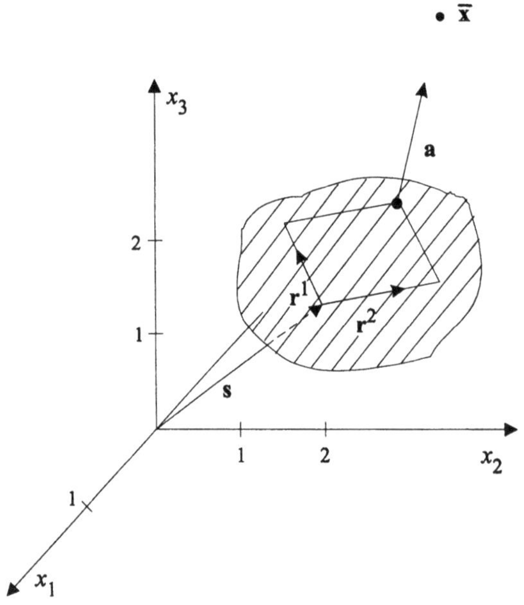

Abb. 3.3.5: Eine Hyperebene im $\boldsymbol{R}^3$

- Setzt man $\sigma = 0$ und läßt nur die reellen Parameter ρ_1 bis ρ_{n-1} frei, so erhält man die Punkte der Hyperebene $\left\{\mathbf{x} \,\middle|\, \mathbf{x} = \mathbf{s} + \rho_1 \mathbf{r}^1 + \ldots + \rho_{n-1} \mathbf{r}^{n-1}\right\}$. Wenn unmißverständlich, bezeichnen wir sie auch kurz mit $\mathbf{x} = \mathbf{s} + \rho_1 \mathbf{r}^1 + \ldots + \rho_{n-1} \mathbf{r}^{n-1}$.

s heißt *Stützvektor*, die $n-1$ l.u. Vektoren $\mathbf{r}^i$ nennt man *Richtungsvektoren*, **a** heißt *Orthogonalenvektor* der Hyperebene.

Stützvektor, Richtungsvektoren
Orthogonalenvektor

- Durch Umformungen wie Multiplikation mit $\frac{\mathbf{a}^T}{\|\mathbf{a}\|}$ und die Substitution $\delta = \sigma\|\mathbf{a}\|$

  erhält man analog zu Abschnitt 2.3.

$$\frac{\mathbf{a}^T\bar{\mathbf{x}}}{\|\mathbf{a}\|} - \frac{\mathbf{a}^T\mathbf{s}}{\|\mathbf{a}\|} = \delta. \qquad \textbf{(3.3.04)}$$

- $|\delta|$ ist der Abstand des Punktes $\bar{\mathbf{x}}$ von der Hyperebene

$$\mathbf{x} = \mathbf{s} + \sum_{i=1}^{n-1} \rho_i \mathbf{r}^i. \qquad \textbf{(3.3.05)}$$

  δ ist > 0, falls $\bar{\mathbf{x}}$ auf der Seite der Hyperebene liegt, in die **a** weist.
  δ ist < 0, falls $\bar{\mathbf{x}}$ auf der Seite der Hyperebene leigt, in die **a** nicht weist.
  δ ist $= 0$, falls $\bar{\mathbf{x}}$ auf der Hyperebene liegt.

Die Gleichung (3.3.04) für $\delta = 0$ und variables **x**:

$$\frac{\mathbf{a}^T\mathbf{x}}{\|\mathbf{a}\|} - \frac{\mathbf{a}^T\mathbf{s}}{\|\mathbf{a}\|} = 0 \qquad \textbf{(3.3.06)}$$

heißt *Hessesche Normalform* der Hyperebene (3.3.05).

Hessesche Normalform

Es gelten weiterhin alle Aussagen des Abschnitts 2.3. Speziell sollten Sie sich merken:

- $\frac{\mathbf{a}^T\mathbf{x}}{\|\mathbf{a}\|} - \frac{\mathbf{a}^T\mathbf{s}}{\|\mathbf{a}\|} \leq 0$ ist die Bestimmungsungleichung für den *Halbraum* aller **x** auf der **a** abgewandten Seite der Hyperebene (3.3.05).

Halbraum

- $\frac{\mathbf{a}^T\mathbf{x}}{\|\mathbf{a}\|} - \frac{\mathbf{a}^T\mathbf{s}}{\|\mathbf{a}\|} \geq 0$ ist die Bestimmungsungleichung für den *Halbraum* aller **x** auf der zu **a** hingewandten Seite der Hyperebene (3.3.05).

- Jede beliebige Gleichung, bestehend aus einem Vektor **a**, einem Variablenvektor **x** und einer Zahl b, der Form $\mathbf{a}^T\mathbf{x} - b = 0$ ist eine Hyperebene. Durch Normierung (und ohne den Stützvektor explizit zu kennen) ist sie mittels Division durch die Länge $\|\mathbf{a}\|$ in ihre Hessesche Normalform transformierbar. Der Betrag von $\frac{-b}{\|\mathbf{a}\|}$ ist ihr Abstand vom Ursprung.

Damit diese abstrakten Zusammenhänge besser in Ihrer Erinnerung haften bleiben, studieren Sie nochmals Abbildung 3.3.5!

Die Hyperebene ist schraffiert. Alles, was „unterhalb“ dieser Ebene liegt, ist der Halbraum aller **x** auf der von **a** abgewandten Seite; alles, was „oberhalb“ der Ebene liegt, ist der Halbraum aller **x** auf der zu **a** hingewandten Seite.

Beispiel 3.3.6

Die Gleichung $1x_1 + 2x_2 - 3x_3 + 4x_4 - 6 = 0$ stellt die Gleichung einer Hyperebene im $\boldsymbol{R}^4$ dar.

Die Gleichung $1x_1 + 2x_2 - 3x_3 + 4x_4 - 6 \leq 0$ stellt die Bestimmungsungleichung aller $\mathbf{x} = (x_1, x_2, x_3, x_4)^{\mathrm{T}}$ des dem Normalenvektor $\mathbf{a}^{\mathrm{T}} = (1, 2, -3, 4)$ abgewandten Halbraums dar.

Durch Normierung

$$\frac{1}{\sqrt{30}}x_1 + \frac{2}{\sqrt{30}}x_2 - \frac{3}{\sqrt{30}}x_3 + \frac{4}{\sqrt{30}}x_4 - \frac{6}{\sqrt{30}} = 0$$

entsteht die zugehörige Hessesche Normalform der Hyperebenengleichung.

Der Punkt $\overline{\mathbf{x}}^{\mathrm{T}} = (0, \ 1, \ 2, \ 2.5)$ liegt auf der Hyperebene, denn $\mathbf{a}^{\mathrm{T}}\overline{\mathbf{x}} - 6 = 0$.
Der Punkt $\overline{\mathbf{x}}^{\mathrm{T}} = (1, \ 1, \ 1, \ 1)$ liegt nicht auf der Hyperebene. Sein Abstand von ihr ist der Betrag von

$$\frac{1}{\sqrt{30}} \cdot 1 + \frac{2}{\sqrt{30}} \cdot 1 - \frac{3}{\sqrt{30}} \cdot 1 + \frac{4}{\sqrt{30}} \cdot 1 - \frac{6}{\sqrt{30}} = \frac{-2}{\sqrt{30}}.$$

Der Ursprung $\mathbf{0}^{\mathrm{T}} = (0, 0, 0, 0)$ liegt nicht auf der Hyperebene. Sein Abstand von ihr ist der Betrag von

$$\frac{1}{\sqrt{30}} \cdot 0 + \frac{2}{\sqrt{30}} \cdot 0 - \frac{3}{\sqrt{30}} \cdot 0 + \frac{4}{\sqrt{30}} \cdot 0 - \frac{6}{\sqrt{30}} = \frac{-6}{\sqrt{30}}.$$

Übungsaufgabe 3.3.7

i) Stellen Sie die durch die Gleichung $1x_1 + 1x_2 + 1x_3 = 1$ gegebene Hyperebene im Koordinatenkreuz des $\boldsymbol{R}^3$ dar! Bestimmen Sie hierzu die drei Achsenabschnitte!

ii) Stellen Sie die durch die Gleichung $5x_1+3x_2-1x_3=1$ gegebene Hyperebene im Koordinatenkreuz des $\boldsymbol{R}^3$ dar!

3.4. Hyperräume, Unterräume

In diesem Abschnitt werden die bisherigen Überlegungen in zwei Richtungen modifiziert:

- Statt *einer* Gleichung $\mathbf{a}^{\mathrm{T}}\mathbf{x}-b=0$ betrachtet man (eine oder)*mehrere*.
- Der Spezialfall $b=0$ wird diskutiert.

Hat man l.u. Vektoren $\mathbf{r}^1$, $\mathbf{r}^2,\ldots,$ $\mathbf{r}^l$ und zu ihnen allen orthogonale und l.u. Vektoren $\mathbf{a}^1$, $\mathbf{a}^2,\ldots,$ $\mathbf{a}^k$ mit $k+l=n$, so kann man wiederum jedes $\bar{\mathbf{x}}$ des $\boldsymbol{R}^n$ schreiben als

$$\bar{\mathbf{x}}=\mathbf{s}+\rho_1\mathbf{r}^1+\rho_2\mathbf{r}^2+\ldots+\rho_l\mathbf{r}^l+\sigma_1\mathbf{a}^1+\ldots+\sigma_k\mathbf{a}^k. \qquad \textbf{(3.4.01)}$$

Hier bedeutet $\mathbf{s}$ einen beliebigen Vektor, ρ_1 bis ρ_l und σ_1 bis σ_k sind reelle Zahlen.

Für $\sigma_1=\sigma_2=\ldots=\sigma_k=0$ entsteht mit

$$\left\{\mathbf{x}\,\middle|\,\mathbf{x}=\mathbf{s}+\rho_1\mathbf{r}^1+\rho_2\mathbf{r}^2+\ldots+\rho_l\mathbf{r}^l;\quad \rho_1 \text{ bis } \rho_l \text{ reelle Zahlen}\right\} \qquad \textbf{(3.4.02)}$$

ein *Hyperraum der Dimension l*. $\mathbf{s}$ heißt sein Stützvektor, $\mathbf{r}^1$ bis $\mathbf{r}^l$ heißen wieder Richtungs-, $\mathbf{a}^1$ bis $\mathbf{a}^k$ Orthogonalenvektoren. Für $l=n-1$ fallen die Begriffe Hyperraum und Hyperebene zusammen.

Hyperraum der Dimension l

Multipliziert man die Gleichung $\mathbf{x}=\mathbf{s}+\rho_1\mathbf{r}^1+\rho_2\mathbf{r}^2+\ldots+\rho_l\mathbf{r}^l$ nacheinander mit $\mathbf{a}^{1\mathrm{T}}$ bis $\mathbf{a}^{k\mathrm{T}}$, so erhält man:

$$\begin{aligned}&\mathbf{a}^{1\mathrm{T}}\mathbf{x}-\mathbf{a}^{1\mathrm{T}}\mathbf{s}=0\\&\vdots\\&\mathbf{a}^{k\mathrm{T}}\mathbf{x}-\mathbf{a}^{k\mathrm{T}}\mathbf{s}=0.\end{aligned} \qquad \textbf{(3.4.03)}$$

Erinnern Sie sich daran, daß alle $\mathbf{a}^i$ orthogonal zu allen Richtungsvektoren sind.

$\mathbf{a}^{i\mathrm{T}}\mathbf{s}$ sind reelle Zahlen b_i.

$$\begin{aligned}&\mathbf{a}^{1\mathrm{T}}\mathbf{x}-b_1=0\\&\vdots\\&\mathbf{a}^{k\mathrm{T}}\mathbf{x}-b_k=0\end{aligned} \qquad \textbf{(3.4.04)}$$

ist also eine zu (3.4.02) äquivalente Darstellung eines Hyperraums im $\boldsymbol{R}^n$. Alle $\mathbf{x}$, die die Gleichungen (3.4.04) erfüllen, sind auch durch Stütz- und Richtungsvektoren wie in (3.4.02) darstellbar und umgekehrt. In Zukunft werden wir uns ausschließlich der Form (3.4.04) zuwenden.

Beispiel 3.4.1

i)
$$3x_1 + 2x_2 - 1x_3 - 5 = 0$$
$$1x_1 + 1x_2 + 1x_3 - 3 \ = 0$$

sind zwei lineare Gleichungen gemäß (3.4.04). Alle Punkte $\mathbf{x} = \begin{pmatrix} x_1 \\ x_2 \\ x_3 \end{pmatrix}$, die diese zwei Gleichungen erfüllen, liegen in einem Hyperraum der Dimension $n-2 = 3-2 = 1$. Sie liegen also auf einer Geraden!

Der mengentheoretische Durchschnitt der Ebene

$$3x_1 + 2x_2 - 1x_3 - 5 = 0$$

und der Ebene

$$1x_1 + 1x_2 + 1x_3 - 3 \ = 0$$

ist eine Gerade.

In der allgemeineren Terminologie dieses Abschnitts

- heißt die Ebene: *Hyperebene* oder
  Hyperraum der Dimension 2.
- heißt die Gerade: *Hyperraum* der Dimension 1.

ii)
$$3x_1 + 2x_2 - 1x_3 - 5 = 0$$
$$1x_1 + 1x_2 - 1x_3 - 3 \ = 0$$
$$1x_1 + 1x_2 - 0x_3 + 4 = 0$$

sind drei lineare Gleichungen gemäß (3.4.04). Der Punkt $\mathbf{x} = \begin{pmatrix} x_1 \\ x_2 \\ x_3 \end{pmatrix}$, der diese drei Gleichungen erfüllt, liegt in einem Hyperraum der Dimension $n-3 = 3-3 = 0$.

Der mengentheoretische Durchschnitt der Ebene

$3x_1 + 2x_2 - 1x_3 - 5 = 0$

und der Ebene

$1x_1 + 1x_2 - 1x_3 - 3 = 0$

und der Ebene

$1x_1 + 1x_2 - 0x_3 + 4 = 0$

ist ein Punkt (!) – ein degenerierter Hyperraum.

Der Punkt ist übrigens:

$(x_1, x_2, x_3)^{\mathrm{T}} = (6,-10,-7)^{\mathrm{T}}$. Prüfen Sie das nach!

In allen Abhandlungen wurde bisher stillschweigend angenommen, der Stützvektor **s** sei nicht der Nullvektor. Ist er es doch, werden in (3.4.03) alle Ausdrücke $\mathbf{a}^{1\mathrm{T}}\mathbf{s}$ bis $\mathbf{a}^{k\mathrm{T}}\mathbf{s}$ zu null!

In späteren Kapiteln werden wir (3.4.03) bzw. (3.4.04) ein *inhomogenes* Gleichungssystem nennen, falls auch nur ein $\mathbf{a}^{i\mathrm{T}}\mathbf{s} \neq 0$, sonst wird es *homogen* heißen.

inhomogenes, homogenes Gleichungssystem

Ist $\mathbf{s} = \mathbf{0}$, erfüllt $\mathbf{x} = \mathbf{0}$ alle Gleichungen in (3.4.03) bzw. (3.4.04). Der Ursprung liegt in dem Hyperraum. Ein solcher Hyperraum heißt *Unterraum oder auch Teilraum des* $\boldsymbol{R}^n$.

Unterraum des $\boldsymbol{R}^n$
Teilraum des $\boldsymbol{R}^n$

Gehen Sie zu Abbildung 3.3.5 zurück und stellen sich vor, der Vektor **s** schrumpfe zum Nullvektor. Dann verschiebt sich die Ebene solange parallel „nach unten", bis sie durch den Ursprung geht. Ein Unterraum ist entstanden. Unterräume sind Spezialfälle von Hyperräumen!

Aus (3.4.03) bzw. (3.4.04) wird in diesem Fall

$$\begin{aligned} &\mathbf{a}^{1\mathrm{T}}\mathbf{x} = 0 \\ &\vdots \\ &\mathbf{a}^{k\mathrm{T}}\mathbf{x} = 0. \end{aligned} \qquad \textbf{(3.4.05)}$$

Die Bezeichnung „Unterraum" geht auf die Erkenntnis zurück, daß Unterräume wiederum (Lineare) *Räume* sind, d.h. sie erfüllen wieder die Rechenregeln (A_0) bis (A_3) und (B_0) bis (B_4) des Abschnitts 2.1. bzw. 3.1. Das ist trivial bis auf die

Räume

Abgeschlossenheit (A_0) und (B_0) – schließlich rechnen wir im $\boldsymbol{R}^n$ und dort gelten ja (A_1) bis (A_3) und (B_1) bis (B_4).

Die Abgeschlossenheit ist aber offensichtlich auch gewährleistet:

(A_0) Erfüllen zwei Vektoren (3.4.05), so auch ihre Summe.

(B_0) Erfüllt ein Vektor (3.4.05), so auch sein Produkt mit einem Skalar.

Übungsaufgabe 3.4.2

Geben Sie die Regeln an, die man benötigt, um (A_0) bzw. (B_0) nachzuweisen!

Beispiel 3.4.3

i)
$$3x_1 + 2x_2 - 1x_3 = 0$$
$$1x_1 + 1x_2 - 1x_3 = 0$$

sind zwei homogene lineare Gleichungen gemäß (3.4.05). Alle Punkte $\mathbf{x} = \begin{pmatrix} x_1 \\ x_2 \\ x_3 \end{pmatrix}$, die diese zwei Gleichungen erfüllen, liegen in einem Unterraum der Dimension $n - 2 = 3 - 2 = 1$.

Sie liegen also auf einer Geraden durch den Ursprung!

Der mengentheoretische Schnitt der Ebene = *Unterraum* der Dimension 2

$$3x_1 + 2x_2 - 1x_3 = 0$$

und der Ebene = *Unterraum* der Dimension 2

$$1x_1 + 1x_2 - 1x_3 = 0$$

ist eine Gerade = *Unterraum* der Dimension 1.

ii)
$$3x_1 + 2x_2 - 1x_3 = 0$$
$$1x_1 + 1x_2 - 1x_3 = 0$$
$$1x_1 + 1x_2 - 0x_3 = 0$$

sind drei homogene lineare Gleichungen gemäß (3.4.05). Der Punkt $\mathbf{x} = \begin{pmatrix} x_1 \\ x_2 \\ x_3 \end{pmatrix}$, der diese drei Gleichungen erfüllt, liegt in einem Unterraum der Dimension $n - 3 = 3 - 3 = 0$.

Der mengentheoretische Durchschnitt des *Unterraums*

$$3x_1 + 2x_2 - 1x_3 = 0$$

und des *Unterraums*

$$1x_1 + 1x_2 - 1x_3 = 0$$

und des *Unterraums*

$$1x_1 + 1x_2 - 0x_3 = 0$$

ist ein *Punkt* (!) – ein degenerierter Unterraum.

Der Punkt ist $\mathbf{x} = \begin{pmatrix} 0 \\ 0 \\ 0 \end{pmatrix}$!

3.5. Orthonormale Basen und Orthonormalisierung

Es gibt Basen des $\boldsymbol{R}^n$, die sich durch zwei Besonderheiten auszeichnen:

- je zwei Vektoren einer Basis sind orthogonal; man sagt auch: Die Vektoren der Basis sind paarweise orthogonal.
- alle Vektoren haben die gleiche Länge 1, sind also normiert.

orthonormale Basis

Solche Basen heißen *orthonormal*. Einen Spezialfall kennen Sie: Die n Einheitsvektoren des $\boldsymbol{R}^n$ bilden eine orthonormale Basis. Es gibt jedoch unendlich viele andere!

Orthonormale Basen haben einen großen Vorteil gegenüber anderen: ist $\mathbf{x}$ ein beliebiger Vektor des $\boldsymbol{R}^n$, so kann man seine Koordinaten in der orthonormalen Basis $\mathbf{u}^1, \mathbf{u}^2, \ldots, \mathbf{u}^n$ leicht berechnen. Es sei $\mathbf{x} = \xi_1 \mathbf{u}^1 + \ldots + \xi_n \mathbf{u}^n$ die eindeutige Darstellung von $\mathbf{x}$ in der Basis; multipliziert man nacheinander diese Gleichung mit $\mathbf{u}^{1\mathrm{T}}, \mathbf{u}^{2\mathrm{T}}, \ldots, \mathbf{u}^{n\mathrm{T}}$, erhält man:

$$\mathbf{u}^{1\mathrm{T}}\mathbf{x} = \xi_1 \mathbf{u}^{1\mathrm{T}}\mathbf{u}^1 = \xi_1 1 = \xi_1, \; \ldots, \; \mathbf{u}^{n\mathrm{T}}\mathbf{x} = \xi_n . \qquad \textbf{(3.5.01)}$$

Das liegt daran, daß $\mathbf{u}^{i\mathrm{T}}\mathbf{u}^j = \begin{cases} 1 \text{ falls } i = j \\ 0 \text{ falls } i \neq j. \end{cases}$

Die Koordinate bzgl. des Basisvektors $\mathbf{u}^i$ ist also einfach das Skalarprodukt $\mathbf{u}^{i\mathrm{T}}\mathbf{x}$.

Je n nicht verschwindende, paarweise orthogonale Vektoren des $\boldsymbol{R}^n$ bilden übrigens eine Basis, sind also l.u.

Übungsaufgabe 3.5.1

Prüfen Sie diese Behauptung. Hinweis: Weisen Sie nach, daß es nur die triviale Nullinearkombination gibt.

Schmidtsche Orthonormalisierung

Es bleibt die Frage offen, wie man eine orthonormale Basis erhält. Die Beantwortung erfolgt in der Weise, daß, ausgehend von einer beliebigen Basis, eine orthonormale erzeugt wird. Das jetzt vorgestellte Verfahren firmiert in der Literatur unter „*Schmidtsche Orthonormalisierung*".

Gegeben sei also eine Basis $\mathbf{a}^1,\ldots,\mathbf{a}^n$ des $\boldsymbol{R}^n$. Rekapitulieren Sie, daß alle Vektoren nicht verschwinden, also auch nicht z.B. $\mathbf{a}^1$!

Mit $\mathbf{u}^1 = \dfrac{\mathbf{a}^1}{\|\mathbf{a}^1\|}$ erhält man einen ersten Vektor der orthonormalen Basis; natürlich hat er die Länge 1.

Mit $\mathbf{v}^2 = \mathbf{a}^2 - \alpha_1 \mathbf{u}^1$ erhält man einen zu $\mathbf{u}^1$ orthogonalen Vektor, wenn man α_1 so wählt, daß eben $\mathbf{u}^{1\mathrm{T}}\mathbf{v}^2 = 0$. Das heißt aber $0 = \mathbf{u}^{1\mathrm{T}}\mathbf{a}^2 - \alpha_1 \mathbf{u}^{1\mathrm{T}}\mathbf{u}^1$ bzw. $\alpha_1 = \mathbf{u}^{1\mathrm{T}}\mathbf{a}^2$. $\mathbf{u}^2 = \dfrac{\mathbf{v}^2}{\|\mathbf{v}^2\|}$ ist normiert und bildet folglich zusammen mit $\mathbf{u}^1$ zwei orthonormierte Vektoren des $\boldsymbol{R}^n$.

Mit $\mathbf{v}^3 = \mathbf{a}^3 - (\mathbf{u}^{1\mathrm{T}}\mathbf{a}^3)\mathbf{u}^1 - (\mathbf{u}^{2\mathrm{T}}\mathbf{a}^3)\mathbf{u}^2$ erhält man einen zu $\mathbf{u}^1$ und $\mathbf{u}^2$ orthogonalen Vektor (!)

$\mathbf{u}^3 = \dfrac{\mathbf{v}^3}{\|\mathbf{v}^3\|}$ ist normiert und bildet folglich zusammen mit $\mathbf{u}^1$, $\mathbf{u}^2$ drei orthonormale Vektoren des $\boldsymbol{R}^n$.

Dieser Prozeß der Orthonormalisierung wird solange fortgeführt, bis eine Basis entstanden ist. Der *r*-te Schritt lautet:

$$\mathbf{v}^r = \mathbf{a}^r - \sum_{i=1}^{r-1} (\mathbf{u}^{i\mathrm{T}}\mathbf{a}^r)\,\mathbf{u}^i$$

$$\mathbf{u}^r = \frac{\mathbf{v}^r}{\|\mathbf{v}^r\|}.$$

Übungsaufgabe 3.5.2

Orthonormalisieren Sie die Basis des $\boldsymbol{R}^3$:

$$\mathbf{a}^1 = \begin{pmatrix} 1 \\ 1 \\ 1 \end{pmatrix}, \mathbf{a}^2 = \begin{pmatrix} 1 \\ 1 \\ 0 \end{pmatrix}, \mathbf{a}^3 = \begin{pmatrix} 1 \\ 0 \\ 0 \end{pmatrix}.$$

Kapitel 4

Matrizen

4.1. Die Matrix als lineare Abbildung

Sie haben am Anfang dieses Buches Probleme kennengelernt, die zu ihrer Darstellung und Lösung der Terminologie der Linearen Algebra bedürfen. Lesen Sie noch einmal die Beispiele!

Wesentliche Begriffe in diesen Beispielen waren „Vektoren" und „Matrizen". Über Vektoren wurde ausführlich gesprochen. Wir wenden uns jetzt den Matrizen zu.

Das Zahlenschema $\begin{pmatrix} 500 & 20 & 30 & 100 & 20 \\ 400 & 50 & 20 & 300 & 20 \\ 250 & 100 & 100 & 100 & 30 \end{pmatrix}$

stellt in Beispiel 1.1.1 eine abkürzende Schreibweise für die „Bestellmengenstruktur" dar. Die Zahlen in der ersten Zeile sind beispielsweise die Bestellmengen des Kunden 1 für die Produkte $P_1, P_2, \ldots, P_5$; die Zahlen in der zweiten bzw. dritten Zeile sind analog interpretierbar. Geht man „von oben" in das Zahlenschema hinein, so stellt z.B. die erste Spalte $\begin{pmatrix} 500 \\ 400 \\ 250 \end{pmatrix}$ die verschiedenen Bestellungen (aller drei Kunden) für Produkt P_1 dar. Alle vier weiteren Spalten sind analog interpretierbar. In den beiden folgenden Beispielen tauchen ähnliche Strukturen auf.

Unter Verwendung allgemeiner Symbolik läßt sich ein solches Zahlenschema in der Form

$$\begin{pmatrix} a_{11} & a_{12} & \cdots & a_{1n} \\ a_{21} & a_{22} & \cdots & a_{2n} \\ \vdots & \vdots & & \vdots \\ a_{m1} & a_{m2} & \cdots & a_{mn} \end{pmatrix} \qquad \text{schreiben.}$$

Definition 4.1.1 (Matrix)

(1) **Ein rechteckiges Zahlenschema (reeller Zahlen) in runden Klammern der folgenden Form heißt *(reelle) Matrix*.**

(reelle) Matrix

$$\begin{pmatrix} a_{11} & a_{12} & \cdots & a_{1n} \\ a_{21} & a_{22} & \cdots & a_{2n} \\ \vdots & \vdots & & \vdots \\ a_{m1} & a_{m2} & \cdots & a_{mn} \end{pmatrix}$$

(2) m **heißt die Zeilenzahl,** n **die Spaltenzahl dieser Matrix.**

(3) **Matrizen werden symbolisch alternativ wie folgt dargestellt:** $(a_{ij})_{m,n}$, (a_{ij}), $\mathbf{A}_{m,n}$, $\mathbf{A}$

(4) **Die** a_{ij} **sind die Elemente der Matrix,** m **und** n **geben die *Ordnung der Matrix* an.**

Ordnung der Matrix

(5) $\mathbf{A} = \mathbf{A}_{m,n} = (a_{ij})_{m,n} = (a_{ij})$ **heißt** $m \times n$ **-Matrix.**
(lies m mal n Matrix, oder m Kreuz n Matrix)

(6) $a_{i1}\ a_{i2}\ a_{i3} \ldots a_{in}$ **heißt** i**-te Zeile und**

$$\left.\begin{matrix} a_{1j} \\ a_{2j} \\ \vdots \\ a_{mj} \end{matrix}\right\}$$ **heißt** j**-te Spalte von A.**

Schreibt man die i-te Zeile (j-te Spalte) als Vektor $(a_{i1}, a_{i2}, \ldots, a_{in})$ bzw. $\begin{pmatrix} a_{1j} \\ \vdots \\ a_{mj} \end{pmatrix}$, spricht man vom i-ten Zeilenvektor bzw. j-ten Spaltenvektor der Matrix und schreibt ihn abgekürzt $\mathbf{a}^{[i]}$ bzw. $\mathbf{a}^{j}$.

Das Element a_{ij} steht im „Kreuzungspunkt" der i-ten Zeile und j-ten Spalte.

$$i\text{-te Zeile} \begin{pmatrix} & \vdots & \\ \cdots & a_{ij} & \cdots \\ & \vdots & \end{pmatrix}$$

j-te Spalte

Machen Sie sich klar, daß Vektoren, also Zeilen- und Spaltenvektoren, Spezialfälle von Matrizen sind! Ist nämlich $m = 1$, ist die Matrix ein Zeilenvektor, ist $n = 1$, ist die Matrix ein Spaltenvektor.

Mit der Definition wurden die Matrizen zwar eingeführt, aber sie haben vom mathematischen Standpunkt aus gesehen bisher recht wenig Bedeutung. Sie stellen lediglich eine Struktur dar, wie z.B. in dem Bestellmengenbeispiel 1.1.1.

In den folgenden Überlegungen geben wir Matrizen eine ganz spezielle Interpretation – diese Interpretation ist für die weitaus meisten Anwendungsbeispiele gerechtfertigt. Von dieser Interpretation (als lineare Abbildung) herkommend werden dann Rechenoperationen für Matrizen eingeführt und anhand konkreter Beispiele plausibel gemacht.

In Beispiel 1.1.1 wurde zur Berechnung des Erlösvektors (für jeden Kunden 1, 2, 3 *ein* Erlös) jede Zeile der Matrix mit dem Spaltenvektor der Preise skalar multipliziert:

$$\begin{pmatrix} 500 & 20 & 30 & 100 & 20 \\ 400 & 50 & 20 & 300 & 20 \\ 250 & 100 & 100 & 100 & 30 \end{pmatrix} \begin{pmatrix} 4 \\ 5 \\ 6 \\ 1 \\ 3 \end{pmatrix} = \begin{pmatrix} 500 \cdot 4 & + \cdots + & 20 \cdot 3 \\ 400 \cdot 4 & + \cdots + & 20 \cdot 3 \\ 250 \cdot 4 & + \cdots + & 30 \cdot 3 \end{pmatrix}$$

Das Ergebnis dieser Multiplikation der 3×5-Matrix mit einem 5-Vektor ergibt bei der vereinbarten Vorgehensweise einen 3-Vektor. Allgemeiner halten wir fest:

Definition 4.1.2 (Multiplikation einer Matrix mit einem Vektor)

Multiplikation einer Matrix mit einem Vektor

Sind die Matrix $\mathbf{A} = (a_{ij})_{m,n}$ und der Vektor $\mathbf{x} = \begin{pmatrix} x_1 \\ \vdots \\ x_n \end{pmatrix}$ gegeben, so ist das Produkt Ax definiert durch:

$$\mathbf{Ax} = \begin{pmatrix} \sum_{j=1}^{n} a_{1j} x_j \\ \vdots \\ \sum_{j=1}^{n} a_{mj} x_j \end{pmatrix}.$$

Die Matrix A bildet den n-Vektor x in einen m-Vektor Ax ab, sie kann also als *Abbildung* vom R^n in den R^m aufgefaßt werden. *Matrix als Abbildung*

In Kapitel 10 wird der Begriff der Abbildung exakt eingeführt; hier müssen wir daher vorläufig auf Ihr Schulwissen Bezug nehmen.

Die in Definition 4.1.2 eingeführte Abbildung ist linear, d.h. es gilt: Für je zwei Vektoren **x** und **y** des R^n und je zwei Zahlen α und β gilt:

$$\mathbf{A}(\alpha\mathbf{x}+\beta\mathbf{y}) = \alpha\mathbf{A}\mathbf{x}+\beta\mathbf{A}\mathbf{y}\,.$$

Diese Linearitätseigenschaft geht natürlich auf die Linearitätseigenschaft der skalaren Multiplikation zurück. Schließlich wird in **Ax** zeilenweise skalar multipliziert!

Rechnen Sie die folgende Übungsaufgabe! Brechen Sie Ihre Bemühungen ab, wenn Ihnen die Aufgabe nicht lösbar erscheint! Begründen Sie, warum Sie abgebrochen haben!

Übungsaufgabe 4.1.3

i) $\begin{pmatrix} 2 & 1 \\ 0 & 0 \end{pmatrix} \cdot \begin{pmatrix} 1 \\ 2 \end{pmatrix}$

ii) $(2,\ 1,\ 3) \cdot \begin{pmatrix} \pi \\ 1 \\ 1 \end{pmatrix}$

iii) $\begin{pmatrix} 2 & 1 \\ 1 & 1 \\ 1 & 1 \end{pmatrix} \cdot \left[\begin{pmatrix} -1 \\ -1 \end{pmatrix} + \begin{pmatrix} 1 \\ 1 \end{pmatrix} \right]$

iv) $\begin{pmatrix} 1 & -1 & -1 \\ 1 & 0 & 0 \end{pmatrix} \cdot \begin{pmatrix} 1 \\ 1 \end{pmatrix}$

v) $\begin{pmatrix} 1 & 0 & 0 \\ 0 & 1 & 0 \\ 0 & 0 & 1 \end{pmatrix} \cdot \begin{pmatrix} 5 \\ 7 \\ 9 \end{pmatrix}$

4.2. Grundbegriffe und Grundrechenarten für Matrizen

Wie angekündigt, wird nun Schritt für Schritt die Menge der Dinge, die wir mit Matrizen tun können, erweitert. Zunächst halten wir fest, wann zwei Matrizen gleich sind.

Definition 4.2.1 (Gleichheit von Matrizen)

Gleichheit von Matrizen

Zwei Matrizen $\mathbf{A} = (a_{ij})_{m,n}$ und $\mathbf{B} = (b_{ij})_{m,n}$ heißen gleich, wenn $a_{ij} = b_{ij}$ für $i = 1,\ldots,m$ und $j = 1,\ldots,n$.

Matrizen sind also gleich, wenn sie elementweise gleich sind.

Genau dann, wenn zwei Matrizen **A** und **B** elementweise gleich sind, liefert auch ihre Multiplikation mit jedem Vektor das gleiche Ergebnis.

Folgendes Beispiel soll Sie motivieren, über die *Addition* von Matrizen nachzudenken.

Beispiel 4.2.2

In Beispiel 1.2.1 war die Bestellstruktur von drei Kunden gegeben. Die entsprechende Matrix nennen wir **A**.

Wir nehmen an, es handele sich um die Bestellmengen des Jahres 1993. Für 1994 liegen ebenfalls die Zahlen für die gleichen Kunden vor:

$$\begin{pmatrix} 450 & 15 & 40 & 120 & 20 \\ 250 & 40 & 30 & 200 & 20 \\ 250 & 100 & 50 & 50 & 20 \end{pmatrix}$$

Die Matrix nennen wir **B**.

Gesamterlös

Wie groß ist der *Gesamterlös* für jeden Kunden in den beiden Jahren 1993 *und* 1994? Wir unterstellen – nur für diese Aufgabe –, daß die Preise im Jahre 1994 die gleichen wie 1993 waren! Der Preisvektor sei **p**.

Lösung:

(1) Man kann sicherlich die Erlöse für ´94 gesondert berechnen:

$$\mathbf{B} \cdot \mathbf{p} = \begin{pmatrix} 2295 \\ 1640 \\ 1910 \end{pmatrix}$$

und sie zu denen des Vorjahres addieren:

$$\begin{pmatrix} 2440 \\ 2330 \\ 2290 \end{pmatrix} + \begin{pmatrix} 2295 \\ 1640 \\ 1910 \end{pmatrix} = \begin{pmatrix} 4735 \\ 3970 \\ 4200 \end{pmatrix}$$

(2) Andererseits kann man statt $\mathbf{A} \cdot \mathbf{p} + \mathbf{B} \cdot \mathbf{p}$ auch die Bestellmengen der Kunden für jede Produktart gesondert addieren und dann diese Matrix mit dem Preisvektor multiplizieren:

$$\begin{pmatrix} 500+450 & 20+\ 15 & 30+40 & 100+120 & 20+20 \\ 400+250 & 50+\ 40 & 20+30 & 300+200 & 20+20 \\ 250+250 & 100+100 & 100+50 & 100+\ 50 & 30+20 \end{pmatrix} \begin{pmatrix} 4 \\ 5 \\ 6 \\ 1 \\ 3 \end{pmatrix} = \begin{pmatrix} 4735 \\ 3970 \\ 4200 \end{pmatrix}$$

Statt also in Beispiel 4.2.2 die Erlösvektoren zu addieren, kann man auch **A** und **B** elementweise „addieren“ und dann das Ergebnis mit dem Preisvektor multiplizieren. Daher folgende Definition:

Definition 4.2.3 (Addition von Matrizen)

Addition von Matrizen

Die Summe zweier Matrizen ist die Matrix der Summe der Elemente; genauer:

$$(a_{ij})_{m,n} + (b_{ij})_{m,n} = (a_{ij} + b_{ij})_{m,n}.$$

Es ist nur möglich, Matrizen gleicher Ordnung zu addieren!

Offensichtlich gelten folgende Regeln:

(M_0) Die Summe zweier Matrizen ist wieder eine Matrix (Abgeschlossenheit).

Für beliebige Matrizen **A**, **B**, **C** gleicher Ordnung gilt:

Kommutativität der Addition

(M_1) $\mathbf{A} + \mathbf{B} = \mathbf{B} + \mathbf{A}$ (Kommutativität der Addition)

Assoziativität der Addition

(M_2) $(\mathbf{A} + \mathbf{B}) + \mathbf{C} = \mathbf{A} + (\mathbf{B} + \mathbf{C})$ (Assoziativität der Addition)

(M_3) Zu **A**, **B** gibt es genau ein **Z** mit $\mathbf{A} + \mathbf{Z} = \mathbf{B}$. **Z** heißt $\mathbf{B} - \mathbf{A}$. Falls $\mathbf{B} = \mathbf{A}$ ist, heißt **Z** die Nullmatrix **0**; falls $\mathbf{B} = \mathbf{0}$ ist, heißt $\mathbf{Z} = -\mathbf{A}$.

Nullmatrix

Die *Nullmatrix* hat nur Nullelemente. Addiert man sie zu einer Matrix, ändert sich diese – selbstverständlich – nicht. In der Matrix $-\mathbf{A}$ sind alle Elemente gegenüber $\mathbf{A}$ mit einem Minuszeichen versehen.

Übungsaufgabe 4.2.4

Eine Brauerei lagert ihre vier verschiedenen Sorten von Bierkästen in drei Lagerhäusern einer Stadt. Die Matrix $\mathbf{L} = (l_{ij})$ gibt an, wieviele Kästen der Sorte i sich im Lagerhaus j befinden. Zu Beginn einer Woche sei der Lagerbestand durch

$$\mathbf{L} = \begin{pmatrix} 500 & 500 & 600 \\ 300 & 100 & 400 \\ 200 & 600 & 100 \\ 50 & 300 & 700 \end{pmatrix} \text{ gegeben.}$$

Aus den Lägern sollen im Laufe der Woche zweimal die durch Abgabe an Kneipen und dreimal die durch Abgabe an Supermärkte sich ergebenden Bedarfe befriedigt werden. Die Kneipenbedarfe einer einzelnen Abgabe seien in einer Matrix $\mathbf{K} = (k_{ij})$ und die einer Belieferung der Supermärkte in $\mathbf{S} = (s_{ij})$ zusammengefaßt.

i) Welche Relation (Ungleichung) muß für **L, K, S** gelten?

Ist die vorgesehene wöchentliche Entnahme mit den folgenden Matrizen **K** und **S** möglich?

ii) $$\mathbf{K} = \begin{pmatrix} 50 & 100 & 200 \\ 20 & 0 & 100 \\ 50 & 150 & 10 \\ 25 & 60 & 100 \end{pmatrix}, \quad \mathbf{S} = \begin{pmatrix} 100 & 50 & 50 \\ 70 & 30 & 50 \\ 20 & 100 & 20 \\ 0 & 60 & 100 \end{pmatrix} \quad ?$$

iii) $$\mathbf{K} = \begin{pmatrix} 100 & 100 & 100 \\ 10 & 10 & 50 \\ 0 & 20 & 5 \\ 0 & 100 & 200 \end{pmatrix}, \quad \mathbf{S} = \begin{pmatrix} 100 & 100 & 200 \\ 50 & 10 & 100 \\ 70 & 20 & 30 \\ 10 & 32 & 100 \end{pmatrix} \quad ?$$

Die Multiplikation einer Matrix mit einem Skalar wird wie folgt eingeführt.

Definition 4.2.5 (Multiplikation einer Matrix mit einem Skalar)

Multiplikation mit Skalar

Das Produkt einer Matrix mit einem Skalar α ist die Matrix der mit dem Skalar multplizierten Elemente, d.h.:

$$\alpha \cdot (a_{ij})_{m,n} = (\alpha \cdot a_{ij})_{m,n} \, .$$

(Wo keine Mißverständnisse möglich sind, werden die Malpunkte in Zukunft auch oft unterdrückt.)

Übungsaufgabe 4.2.6

Berechnen Sie folgende Matrizen:

i) $$5 \cdot \begin{pmatrix} 1 & 1 & 1 \\ 2 & -1 & -1 \end{pmatrix} + \begin{pmatrix} 5 & 1 & 1 \\ -1 & -1 & 1 \end{pmatrix}$$

ii) $$-\begin{pmatrix} 1 & 1 & 1 \\ 1 & 1 & 1 \end{pmatrix} + \begin{pmatrix} 0 & 0 & 0 \\ 0 & 0 & 0 \end{pmatrix}$$

iii) Eine Unternehmung besitzt drei Teilelager, in denen jeweils drei Artikel lagern. Die in zwei aufeinander folgenden Monaten verbrauchten Mengen sind in den folgenden Tabellen wiedergegeben:

1. Monat

	Teilelager 1	2	3
Artikel 1	3	5	4
Artikel 2	2	6	1
Artikel 3	0	3	4

2. Monat

	Teilelager 1	2	3
Artikel 1	2	1	0
Artikel 2	3	2	1
Artikel 3	2	1	4

Im dritten Monat wurde das Dreifache dessen verbraucht, was im 2. Monat die Lager verließ.

Geben Sie die Gesamtverbräuche in den drei Monaten pro Teilelager und pro Artikel an! Verwenden Sie die Matrixschreibweise!

iv) Die Artikel müssen zu einer Montagehalle transportiert werden. Die Transportkosten sind artikelunabhängig, aber lagerabhängig. Berechnen Sie die

Gesamttransportkosten für Artikel 1, 2 bzw. 3 in den drei Monaten, falls der Transportkostenvektor $\mathbf{k}^T = (1, 1, 2)$ [DM / St.] ist.

⌛

Bei den beiden in Übungsaufgabe 4.2.6 iii) gegebenen Tabellen wurde willkürlich der Artikel als Zeilenindex und das Teilelager als Spaltenindex gewählt. Durch ein einfaches „Stürzen" erhält man für die Tabelle des 1. Monats:

	Artikel 1	Artikel 2	Artikel 3
Teilelager 1	3	2	0
Teilelager 2	5	6	3
Teilelager 3	4	1	4

Aufgrund dieses Beispiels ist folgende Sprechweise sofort verständlich:

transponierte Matrix

Ist $\mathbf{A} = (a_{ij})_{m,n}$ eine $m \times n$ -Matrix, so nennt man $\mathbf{A}^T = (a_{ji})_{n,m}$ die zu $\mathbf{A}$ *transponierte* oder gestürzte *Matrix*.

Übungsaufgabe 4.2.7

Vervollständigen Sie folgende Sätze:

i) Bildet die Matrix $\mathbf{A}$ n-Vektoren in m-Vektoren ab, so bildet die Matrix $\mathbf{A}^T$ ..... in ..... ab.

ii) Ist $\mathbf{x}$ ein Zeilenvektor, so ist $\mathbf{x}^T$ ein ..... .

iii) Ist $\mathbf{A} = \begin{pmatrix} 1 & 0 & 0 \\ 0 & 1 & 0 \\ 0 & 0 & 1 \end{pmatrix}$, so ist $\mathbf{A}^T =$

⌛

Beispiel 4.2.8

Ein Zeitschriftenhändler verkauft vier Fernsehzeitungen Z_1 bis Z_4. Er hat festgestellt, daß die Käufer sich nicht in jeder Woche für die gleiche Zeitschrift entscheiden, sondern teilweise wechseln. Nach längerer Beobachtungszeit hält er das Wechselverhalten in einer Matrix $\mathbf{P} = (p_{ij})_{m,n}$ fest. p_{ij} gibt an, mit welcher Wahrscheinlichkeit sich ein Käufer der Zeitschrift Z_i in der Folgewoche für das Blatt Z_j

entscheidet. Solch eine Matrix heißt Übergangsmatrix. Für unseren Zeitschriftenhändler lautet sie konkret:

$$\mathbf{P} = \begin{pmatrix} 0.5 & 0.2 & 0.1 & 0.2 \\ 0.1 & 0.6 & 0.1 & 0.2 \\ 0.3 & 0.3 & 0.3 & 0.1 \\ 0.2 & 0.2 & 0.2 & 0.4 \end{pmatrix}.$$

60 % der Käufer von beispielsweise Z_2 bleiben ihr treu, 10 % wechseln jeweils zu Z_1 und Z_3, 20 % ziehen Z_4 vor. Interpretieren Sie entsprechend eine Spalte von **P**.

Die Absatzanteile der aktuellen Woche 1 sind

$$\pi^{1\mathrm{T}} = (\pi_1^1, \pi_2^1, \pi_3^1, \pi_4^1) = (0.4, 0.3, 0.2, 0.1).$$ [1]

Um die Absatzanteile der Folgewoche zu berechnen, ist der Vektor der Absatzanteile von vorn mit **P** zu multiplizieren (!):

$$\begin{aligned} \pi^{1\mathrm{T}}\mathbf{P} &= (0.4, 0.3, 0.2, 0.1) \begin{pmatrix} 0.5 & 0.2 & 0.1 & 0.2 \\ 0.1 & 0.6 & 0.1 & 0.2 \\ 0.3 & 0.3 & 0.3 & 0.1 \\ 0.2 & 0.2 & 0.2 & 0.4 \end{pmatrix} \\ &= (0.3, 0.34, 0.15, 0.2) =: \pi^{2\mathrm{T}} \end{aligned}$$

Offensichtlich kann man auch diesen Anteilvektor der Woche 2 wieder der gleichen Operation $\pi^{2\mathrm{T}}\mathbf{P} = \pi^{3\mathrm{T}}$ unterziehen, schließlich $\pi^{3\mathrm{T}}\mathbf{P} = \pi^{4\mathrm{T}}$ usf.

Sehr häufig strebt die Folge der Vektoren gegen ein π, das dann die Gleichung $\pi^{\mathrm{T}}\mathbf{P} = \pi^{\mathrm{T}}$ erfüllt. Nach Wochen sich ändernder Absatzanteile stabilisiert sich die Situation; die Fluktuation ist ausgeglichen.

Prozesse, bei denen die Käuferentscheidung Woche für Woche zufällig ist, heißen diskrete stochastische Prozesse. Hängt dann die Anteilsverteilung der Folgewoche von der Vergangenheit nur über die aktuelle Woche ab, liegt ein Markoff-Prozeß vor. Da die Übergangsmatrix hier sogar fest ist – und sich nicht mit der Zeit ändert – unterliegt die Anteilsverteilung einem stationären Markoff-Prozeß. Die Begriffe werden hier natürlich nicht präzise definiert, sie tauchen im Laufe Ihres Studiums wieder auf.

---

1 In der Literatur zur Theorie stochastischer Prozesse werden diese Vektoren mit π bezeichnet. Diese Bezeichnung hat nichts mit der Zahl $\pi = 3,14...$ zu tun.

4.3. Die Matrixmultiplikation

Vor die Definition der Matrixmultiplikation wird ein einführendes Beispiel gestellt.

Beispiel 4.3.1

In einem Betrieb werden aus vier Rohstoffen R_1, R_2, R_3, R_4 drei Zwischenprodukte Z_1, Z_2, Z_3 und daraus fünf Endprodukte E_1, E_2, E_3, E_4, E_5 hergestellt.

Ist a_{ij} die Menge des Rohstoffes R_i, die zur Erstellung einer Einheit des Zwischenproduktes Z_j benötigt wird, kann die Bedarfsstruktur durch folgende Matrix angegeben werden:

$$(a_{ij})_{4,3} = \begin{pmatrix} 2 & 1 & 4 \\ 0 & 5 & 3 \\ 3 & 2 & 0 \\ 4 & 1 & 2 \end{pmatrix}.$$

Ist ferner b_{jk} die Menge des Zwischenproduktes Z_j, die zur Erstellung einer Einheit des Endproduktes E_k benötigt wird, so möge die Matrix

$$(b_{jk})_{3,5} = \begin{pmatrix} 1 & 4 & 0 & 2 & 3 \\ 2 & 1 & 6 & 3 & 0 \\ 4 & 5 & 1 & 1 & 4 \end{pmatrix}$$

diese Bedarfe ausdrücken.

Die Frage lautet nun: Wie groß sind die Bedarfsmengen an *Rohstoffen* R_1, R_2, R_3, R_4 zur Erstellung jeweils einer Einheit des *Endproduktes* E_1, E_2, E_3, E_4, E_5? Offensichtlich wird diese Bedarfsstruktur durch eine 4×5-Matrix beschrieben.

Beispielhaft stellen wir uns die Frage, wie groß der Rohstoffverbrauch von R_1 zur Erstellung einer Einheit von E_1 ist:

1 Einheit E_1 benötigt	1 ME von Z_1
	2 ME von Z_2
	4 ME von Z_3

1 Einheit von Z_1 benötigt 2 ME von R_1
1 Einheit von Z_2 benötigt 1 ME von R_1
1 Einheit von Z_3 benötigt 4 ME von R_1.

Insgesamt wird also zur Erstellung von 1 ME von E_1 $2 \cdot 1 + 1 \cdot 2 + 4 \cdot 4 = 20$ ME von R_1 benötigt.

Überlegen Sie analog, welche Menge von Rohstoff R_2 zur Produktion von 1 Einheit des Endproduktes E_5 benötigt wird! Führen Sie diese Überlegung unbedingt durch!

Ergebnis: 12 ME.

Nun können wir *allgemein* angeben, wieviele Einheiten von Rohstoff R_i benötigt werden, um eine Einheit von Endprodukt E_k zu erstellen, nämlich:

$$\sum_{j=1}^{3} a_{ij} b_{jk}$$

Diese Aussage gilt für alle $k = 1,2,\ldots,5$ und für alle $i = 1,2,3,4$.

Die Matrix

$$(c_{ik})_{4,5} = \left(\sum_{j=1}^{3} a_{ij} b_{jk} \right)_{4,5}$$

gibt also die Bedarfsstruktur zwischen Endprodukten und Rohstoffen *direkt* an!

Man nennt $\left(\sum_{j=1}^{3} a_{ij} \cdot b_{jk} \right)_{4,5}$ auch das Matrixprodukt von **A** und **B** und schreibt $\mathbf{A} \cdot \mathbf{B}$.

Bezugnehmend auf Beispiel 4.3.1 halten wir folgende Definition fest:

Definition 4.3.2 (Produkt von Matrizen)

Matrixprodukt

Sind $\mathbf{A}_{m,s} = (a_{ij})_{m,s}$ und $\mathbf{B}_{s,n} = (b_{jk})_{s,n}$ Matrizen, so heißt

$$\mathbf{C}_{m,n} = (c_{ik})_{m,n} = \left(\sum_{j=1}^{s} a_{ij} \cdot b_{jk} \right)_{m,n}$$ **das Produkt $\mathbf{A} \cdot \mathbf{B}$ der beiden Matrizen**

A und B.

$\mathbf{A} \cdot \mathbf{B}$ ist nur definiert, wenn die Spaltenzahl von **A** gleich der Zeilenzahl von **B** ist!

(Wenn unmißverständlich, wird der Malpunkt bei $\mathbf{A} \cdot \mathbf{B}$ auch oft unterdrückt. Man schreibt dann einfach **AB**.)

Für die Rechentechnik hat sich das folgende Schema als nützlich erwiesen.

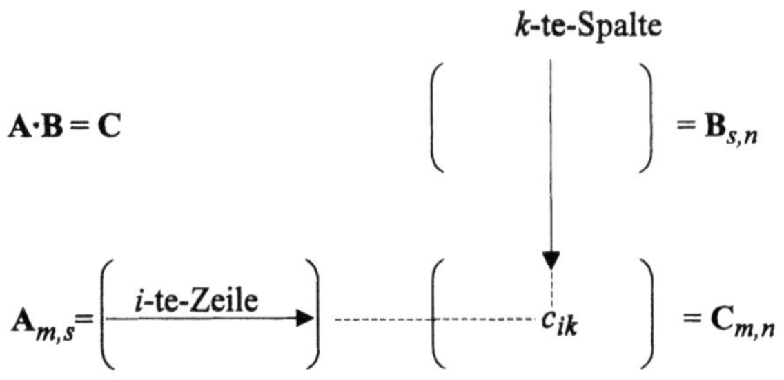

Die i-te Zeile der Matrix $\mathbf{A}_{m,s}$ wird mit der k-ten Spalte der Matrix $\mathbf{B}_{s,n}$ multipliziert, indem man die Summe der Komponentenprodukte bildet. Das Ergebnis der Multiplikation ist das Element c_{ik} der Ergebnismatrix $\mathbf{C}_{m,n}$. Es ist offensichtlich, daß das Produkt $\mathbf{A}\cdot\mathbf{B}$ wieder eine Matrix ist und somit eine lineare Abbildung darstellt. Sie bildet n-Vektoren in m-Vektoren ab. $\mathbf{A}\cdot\mathbf{B}$ ist die Komposition der Abbildungen **A** und **B**.

Wir erhellen das wieder am Beispiel.

Beispiel 4.3.3

$$\mathbf{B} = (b_{jk})_{3,5} = \begin{pmatrix} 1 & 4 & 0 & 2 & 3 \\ 2 & 1 & 6 & 3 & 0 \\ 4 & 5 & 1 & 1 & 4 \end{pmatrix}$$

ist eine Matrix, die einen Vektor von Endproduktmengen $\mathbf{e}^{\mathrm{T}} = (e_1, \ldots, e_5)$ in einen Vektor von Zwischenproduktmengen $\mathbf{z}^{\mathrm{T}} = (z_1,\, z_2,\, z_3)$ transformiert.

$$\mathbf{A} = (a_{ij})_{4,3} = \begin{pmatrix} 2 & 1 & 4 \\ 0 & 5 & 3 \\ 3 & 2 & 0 \\ 4 & 1 & 2 \end{pmatrix}$$

ist eine Matrix, die einen Vektor von Zwischenproduktmengen $\mathbf{z}^{\mathrm{T}} = (z_1,\, z_2,\, z_3)$ in einen Vektor von Rohstoffmengen $\mathbf{r}^{\mathrm{T}} = (r_1,\, r_2,\, r_3,\, r_4)$ transformiert.

Statt nun zu rechnen $\mathbf{A}\cdot(\mathbf{B}\cdot\mathbf{e})$, kann man auch zunächst das Produkt $\mathbf{A}\cdot\mathbf{B}$ berechnen und *dann* den Vektor **e** an Endproduktmengen *direkt* in die verbrauchten Rohstoffmengen transformieren!

Beispiel 4.3.4

i) Zu berechnen sei

$$\begin{pmatrix} 1 & 2 & -1 \\ 3 & 3 & 3 \end{pmatrix} \cdot \begin{pmatrix} 1 & 1 & 2 \\ 0 & 0 & 1 \\ 1 & -1 & -1 \end{pmatrix}.$$

Zwischenrechnungen:

$$(1,\ 2,-1)\begin{pmatrix} 1 \\ 0 \\ 1 \end{pmatrix} = 0; \qquad (1,\ 2,-1)\begin{pmatrix} 1 \\ 0 \\ -1 \end{pmatrix} = 2; \qquad (1,\ 2,-1)\begin{pmatrix} 2 \\ 1 \\ -1 \end{pmatrix} = 5;$$

$$(3,\ 3,\ 3)\begin{pmatrix} 1 \\ 0 \\ 1 \end{pmatrix} = 6; \qquad (3,\ 3,\ 3)\begin{pmatrix} 1 \\ 0 \\ -1 \end{pmatrix} = 0; \qquad (3,\ 3,\ 3)\begin{pmatrix} 2 \\ 1 \\ -1 \end{pmatrix} = 6;$$

Ergebnis:

$$\begin{pmatrix} 1 & 2 & -1 \\ 3 & 3 & 3 \end{pmatrix} \cdot \begin{pmatrix} 1 & 1 & 2 \\ 0 & 0 & 1 \\ 1 & -1 & -1 \end{pmatrix} = \begin{pmatrix} 0 & 2 & 5 \\ 6 & 0 & 6 \end{pmatrix}$$

ii) $(1,\ 2,\ 1)\begin{pmatrix} 1 \\ 1 \\ -1 \end{pmatrix} = 2$

iii) $\begin{pmatrix} 1 \\ 1 \\ -1 \end{pmatrix}(1,\ 2,\ 1) = \begin{pmatrix} 1 & 2 & 1 \\ 1 & 2 & 1 \\ -1 & -2 & -1 \end{pmatrix}$

Diese spezielle Form des Produktes zweier Vektoren nennt man auch

dyadisches Produkt.

dyadisches Produkt

iv) $\begin{pmatrix} 1 & 2 \\ 1 & 1 \end{pmatrix} \cdot \begin{pmatrix} 0 & -1 \\ -1 & 2 \end{pmatrix} = \begin{pmatrix} -2 & 3 \\ -1 & 1 \end{pmatrix}$

v) $\begin{pmatrix} 0 & -1 \\ -1 & 2 \end{pmatrix} \cdot \begin{pmatrix} 1 & 2 \\ 1 & 1 \end{pmatrix} = \begin{pmatrix} -1 & -1 \\ 1 & 0 \end{pmatrix}$

Die Multiplikation soll wieder durch einige Eigenschaften charakterisiert werden. Hierbei wird immer unterstellt, daß die Matrizenordnungen „passend", d.h. alle Matrizenoperationen durchführbar sind.

(N_0) Das Matrizenprodukt ist wieder eine Matrix (Abgeschlossenheit)

Für „passende" Matrizen gilt:

(N_1) $\mathbf{A} \cdot (\mathbf{B} \cdot \mathbf{C}) = (\mathbf{A} \cdot \mathbf{B}) \cdot \mathbf{C}$ (Assoziativität)

(N_2) $\mathbf{A} \cdot (\mathbf{B} + \mathbf{C}) = \mathbf{A} \cdot \mathbf{B} + \mathbf{A} \cdot \mathbf{C}$ (Distributivität)

(N_3) $(\mathbf{A} + \mathbf{B}) \cdot \mathbf{C} = \mathbf{A} \cdot \mathbf{C} + \mathbf{B} \cdot \mathbf{C}$ (Distributivität)

(N_4) Ist α eine reelle Zahl, gilt ferner:
$\alpha \cdot (\mathbf{A} \cdot \mathbf{B}) = (\alpha \cdot \mathbf{A}) \cdot \mathbf{B} = \mathbf{A} \cdot (\alpha \cdot \mathbf{B})$.

Achtung! Die Kommutativität gilt im allgemeinen *nicht*. Finden Sie hierzu ein Beispiel!

Für den Umgang mit dem Transpositionszeichen muß man sich merken, daß *nicht* etwa $(\mathbf{A} \cdot \mathbf{B})^T = \mathbf{A}^T \cdot \mathbf{B}^T$, sondern
$(\mathbf{A} \cdot \mathbf{B})^T = \mathbf{B}^T \cdot \mathbf{A}^T$ gilt.

Mit der fehlenden Kommutativität und der gerade beschriebenen Transposition tauchen Merkmale der Matrixrechnung auf, die zunächst ungewöhnlich sind. Machen Sie sich mit ihnen vertraut, indem Sie folgende Aufgabe bearbeiten.

Übungsaufgabe 4.3.5

i) Die Distributivität muß in zwei verschiedene Formen aufgeschrieben werden. Warum?

ii) Die fehlende Kommutativität wurde bereits nachgewiesen. Wo?

iii) Rechnen Sie anhand der Matrizen in Beispiel 4.3.4 v) exemplarisch nach, daß sich die Reihenfolge der Matrizen bei Transposition umkehrt.

⌛

Übungsaufgabe 4.3.6

Sei **A** eine $m \times n$-Matrix.

i) Berechnen Sie für eine passende $\mathbf{0}_{n,p}$-Matrix $\mathbf{A} \cdot \mathbf{0}$!

ii) Berechnen Sie für eine passende $\mathbf{0}_{l,m}$-Matrix $\mathbf{0} \cdot \mathbf{A}$!

iii) Berechnen Sie für die n Einheitsvektoren $\mathbf{e}^j$, $j = 1,\ldots,n$: $\mathbf{A} \cdot \mathbf{e}^j$!

⌛

Übungsaufgabe 4.3.7

Die Bedarfe an drei Rohstoffen R_1, R_2, R_3 für zwei Zwischenprodukte Z_1, Z_2 sowie an den zwei Zwischenprodukten für vier Endprodukte P_1, P_2, P_3, P_4 sind in folgenden Bedarfstabellen festgehalten:

	R_1	R_2	R_3
Z_1	4	3	6
Z_2	6	1	9

	Z_1	Z_2
P_1	1	1
P_2	2	1
P_3	3	5
P_4	4	6

Errechnen Sie die Matrix der Rohstoffbedarfe für die Endprodukte!

⌛

Übungsaufgabe 4.3.8

Ein Unternehmen produziert die beiden Güter G_1, G_2 und benötigt zu ihrer Herstellung drei Rohstoffe R_1, R_2, R_3. Die folgende Matrix **A** gibt die Rohstoffverbräuche pro Gütereinheit an:

$$\begin{array}{cc} & \begin{array}{ccc} R_1 & R_2 & R_3 \end{array} \\ \mathbf{A} = & \begin{pmatrix} 1 & 0 & 5 \\ 4 & 4 & 2 \end{pmatrix} \begin{array}{c} G_1 \\ G_2 \end{array} \end{array}$$

Die Einheitsrohstoffkosten in DM liefert folgender Kostenvektor $\mathbf{k}^{\mathrm{T}} = (4,\ 2,\ 1)$.

Zusätzlich zu den Rohstoffkosten fallen variable Fertigungskosten für die Güter an:

$$\mathbf{f}^{\mathrm{T}} = \overset{\displaystyle G_1\; G_2}{(5,\ 6)}.$$

Die Verkaufsmengen in vier Quartalen sind in der Matrix **V** zusammengestellt,

$$\begin{array}{cc} & \begin{array}{cccc} Q_1 & Q_2 & Q_3 & Q_4 \end{array} \\ \mathbf{V} = & \begin{pmatrix} 10 & 15 & 12 & 10 \\ 11 & 20 & 10 & 10 \end{pmatrix} \begin{array}{l} G_1 \\ G_2 \end{array}, \end{array}$$

die über die Quartale konstanten Verkaufspreise enthält der Preisvektor $\mathbf{p}^{\mathrm{T}} = (50, 40)$. Ermitteln Sie den Gewinn der Unternehmung über das Jahr und getrennt nach Quartalen! Stellen Sie eine Dimensionsbetrachtung für alle verwendeten ökonomischen Größen an!

4.4. Spezielle Matrizen

In diesem Abschnitt werden nur Sprechweisen verabredet. Sie sollten sich diese Sprechweisen einprägen, da im folgenden davon Gebrauch gemacht wird!

quadratische Matrix

- Gilt für eine $m \times n$-Matrix $m = n$, heißt sie *quadratische Matrix.*

Eine quadratische Matrix ist also eine lineare Abbildung vom $\boldsymbol{R}^n$ in den $\boldsymbol{R}^n$. Die transponierte Matrix einer $n \times n$-Matrix ist wieder eine $n \times n$-Matrix.

Statt $\mathbf{A}_{n,n}$ schreibt man auch kürzer $\mathbf{A}_n$.

symmetrische Matrix

- Eine $n \times n$-Matrix $\mathbf{A} = (a_{ij})_{n,n}$ heißt symmetrisch, wenn $a_{ij} = a_{ji}$ für alle i und j gilt, bzw. wenn $\mathbf{A} = \mathbf{A}^{\mathrm{T}}$ ist.

obere (untere) Dreiecksmatrix

- Eine $n \times n$-Matrix $(a_{ij})_{n,n}$ heißt *obere* (*untere*) *Dreiecksmatrix*, wenn $a_{ij} = 0$ für $i > j$ $(i < j)$.

Hauptdiagonale
Nebendiagonale

- Die Elemente $a_{11}, a_{22}, \ldots, a_{nn}$ einer $n \times n$-Matrix bilden die *Hauptdiagonale*, die Elemente $a_{1,n}, a_{2,n-1}, a_{3,n-2}, \ldots, a_{n,1}$ bilden die *Nebendiagonale* der Matrix, jedes a_{ii} heißt (Haupt-) Diagonalelement.

Diagonalmatrix

- Eine Matrix $(a_{ij})_{n,n}$ mit der Eigenschaft $a_{ij} = 0$ für $i \neq j$ heißt *Diagonalmatrix.*

Skalarmatrix

- Eine Diagonalmatrix heißt *Skalarmatrix*, falls $a_{ii} = a$ für alle $i = 1, 2, \ldots, n$.

Einheitsmatrix

- Eine Skalarmatrix heißt *Einheitsmatrix*, falls $a = 1$ ist. Sie wird mit $\mathbf{I}_{n,n}$ bzw $\mathbf{I}$ symbolisiert.

Zur Veranschaulichung geben wir eine schematische Darstellung der gerade eingeführten Begriffe.

$$\begin{pmatrix} a_{11} & a_{12} & \cdots & \cdots & a_{1n} \\ a_{12} & a_{22} & \cdots & \cdots & a_{2n} \\ \vdots & \vdots & \ddots & & \vdots \\ \vdots & \vdots & & \ddots & \vdots \\ a_{1n} & a_{2n} & \cdots & \cdots & a_{nn} \end{pmatrix} \quad \text{symmetrische Matrix}$$

$$\text{obere} \begin{pmatrix} a_{11} & a_{12} & \cdots & \cdots & a_{1n} \\ 0 & a_{22} & \cdots & \cdots & a_{2n} \\ 0 & 0 & a_{33} & & \vdots \\ \vdots & & & \ddots & \vdots \\ 0 & \cdots & \cdots & 0 & a_{nn} \end{pmatrix} \begin{matrix}\text{bzw.}\\ \text{untere}\end{matrix} \begin{pmatrix} a_{11} & 0 & 0 & \cdots & 0 \\ a_{21} & a_{22} & 0 & \cdots & 0 \\ \vdots & & a_{33} & & \vdots \\ \vdots & & & \ddots & 0 \\ a_{n1} & \cdots & \cdots & \cdots & a_{nn} \end{pmatrix} \text{Dreiecksmatrix}$$

$$\text{Haupt-} \begin{pmatrix} a_{11} & \cdots & \cdots & \cdots & a_{1n} \\ \vdots & a_{22} & & & \vdots \\ \vdots & & a_{33} & & \vdots \\ \vdots & & & \ddots & \vdots \\ a_{n1} & \cdots & \cdots & \cdots & a_{nn} \end{pmatrix} \text{bzw.} \begin{pmatrix} a_{11} & \cdots & \cdots & \cdots & a_{1n} \\ \vdots & & & a_{2,n-1} & \vdots \\ \vdots & & \cdot^{\cdot^{\cdot}} & & \vdots \\ \vdots & a_{n-1,2} & & \ddots & \vdots \\ a_{n1} & \cdots & \cdots & \cdots & a_{nn} \end{pmatrix} \text{Nebendiagonale}$$

$$\begin{pmatrix} a_{11} & 0 & 0 & \cdots & 0 \\ 0 & a_{22} & & & \vdots \\ \vdots & & \ddots & & \vdots \\ \vdots & & & \ddots & \vdots \\ 0 & \cdots & \cdots & 0 & a_{nn} \end{pmatrix} \quad \text{Diagonalmatrix}$$

$$\text{Skalar-} \begin{pmatrix} a & 0 & \cdots & \cdots & 0 \\ 0 & a & & & \vdots \\ \vdots & & a & & \vdots \\ \vdots & & & \ddots & \vdots \\ 0 & \cdots & \cdots & 0 & a \end{pmatrix} \text{bzw.} \begin{pmatrix} 1 & 0 & \cdots & \cdots & 0 \\ 0 & 1 & & & \vdots \\ \vdots & & 1 & & \vdots \\ \vdots & & & \ddots & \vdots \\ 0 & \cdots & \cdots & 0 & 1 \end{pmatrix} \text{Einheitsmatrix}$$

In der folgenden Aufgabe wird kontrolliert, ob Sie die gerade eingeführten Begriffe beherrschen. Beantworten Sie die Fragen also ohne zurückzusehen!

Übungsaufgabe 4.4.1

i) Ist $\begin{pmatrix} 1 & 2 \\ 3 & 4 \end{pmatrix}$ eine obere Dreiecksmatrix?

ii) Ist $\begin{pmatrix} 1 & 2 \\ 0 & 4 \end{pmatrix}$ eine obere Dreiecksmatrix?

iii) Ist $\begin{pmatrix} 1 & 0 & 0 \\ 0 & 1 & 0 \\ 0 & 0 & 1 \end{pmatrix}$ eine Skalarmatrix?

iv) Wie würden Sie geometrisch die Multiplikation eines Vektors mit einer Skalarmatrix interpretieren?

v) Multiplizieren Sie eine $m \times n$-Matrix $\mathbf{A}$ von links und von rechts mit der jeweils passenden Einheitsmatrix. Kommentieren Sie das Ergebnis.

vi) Ist folgende Aussage richtig: „Das Produkt zweier Diagonalmatrizen ist wieder eine Diagonalmatrix"?

vii) Welche der Matrizen unter i) bis iii) ist symmetrisch?

Eine Matrix kann man in Blöcke zerlegen bzw. aus Blöcken zusammensetzen. Oft geschieht diese Zerlegung aus sachlogischen Gründen. So will man in Beispiel 1.2.4 des Kapitels 1 in der Matrix

$$\begin{pmatrix} 1 & 1 & & & & \\ & 1 & 1 & & & \\ & & 1 & 1 & & \\ & & & 1 & 1 & \\ & & & & 1 & 1 \\ 1 & & & & & 1 \end{pmatrix}$$ möglicherweise zwischen Kernzeit und Nicht-Kernzeit

unterscheiden. Eine geeignete Zerlegung der Matrix (blättern Sie zurück) ist dann

$$\left(\begin{array}{ccc|cc|c} 1 & 1 & & & & \\ & 1 & 1 & & & \\ \hline & & 1 & 1 & & \\ & & & 1 & 1 & \\ & & & & 1 & 1 \\ \hline 1 & & & & & 1 \end{array}\right)$$ Kernzeit-Teilmatrix

Bezeichnet man hier die Teilmatrizen oder Blöcke z.B. mit

$$\begin{pmatrix} \mathbf{A}_{11} & \mathbf{A}_{12} & \mathbf{A}_{13} \\ \mathbf{A}_{21} & \mathbf{A}_{22} & \mathbf{A}_{23} \\ \mathbf{A}_{31} & \mathbf{A}_{32} & \mathbf{A}_{33} \end{pmatrix}, \text{ hat man } \mathbf{A}_{11} = \begin{pmatrix} 1 & 1 & 0 \\ 0 & 1 & 1 \end{pmatrix} \ \mathbf{A}_{12} = \begin{pmatrix} 0 & 0 \\ 0 & 0 \end{pmatrix} \ \mathbf{A}_{13} = \begin{pmatrix} 0 \\ 0 \end{pmatrix}$$

$$\mathbf{A}_{21} = \begin{pmatrix} 0 & 0 & 1 \\ 0 & 0 & 0 \\ 0 & 0 & 0 \end{pmatrix} \ \mathbf{A}_{22} = \begin{pmatrix} 1 & 0 \\ 1 & 1 \\ 0 & 1 \end{pmatrix} \ \mathbf{A}_{23} = \begin{pmatrix} 0 \\ 0 \\ 1 \end{pmatrix}$$

$$\mathbf{A}_{31} = \begin{pmatrix} 1 & 0 & 0 \end{pmatrix} \ \mathbf{A}_{32} = \begin{pmatrix} 0 & 0 \end{pmatrix} \ \mathbf{A}_{33} = \begin{pmatrix} 1 \end{pmatrix}.$$

Allgemein gilt:

Haben die entsprechenden Blöcke der Matrizen

$$\mathbf{A} = \begin{pmatrix} \mathbf{A}_{11} & \cdots & \mathbf{A}_{1l} & \cdots & \mathbf{A}_{1r} \\ \vdots & & \vdots & & \vdots \\ \mathbf{A}_{k1} & \cdots & \mathbf{A}_{kl} & \cdots & \mathbf{A}_{kr} \\ \vdots & & \vdots & & \vdots \\ \mathbf{A}_{s1} & \cdots & \mathbf{A}_{sl} & \cdots & \mathbf{A}_{sr} \end{pmatrix} \quad \text{und} \quad \mathbf{B} = \begin{pmatrix} \mathbf{B}_{11} & \cdots & \mathbf{B}_{1l} & \cdots & \mathbf{B}_{1r} \\ \vdots & & \vdots & & \vdots \\ \mathbf{B}_{k1} & \cdots & \mathbf{B}_{kl} & \cdots & \mathbf{B}_{kr} \\ \vdots & & \vdots & & \vdots \\ \mathbf{B}_{s1} & \cdots & \mathbf{B}_{sl} & \cdots & \mathbf{B}_{sr} \end{pmatrix}$$

passende Ordnungen, kann man $\mathbf{A}+\mathbf{B}$ natürlich blockweise berechnen.

Ein wenig komplizierter ist die blockweise Multiplikation zweier Matrizen. Seien nun zwei Matrizen **A** und **B** mit folgenden Blockstrukturen gegeben:

$$\mathbf{A} = \begin{pmatrix} \mathbf{A}_{11} & \cdots & \mathbf{A}_{1l} & \cdots & \mathbf{A}_{1r} \\ \vdots & & \vdots & & \vdots \\ \mathbf{A}_{k1} & \cdots & \mathbf{A}_{kl} & \cdots & \mathbf{A}_{kr} \\ \vdots & & \vdots & & \vdots \\ \mathbf{A}_{s1} & \cdots & \mathbf{A}_{sl} & \cdots & \mathbf{A}_{sr} \end{pmatrix} \qquad \mathbf{B} = \begin{pmatrix} \mathbf{B}_{11} & \cdots & \mathbf{B}_{1p} & \cdots & \mathbf{B}_{1t} \\ \vdots & & \vdots & & \vdots \\ \mathbf{B}_{l1} & \cdots & \mathbf{B}_{lp} & \cdots & \mathbf{B}_{lt} \\ \vdots & & \vdots & & \vdots \\ \mathbf{B}_{r1} & \cdots & \mathbf{B}_{rp} & \cdots & \mathbf{B}_{rt} \end{pmatrix}.$$

Offensichtlich läuft der Index l von 1 bis r
läuft der Index k von 1 bis s
läuft der Index p von 1 bis t.

Sind die Ordnungen aller Blöcke so, daß $\mathbf{A}_{kl} \cdot \mathbf{B}_{lp}$ für alle k, l und p berechenbar ist, erhält man $\mathbf{A} \cdot \mathbf{B}$ durch Blockmultiplikation wie folgt.

$$\mathbf{C}_{kp} = \sum_{l=1}^{r} \mathbf{A}_{kl} \cdot \mathbf{B}_{lp} \qquad \text{für alle } k \text{ und } p.$$

$$\mathbf{C} = \mathbf{A} \cdot \mathbf{B} = \begin{pmatrix} \mathbf{C}_{11} & \cdots & \mathbf{C}_{1t} \\ \vdots & & \vdots \\ \mathbf{C}_{s1} & \cdots & \mathbf{C}_{st} \end{pmatrix}. \qquad \textbf{(4.4.01)}$$

In der folgenden Übungsaufgabe sollen Sie einige Zahlenbeispiele und einige Beispiele in allgemeinen Symbolen rechnen. Diese sind so gewählt, daß sie an späterer Stelle wieder aufgegriffen werden können.

Übungsaufgabe 4.4.2

Berechnen Sie in der angedeuteten Form durch Blockmultiplikation:

i) $$\left(\begin{array}{c|cc} 1 & 0 & 0 \\ \hline 0 & 1 & 1 \\ 0 & -1 & 1 \end{array}\right) \cdot \left(\begin{array}{c|cc} 1 & 0 & 0 \\ \hline 0 & \frac{1}{2} & -\frac{1}{2} \\ 0 & \frac{1}{2} & \frac{1}{2} \end{array}\right)$$

ii) $$\left(\begin{array}{c|cc} 1 & -5 & -3 \\ \hline 0 & 1 & 1 \\ 0 & -1 & 1 \end{array}\right) \cdot \left(\begin{array}{c|cc} 1 & 4 & -1 \\ \hline 0 & \frac{1}{2} & -\frac{1}{2} \\ 0 & \frac{1}{2} & \frac{1}{2} \end{array}\right)$$

iii) $$\left(\begin{array}{c|c} 1 & -\mathbf{c}^{\mathrm{T}} \\ \hline \mathbf{0} & \mathbf{B} \end{array}\right) \cdot \left(\begin{array}{c|c} 1 & \mathbf{c}^{\mathrm{T}}\mathbf{D} \\ \hline \mathbf{0} & \mathbf{D} \end{array}\right)$$

Hier sei erläutert:

1 ist eine Zahl, $\mathbf{0}$ ist der Nullvektor des $\boldsymbol{R}^n$, $\mathbf{B}$ und $\mathbf{D}$ sind $n \times n$-Matrizen und $\mathbf{c}^{\mathrm{T}}$ ist ein Zeilenvektor des $\boldsymbol{R}^n$.

Das Ergebnis ist:

$$\left(\begin{array}{c|c} 1 & \mathbf{0}^{\mathrm{T}} \\ \hline \mathbf{0} & \mathbf{B} \cdot \mathbf{D} \end{array}\right) = \left(\begin{array}{c|c} 1 & -\mathbf{c}^{\mathrm{T}} \\ \hline \mathbf{0} & \mathbf{B} \end{array}\right) \cdot \left(\begin{array}{c|c} 1 & \mathbf{c}^{\mathrm{T}}\mathbf{D} \\ \hline \mathbf{0} & \mathbf{D} \end{array}\right) \qquad \textbf{(4.4.02)}$$

Der Weg ist das Ziel!

4.5. Input-Output-Analysen als ökonomische Anwendungsmöglichkeiten der Matrizenrechnung – Teil I

Wir betrachten ein komplexes System der Produktion mehrerer Güter, in dem diese nicht unabhängig voneinander produziert werden können, sondern in dem bestimmte Interdependenzen zu berücksichtigen sind. So kann ein bestimmtes Produkt nur hergestellt werden, wenn gewisse Mengen anderer Güter zur Verfügung stehen, die in dieses Produkt eingehen. Stellen wir uns die Produktion als eine Art „Black Box" vor, so ist deren Output die Produktionsmenge dieses Gutes i, die wir mit q_i bezeichnen wollen. Dieser Output geht teils in die Produktion anderer Güter ein (endogene Verwendung) und teils in den Verkauf (exogene Verwendung).

Input-Output-Modell

Als Input gehen Mengen anderer Güter in die Produktion ein (endogener Input) und ferner Rohstoffe (exogener Input). Man kann sich dies leicht in der folgenden Abbildung veranschaulichen.

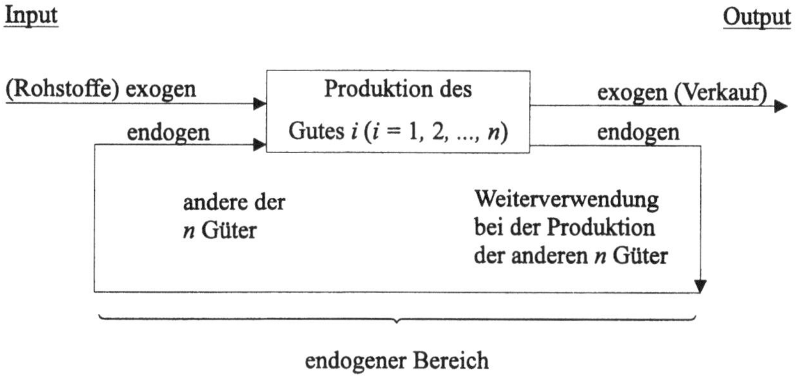

Abb. 4.5.1: Diagramm zum Input-Output-Modell

Im folgenden soll das gesamte System mit Matrizen und Vektoren strukturell dargestellt werden. Dann werden Matrixoperationen durchgeführt, sofern sie schon bekannt sind. Zur Erläuterung hier noch nicht eingeführter Operationen wird das Beispiel an späterer Stelle wieder aufgegriffen.

Es stellen sich bei der Analyse derartiger Probleme interessante Fragen, wie beispielsweise:

- Wie hoch sind die eingesetzten Rohstoffmengen bei vorgegebenem Verkauf?
- Wieviel kann verkauft werden, wenn nur Rohstoffe in bestimmten Mengen zur Verfügung stehen?
- Wie hoch sind die Produktionsmengen bei vorgegebenem Verkauf?

Zunächst sei im exogenen Bereich nur die Output-Seite berücksichtigt.

Das Modell ohne exogenen Input

Es werden folgende Symbole vereinbart:

- i, j: Index der Produkte $(i, j = 1,2,\dots,n)$

Produktionsvektor
Bruttobedarfsvektor

- $\mathbf{q}$: (Spalten-)Vektor der Produktionsmengen q_i
  $\mathbf{q} = (q_1, q_2, \dots, q_i, \dots, q_n)^{\mathrm{T}}$, $\mathbf{q}$ heißt auch *Bruttobedarfsvektor.*

Verkaufsvektor
Nettobedarfsvektor

- $\mathbf{y}$: (Spalten-)Vektor der Verkaufsmengen y_j
  $\mathbf{y} = (y_1, y_2, \dots, y_i, \dots, y_n)^{\mathrm{T}}$, $\mathbf{y}$ heißt auch *Nettobedarfsvektor.*
- $\mathbf{P}$: $n \times n$ -Matrix der Produktionskoeffizenten p_{ij}

$$\mathbf{P} = \begin{pmatrix} p_{11} & p_{12} & \cdots & p_{1n} \\ p_{21} & p_{22} & \cdots & p_{2n} \\ \vdots & \vdots & & \vdots \\ p_{n1} & p_{n2} & \cdots & p_{nn} \end{pmatrix}$$

Dabei ist

Produktionsmatrix
Direktbedarfsmatrix

p_{ij}: Menge des Produktes i, die zur Herstellung *einer Einheit* des Produktes j zur Verfügung stehen muß (Produktionskoeffizient). **P** heißt auch *Direktbedarfsmatrix.*

Betrachtet man nun die Output-Seite des oben gezeichneten Schemas, so kann sofort folgende Gleichung aufgestellt werden.

$$q_i = y_i + \sum_{\substack{j=1 \\ j \neq i}}^{n} p_{ij} q_j \qquad (i = 1,2,\dots,n) \tag{4.5.01}$$

Sekundärbedarfsvektor

Die Produktionsmenge q_i des Gutes i geht teils in den exogenen Bereich mit der Menge y_i und verteilt sich ferner auf jedes Gut j mit der Menge $p_{ij} \cdot q_j$. Dabei sei der Fall $j = i$ ausgeschlossen. $\mathbf{q} - \mathbf{y}$ heißt auch *Sekundärbedarfsvektor.*

Übungsaufgabe 4.5.2

Was würde es bedeuten, wenn $j = i$ zugelassen wäre?

Das Gleichungssystem lautet in Vektorschreibweise:

$$\mathbf{q} = \mathbf{y} + \mathbf{P} \cdot \mathbf{q} \tag{4.5.02}$$

Da die Matrix der Produktionskoeffizienten in der Regel konstant ist, können als Variable lediglich **y** und **q** auftreten. Dies führt zu den beiden Fragestellungen:

- Wieviel kann verkauft werden, wenn die Produktionsmengen vorgegeben sind?
- Wieviel muß produziert werden, wenn die Verkaufsmengen vorgegeben sind?

Zur ersten Frage:

Es gilt die obige Gleichung (4.5.02) nach **y** aufzulösen:

$$\mathbf{y} = \mathbf{q} - \mathbf{P} \cdot \mathbf{q}$$
$$\mathbf{y} = (\mathbf{I} - \mathbf{P}) \cdot \mathbf{q} \qquad \textbf{(4.5.03)}$$

wobei **I** die Einheitsmatrix ist.

Zur zweiten Frage:

Es gilt, die obige Gleichung (4.5.03) nach **q** aufzulösen. Dies gelingt uns jedoch mit dem bisher behandelten Instrumentarium der Matrizenrechnung nicht, da die „Division durch eine Matrix" noch nicht erklärt wurde. Die Frage werden wir erst am Ende des nächsten Kapitels behandeln.

Beispiel 4.5.3

Wir betrachten einen Drei-Produkt-Fall mit den vorgegebenen Daten:

$\mathbf{q} = (100, 200, 150)^{\mathrm{T}}$ (Produktionsvektor)

$$\mathbf{P} = \begin{pmatrix} 0 & 0 & 0{,}3 \\ 0{,}75 & 0 & 0{,}5 \\ 0 & 0 & 0 \end{pmatrix}$$ (Matrix der Produktionskoeffizenten)

Die folgende Abbildung veranschaulicht die Güterströme dieses kleinen Beispiels.

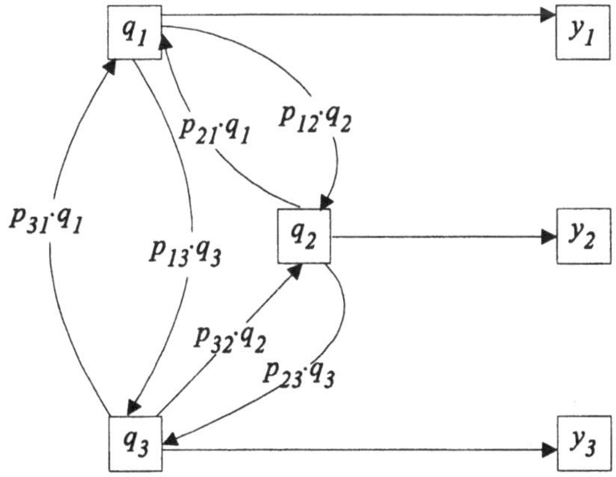

Abb. 4.5.4: Güterströme auf der Output-Seite

Übungsaufgabe 4.5.5

Die technische Maßeinheit (Dimension) der Produkte sei unterschiedlich. So werde

q_1 in „Litern"[l],
q_2 in „Kilogramm" [kg] und
q_3 in „Mengeneinheiten (Stücke)" [ME] gemessen.

Übernehmen Sie die Daten aus Beispiel 4.5.3 und schreiben Sie unter alle Symbole q_i und $p_{ij} \cdot q_j$ ihren zahlenmäßigen Wert mit entsprechender Dimensionsangabe!

Hinweis: Jedes p_{ij} hat die Maßeinheit:

$$\left[\frac{\text{Dimension des Produktes } i}{\text{Dimension des Produktes } j}\right],$$

demnach hat $p_{ij} \cdot q_j$ die Dimension des Produktes i.

Beispiel 4.5.3 (Fortsetzung)

Die Auswertung der Gleichung (4.5.03) ergibt

$$\left[\begin{pmatrix} 1 & 0 & 0 \\ 0 & 1 & 0 \\ 0 & 0 & 1 \end{pmatrix} - \begin{pmatrix} 0 & 0 & 0,3 \\ 0,75 & 0 & 0,5 \\ 0 & 0 & 0 \end{pmatrix}\right]\begin{pmatrix} 100 \\ 200 \\ 150 \end{pmatrix}$$

$$= \begin{pmatrix} 1 & 0 & -0,3 \\ -0,75 & 1 & -0,5 \\ 0 & 0 & 1 \end{pmatrix}\begin{pmatrix} 100 \\ 200 \\ 150 \end{pmatrix} = \begin{pmatrix} 55 \\ 50 \\ 150 \end{pmatrix}$$

Es gehen also in den Verkauf:

55 [l] des ersten Produktes
50 [kg] des zweiten Produktes
150 [ME] des dritten Produktes.

Das Modell mit exogenem Input

Zusätzlich zu den bereits vereinbarten Symbolen sei:

- k: Index der Rohstoffe ($k = 1, 2, \ldots, m$)
- **v**: (Spalten-)Vektor der eingesetzten Rohstoffmengen v_k — *Rohstoffvektor*

  $\mathbf{v} = (v_1, v_2, \ldots, v_k, \ldots, v_m)^T$
- **R**: $m \times n$ -Matrix der Rohstoffverbrauchskoeffizienten r_{kj} — *Rohstoffverbrauchsmatrix*

$$\mathbf{R} = \begin{pmatrix} r_{11} & r_{12} & \cdots & r_{1n} \\ r_{21} & r_{22} & \cdots & r_{2n} \\ \vdots & \vdots & & \vdots \\ r_{m1} & r_{m2} & \cdots & r_{mn} \end{pmatrix}$$

Dabei ist

r_{kj}: Menge des Rohstoffs k, die zur Herstellung einer Einheit des Produktes j zur Verfügung stehen muß.

In Matrixschreibweise gilt also folgende Bezeichnung:

$$\mathbf{v} = \mathbf{R} \cdot \mathbf{q} \qquad \mathbf{(4.5.04)}$$

Unter der Annahme eines konstanten **R** stehen nun folgende Fragen an:

- Wie hoch ist der Rohstoffverbrauch bei vorgegebenen Produktionsmengen?
- Wie hoch ist der Rohstoffverbrauch bei vorgegebenen Verkaufsmengen?
- Wieviel kann bei vorgegebenen Rohstoffmengen produziert (und damit verkauft) werden?

Zur ersten Frage:

In Gleichung (4.5.04) wird der vorgegebene Produktionsvektor eingesetzt, somit kann **v** errechnet werden.

Zur zweiten Frage:

Die Gleichung (4.5.03) wird nach **q** aufgelöst und in (4.5.04) eingesetzt. Dazu sind wir jedoch noch nicht in der Lage.

Zur dritten Frage:

Hierzu wäre eine Auflösung von (4.5.04) nach **q** nötig. Leider muß auch diese Frage noch zurückgestellt werden.

Beispiel 4.5.6

Das obige Beispiel sei um den exogenen Input von drei Rohstoffen mit der Rohstoffverbrauchsmatrix **R** erweitert:

$$\mathbf{R} = \begin{pmatrix} 2{,}5 & 0 & 1 \\ 3{,}6 & 0{,}6 & 1{,}2 \\ 2 & 1 & 0 \end{pmatrix}$$

Der Rohstoffverbrauch errechnet sich zu:

$$\begin{pmatrix} 2{,}5 & 0 & 1 \\ 3{,}6 & 0{,}6 & 1{,}2 \\ 2 & 1 & 0 \end{pmatrix} \cdot \begin{pmatrix} 100 \\ 200 \\ 150 \end{pmatrix} = \begin{pmatrix} 400 \\ 660 \\ 400 \end{pmatrix}.$$

Alle noch offenen Fragen werden im Abschnitt 5.9 Input-Output-Analysen als ökonomische Anwendung der Matrizenrechnung – Teil II behandelt.

Übungsaufgabe 4.5.7

Stellen Sie obiges Beispiel in einer Zeichnung strukturell dar!

Kapitel 5

Lineare Gleichungssysteme und Matrixgleichungen

5.1. Einführung und Sprechweisen

In diesem Kapitel werden Sie das Werkzeug in die Hand bekommen, lineare Gleichungssysteme zu lösen.

Notwendigerweise muß der Stoff in drei groben Schritten erarbeitet werden:

- Vorbereitung durch die mathematische *Theorie*
- Lösungs*verfahren*
- numerische *Beispiele*

Sie sollten versuchen, auch die theoretischen Hintergründe soweit zu verstehen, daß Sie die dann folgenden Algorithmen nicht nur formal, sondern auch inhaltlich begreifen.

Das Lösen von Gleichungssystemen ist eines der Hauptziele der linearen Algebra. Stellvertretend für die sehr zahlreichen Beispiele aus der Praxis steht das folgende.

Beispiel 5.1.1

Zur Erstellung einer Einheit des Produktes P_1 (P_2, P_3) braucht man jeweils 2 (2, 1) Einheiten des Rohstoffes R_1 und 1 (2, 3) Einheiten des Rohstoffes R_2.

Will man q_1, q_2 bzw. q_3 Einheiten von P_1, P_2, bzw. P_3 herstellen, gilt für den Bedarf an Rohstoffen die Gleichung:

$$\begin{pmatrix} r_1 \\ r_2 \end{pmatrix} = \begin{pmatrix} 2 & 2 & 1 \\ 1 & 2 & 3 \end{pmatrix} \begin{pmatrix} q_1 \\ q_2 \\ q_3 \end{pmatrix}$$

Hierbei bedeuten die r_i Rohstoffmengen.

Oft stellt sich aber die umgekehrte Frage: bei gegebenen Rohstoffmengen sind die Produktionsmengen q_1, q_2, q_3 zu bestimmen, die man damit erzeugen kann.

Mathematisch stellt sich jetzt das Problem der Lösung eines linearen Gleichungssystems

$$\begin{pmatrix} 2 & 2 & 1 \\ 1 & 2 & 3 \end{pmatrix} \begin{pmatrix} q_1 \\ q_2 \\ q_3 \end{pmatrix} = \begin{pmatrix} r_1 \\ r_2 \end{pmatrix}$$

bei gegebener „rechter Seite".

Sind z.B. die Rohstoffmengen $r_1 = 20,\ r_2 = 30$, stellt sich konkret das Problem: wie groß müssen q_1, q_2, q_3 sein, damit

$$2q_1 + 2q_2 + 1q_3 = 20 \quad \text{und}$$
$$1q_1 + 2q_2 + 3q_3 = 30 \quad \text{gilt?}$$

Eine Lösung dieses Problems ist z.B. $q_1 = 2,\ q_2 = 5,\ q_3 = 6$.

Ist sie die einzige?
Wieviele Lösungen gibt es überhaupt?

Um diese Fragen erschöpfend behandeln zu können, müssen wir in die Theorie linearer Gleichungssysteme einsteigen.

In allgemeiner Symbolik sind Fragen der folgenden Form zu behandeln: suche Zahlen $x_1, \ldots, x_n$, die gleichzeitig mehreren linearen Gleichungen

$$\sum_{j=1}^{n} a_{ij} x_j = b_i, \qquad i = 1, \ldots, m \text{ genügen.}$$

Sprechweise:

Lineares Gleichungssystem

$$\begin{aligned} \sum_{j=1}^{n} a_{1j} x_j &= b_1 \\ &\vdots \\ \sum_{j=1}^{n} a_{mj} x_j &= b_m \end{aligned} \qquad \textbf{(5.1.01)}$$

heißt lineares $m \times n$-Gleichungssystem in den Variablen $x_1, \ldots, x_n$.

Man kann dafür auch schreiben:

$$\begin{pmatrix} a_{11} & a_{12} & \cdots & a_{1n} \\ a_{21} & a_{22} & \cdots & a_{2n} \\ \vdots & & & \vdots \\ a_{m1} & \cdots & & a_{mn} \end{pmatrix} \begin{pmatrix} x_1 \\ x_2 \\ \vdots \\ x_n \end{pmatrix} = \begin{pmatrix} b_1 \\ b_2 \\ \vdots \\ b_m \end{pmatrix}. \qquad \textbf{(5.1.02)}$$

Ein lineares Gleichungssystem läßt sich also auch als *Matrixgleichung* formulieren. *Matrixgleichung*

Setzt man abkürzend $\mathbf{x} = \begin{pmatrix} x_1 \\ \vdots \\ x_n \end{pmatrix}$, $\mathbf{b} = \begin{pmatrix} b_1 \\ \vdots \\ b_m \end{pmatrix}$ und $\mathbf{A} = \begin{pmatrix} a_{11} & \cdots & a_{1n} \\ \vdots & & \vdots \\ a_{m1} & \cdots & a_{mn} \end{pmatrix}$, so kann auch folgende Form zur Darstellung von linearen Gleichungssystemen gewählt werden:

$$\mathbf{Ax} = \mathbf{b}\,. \qquad \textbf{(5.1.03)}$$

Gesucht sind offensichtlich n-Vektoren $\mathbf{x}$, die die Matrixgleichung $\mathbf{Ax} = \mathbf{b}$ erfüllen.

Folgende Fragen werden zu klären sein:

- Wann ist ein lineares Gleichungssystem *lösbar* und wie *berechnet* man die Lösungen.

Nun ist der aufmerksame Leser dieses Kurses über einige Aspekte zu linearen Gleichungssystemen schon recht gut informiert. Ein nochmaliges Studium des Abschnitts 3.4. über Hyperräume und Unterräume empfiehlt sich an dieser Stelle.

In Abschnitt 3.4. haben Sie gelernt, daß

- $$\begin{matrix} \mathbf{a}^{1\mathrm{T}}\mathbf{x} = b_1 \\ \vdots \\ \mathbf{a}^{m\mathrm{T}}\mathbf{x} = b_m \end{matrix} \qquad \textbf{(3.4.04')}$$

  den mengentheoretischen Durchschnitt von m Hyperebenen bedeutet und seinerseits einen Hyperraum der Dimension $n-m$ darstellt, sofern die m Vektoren $\mathbf{a}^i$ l.u. sind.

- $$\begin{matrix} \mathbf{a}^{1\mathrm{T}}\mathbf{x} = 0 \\ \vdots \\ \mathbf{a}^{m\mathrm{T}}\mathbf{x} = 0 \end{matrix} \qquad \textbf{(3.4.05')}$$

  den mengentheoretischen Durchschnitt von m Unterräumen jeweils der Dimension $n-1$ bedeutet und seinerseits einen Unterraum der Dimension $n-m$ darstellt, sofern die m Vektoren $\mathbf{a}^i$ l. u. sind.

Man sieht sofort, daß die Schreibweisen (5.1.01), (5.1.02) und (5.1.03) denselben Tatbestand wie (3.4.04') ausdrücken,wenn die Zeilenvektoren der Matrix **A**

$$\begin{matrix} \mathbf{a}^{[1]} \\ \mathbf{a}^{[2]} \\ \vdots \\ \mathbf{a}^{[m]} \end{matrix} \quad \text{identisch mit} \quad \begin{matrix} \mathbf{a}^{1\mathrm{T}} \\ \mathbf{a}^{2\mathrm{T}} \\ \vdots \\ \mathbf{a}^{m\mathrm{T}} \end{matrix} \quad \text{sind (vgl. Abschnitt 4.1).}$$

homogenes/ inhomogenes Gleichungssystem

Der Fall (3.4.05') entspricht dem *homogenen* Gleichungssystem $\mathbf{Ax} = \mathbf{0}$, der Fall (3.4.04') dem *inhomogenen* System $\mathbf{Ax} = \mathbf{b}$ mit $\mathbf{b} \neq \mathbf{0}$.

5.2. Der Rang einer Matrix

Wie schon im letzten Abschnitt sei auch jetzt **A** eine $m \times n$-Matrix; **A** ist also interpretierbar als lineare Abbildung vom $\boldsymbol{R}^n$ in den $\boldsymbol{R}^m$. **A** hat m Zeilenvektoren des $\boldsymbol{R}^n$ und n Spaltenvektoren des $\boldsymbol{R}^m$.

Jedes Bild eines Vektors **x** unter der Abbildung **A** ist eine Linearkombination der n Spaltenvektoren, denn:

$$\mathbf{Ax} = (\mathbf{a}^1, \mathbf{a}^2, \ldots, \mathbf{a}^n) \cdot \begin{pmatrix} x_1 \\ \vdots \\ x_n \end{pmatrix} = \sum_{j=1}^{n} \mathbf{a}^j x_j$$

Bildraum $B_{\mathbf{A}}$

Der Bildraum $B_{\mathbf{A}}$ der Matrix **A** ist eine Teilmenge des $\boldsymbol{R}^m$. Ist die Matrix **A** eine Abbildung *auf* den $\boldsymbol{R}^m$, ist der Bildraum der ganze $\boldsymbol{R}^m$.

Der Bildraum der Matrix **A** ist ein linearer Unterraum des $\boldsymbol{R}^m$. Das heißt nicht mehr und nicht weniger, als daß mit $\mathbf{y} \in B_{\mathbf{A}}$ für jede Zahl α auch $\alpha\mathbf{y} \in B_{\mathbf{A}}$ und für $\mathbf{y}^1, \mathbf{y}^2 \in B_{\mathbf{A}}$ auch deren Summe $\mathbf{y}^1 + \mathbf{y}^2 \in B_{\mathbf{A}}$. Sie sind jetzt bereits so fortgeschritten, daß Sie die Richtigkeit dieser Behauptung sofort erkennen!

Die Dimension r des Bildraumes $B_{\mathbf{A}}$ ist gleich der Maximalzahl l.u. Spalten von **A**. Das ist eine unmittelbare Konsequenz aus dem Austauschsatz von Steinitz in Abschnitt 3.2. Dort wurde gesagt, daß man aus r l.u. Spalten „keine höhere Dimension linear kombinieren kann" als eben r. Dieses r nennt man den *Spaltenrang* von **A**.

Spaltenrang

Nun hat **A** neben den n Spalten auch m Zeilen (vgl. abermals Abschnitt 4.1).

$$\begin{matrix} \mathbf{a}^{[1]} \\ \mathbf{a}^{[2]} \\ \vdots \\ \mathbf{a}^{[m]} \end{matrix}$$

Wie Sie bereits wissen, ist die *Lösungsmenge* oder *Lösungsmannigfaltigkeit* von $\mathbf{Ax} = \mathbf{0}$ ein Unterraum der Dimension $n - m$, wenn alle m Zeilen $\mathbf{a}^{[i]}$ l.u. sind. Nun fügen wir hinzu:

Lösungsmenge

Lösungsmannigfaltigkeit

Sind in $\mathbf{Ax} = \mathbf{0}$ maximal s der m Vektoren l.u., so beschreibt das Gleichungssystem einen Unterraum der Dimension $n - s$. s nennt man auch den *Zeilenrang* von $\mathbf{A}$.

Zeilenrang

Der Unterraum der Dimension $n - s$ erhält den Namen *Nullraum* $N_{\mathbf{A}}$ *der Matrix* $\mathbf{A}$.

Nullraum $N_{\mathbf{A}}$ *der Matrix* $\mathbf{A}$

Die Bezeichnung ist insofern treffend, als $N_{\mathbf{A}} = \{\mathbf{x} | \mathbf{Ax} = \mathbf{0}\}$ gerade die Teilmenge des $\boldsymbol{R}^n$ ist, deren Elemente von $\mathbf{A}$ auf den Nullvektor $\mathbf{0}$ des $\boldsymbol{R}^m$ abgebildet werden.

Schematisch kann man die Zusammenhänge wie in Abb. 5.2.1 darstellen.

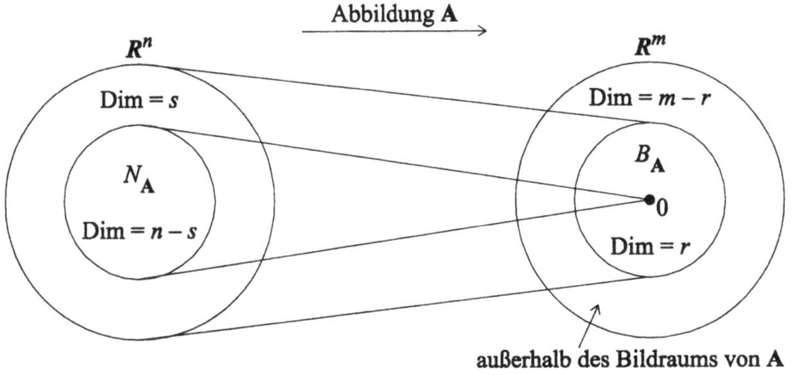

Abb. 5.2.1: Spalten- und Zeilenrang der Matrix **A**.

Ein zentraler Satz der linearen Algebra sagt nun etwas aus über den Zusammenhang zwischen Spaltenrang r und Zeilenrang s.

Satz 5.2.2

> **Der Spaltenrang r und der Zeilenrang s einer $m \times n$ -Matrix sind gleich:** $r = s$.

Mit dem Beweis dieses Satzes verschonen wir Sie. Die tiefliegende Tatsache $r = s$ besagt auf die Abbildung 5.2.1 bezogen etwa: Unter der linearen Abbildung $\mathbf{A}$ „verschwindet keine Dimension", es sei denn in der $\mathbf{0}$ des R^m.

Da Spaltenrang und Zeilenrang gleich sind, spricht man auch einfach vom *Rang* einer Matrix. Nach dem bisher Gesagten ist

Rang einer Matrix

$$\underset{\substack{\uparrow \\ \text{lies Rang von } \mathbf{A}}}{Rg\,(\mathbf{A})} = \text{Spaltenrang} = \text{Zeilenrang}$$

$$= \text{Maximalzahl l.u. Spalten}$$
$$= \text{Maximalzahl l.u. Zeilen} \qquad !$$

voller Rang

Natürlich gilt stets $Rg(\mathbf{A}) \leq m$ und $\leq n$. Ist **A** eine quadratische Matrix (mit $m = n$) und gilt $Rg(\mathbf{A}) = m = n$, so sagt man, **A** habe *vollen Rang*.

Die Frage blieb offen, wie man den Rang einer Matrix bestimmen kann. Zur Beantwortung dieser Frage formt man die Matrix solange um, bis der Rang unmittelbar ablesbar ist. Natürlich sind nur solche Umformungen erlaubt, die den Rang nicht ändern.

Zunächst seien einige Matrizen vorgestellt, deren Rang man teilweise nicht unmittelbar, teilweise aber sofort erkennen kann.

Beispiel 5.2.3

i) $\begin{pmatrix} 1 & 1 & 2 \\ 1 & 3 & 1 \\ 1 & 1 & 1 \end{pmatrix}$ Die Frage ist nicht unmittelbar zu beantworten!

ii) $\begin{pmatrix} 1 & 0 & 0 \\ 0 & 1 & 0 \\ 0 & 0 & 0 \\ 5 & 5 & 0 \end{pmatrix}$ Der Rang ist 2, denn die ersten zwei Zeilen (Spalten) sind l.u. und je drei oder vier Zeilen (drei Spalten) sind l.a.

iii) $\begin{pmatrix} 1 & 0 & 5 & 7 \\ 0 & 1 & 6 & 6 \\ 0 & 0 & 0 & 0 \end{pmatrix}$ Der Rang ist 2, denn die ersten zwei Spalten (Zeilen) sind l.u., drei Zeilen oder Spalten sind l.a.

Wir halten in drei Regeln fest, welche Zeilen- oder Spaltentransformationen man mit Matrizen vornehmen darf, ohne den Rang zu ändern.

rangerhaltende Transformation

- Multipliziert man eine Zeile (Spalte) mit einer Zahl $\alpha \neq 0$, ändert sich der Rang der Matrix nicht.
- Addiert man zu einer Zeile (Spalte) das λ-fache einer anderen Zeile (Spalte), ändert sich der Rang nicht (mit $\lambda \in \boldsymbol{R}$).
- Das Vertauschen von Zeilen bzw. von Spalten ändert den Rang nicht.

Wie Sie im Beispiel 5.2.3 ii) und iii) sahen, ist es sehr günstig, die Matrix in eine der folgenden Formen zu bringen:

$$\left(\begin{array}{c|c} \mathbf{I} & \mathbf{0} \\ \hline \mathbf{R} & \mathbf{0} \end{array}\right) \quad \text{oder} \quad \left(\begin{array}{c|c} \mathbf{I} & \mathbf{R} \\ \hline \mathbf{0} & \mathbf{0} \end{array}\right)$$

Hierbei bedeutet **I** eine Einheitsmatrix (evtl. kleinerer Ordnung als m und n), **R** eine entsprechend dimensionierte Restmatrix, und **0** steht für eine entsprechend dimensionierte Nullmatrix.

$$\text{Der Rang von} \quad \left(\begin{array}{c|c} \mathbf{I} & \mathbf{0} \\ \hline \mathbf{R} & \mathbf{0} \end{array}\right) \quad \text{oder} \quad \left(\begin{array}{c|c} \mathbf{I} & \mathbf{R} \\ \hline \mathbf{0} & \mathbf{0} \end{array}\right)$$

ist immer gleich der Zeilen-(Spalten-)Zahl von **I**. Wir geben jetzt den Rang der Matrix in Beispiel i) an, indem wir die oben aufgezählten erlaubten Transformationen durchführen. Es wird an dieser Stelle kein vollständiger Transformationsalgorithmus vorgestellt, da er detailliert erst an anderer Stelle (Lösungen von Gleichungssystemen) eingeführt wird.

Beispiel 5.2.4

Bestimmung des Ranges der Matrix von Beispiel 5.2.3 i) mittels Zeilentransformation.

$$\begin{pmatrix} 1 & 1 & 2 \\ 1 & 3 & 1 \\ 1 & 1 & 1 \end{pmatrix} \quad \left.\begin{array}{l} \text{Subtraktion der 1. Zeile von der 2. Zeile} \\ \text{Subtraktion der 1. Zeile von der 3. Zeile} \end{array}\right\} \begin{pmatrix} 1 & 1 & 2 \\ 0 & 2 & -1 \\ 0 & 0 & -1 \end{pmatrix}$$

$$\left.\begin{array}{l} \text{Division der 2. Zeile durch 2} \\ \text{Subtraktion der neuen 2. Zeile von der 1. Zeile} \\ \text{Division der 3. Zeile durch } -1 \end{array}\right\} \begin{pmatrix} 1 & 0 & \frac{5}{2} \\ 0 & 1 & -\frac{1}{2} \\ 0 & 0 & 1 \end{pmatrix}$$

$$\left.\begin{array}{l} \text{Subtraktion des } \frac{5}{2}\text{fachen der 3. von der 1. Zeile} \\ \text{Addition des } \frac{1}{2}\text{fachen der 3. zur 2. Zeile} \end{array}\right\} \begin{pmatrix} 1 & 0 & 0 \\ 0 & 1 & 0 \\ 0 & 0 & 1 \end{pmatrix}$$

Der Rang ist gleich 3.

Übungsaufgabe 5.2.5

Bestimmen Sie die Ränge der folgenden Matrizen mittels

i) $\begin{pmatrix} 1 & 1 & 2 \\ 1 & 3 & 1 \\ 5 & 1 & 1 \end{pmatrix}$ Spaltentransformation!

ii) $\begin{pmatrix} 0 & 1 & 1 \\ 0 & 2 & 2 \\ 1 & 1 & 1 \end{pmatrix}$ Zeilentransformation!

iii) $\begin{pmatrix} 0 & 0 & 0 \\ 0 & 0 & 1 \end{pmatrix}$

⌛

5.3. Homogene Gleichungssysteme

Teilweise wiederholend und den letzten Abschnitt vertiefend fassen wir noch einmal zusammen.

- Zu einer $m \times n$ -Matrix $\mathbf{A}$ mit $Rg(\mathbf{A}) = r$ sei das homogene $m \times n$ -Gleichungssystem $\mathbf{Ax} = \mathbf{0}$ betrachtet.

- Das Gleichungssystem hat immer eine Lösung, nämlich mindestens die triviale $\mathbf{x} = \mathbf{0}$. Es hat *nur* die triviale Lösung, wenn $m \geq n$ und der Rang $Rg(\mathbf{A}) = r = n$ gilt. In diesem Fall gibt es n l.u.. Zeilen $\mathbf{a}^{[i]}$, $i = 1,\ldots,n$, und der mengentheoretische Durchschnitt der n Unterräume $\mathbf{a}^{[i]}\mathbf{x} = 0$ degeneriert zu einem Punkt, nämlich $\mathbf{x} = \mathbf{0}$; der Nullraum N_A hat die Dimension 0.

Anmerkung: Eigentlich hätte man schreiben müssen: $\mathbf{a}^{[i_l]}$, $l = 1,\ldots,n$, denn es sind nicht notwendigerweise die *ersten n* Zeilen von $\mathbf{A}$ l.u.. Solche Doppelindizierung vermeidet man durch Annahme einer geeigneten Umordnung der Zeilen so, daß die n l.u. Zeilen „oben" stehen.

- Ist der Rang $Rg(\mathbf{A}) = r < n$, hat der Nullraum N_A die Dimension $n - r$. Nach geeigneter Umordnung – die r l.u. Zeilen von $\mathbf{A}$ stehen wieder oben – lassen sich die Zeilen $r+1,\ldots,m$ als *LK* der ersten r Zeilen darstellen. Beispielsweise gilt für die Zeile $r+1$, daß sie aus den ersten r Zeilen mittels der Zahlen $u_1, u_2, \ldots, u_r$ linear kombinierbar ist:

$$(u_1, u_2, \ldots, u_r)\begin{pmatrix} \mathbf{a}^{[1]} \\ \mathbf{a}^{[2]} \\ \vdots \\ \mathbf{a}^{[r]} \end{pmatrix} = \mathbf{a}^{[r+1]}.$$

Da auf der rechten Seite natürlich auch $(u_1, u_2, \ldots, u_r)\begin{pmatrix}0\\0\\\vdots\\0\end{pmatrix} = 0$, ist mit den ersten r l.u. Zeilen des Gleichungssystems $\mathbf{Ax} = \mathbf{0}$ automatisch auch jede weitere erfüllt. Man kann die letzten $m - r$ Zeilen einfach streichen und erhält ein äquivalentes Gleichungssystem.

$$\mathbf{a}^{[1]} \ \mathbf{x} = 0$$
$$\vdots$$
$$\mathbf{a}^{[r]} \ \mathbf{x} = 0$$

~~$\mathbf{a}^{[r+1]}\mathbf{x} = 0$~~
$$\vdots$$
~~$\mathbf{a}^{[m]} \ \mathbf{x} = 0$~~.

Beispiel 5.3.1

Wir betrachten das Gleichungssystem

$$\begin{aligned} 1x_1 + 2x_2 + 3x_3 - 1x_4 &= 0 \\ 0x_1 + 1x_2 - 1x_3 + 1x_4 &= 0 \\ 1x_1 + 3x_2 + 2x_3 + 0x_4 &= 0 \end{aligned}$$

Mit $\mathbf{A} = \begin{pmatrix} 1 & 2 & 3 & -1 \\ 0 & 1 & -1 & 1 \\ 1 & 3 & 2 & 0 \end{pmatrix}$ und $\mathbf{x} = \begin{pmatrix} x_1 \\ x_2 \\ x_3 \\ x_4 \end{pmatrix}$ sowie $\mathbf{0} = \begin{pmatrix} 0 \\ 0 \\ 0 \end{pmatrix}$ kann man auch kürzer $\mathbf{Ax} = \mathbf{0}$ schreiben.

Offensichtlich gilt für $u_1 = 1$ und $u_2 = 1$:

$$(u_1, u_2)\begin{pmatrix} 1 & 2 & 3 & -1 \\ 0 & 1 & -1 & 1 \end{pmatrix} = (1 \ 3 \ 2 \ 0).$$

Die letzte Zeile von $\mathbf{A}$ ist aus den beiden ersten linear kombinierbar; die untere 0 ist von den beiden oberen Nullen auf der rechten Seite genauso kombinierbar $(u_1, u_2)\begin{pmatrix}0\\0\end{pmatrix} = 0$ für $u_1 = 1$ und $u_2 = 1$. Man sagt, die letzte Gleichung ist von den beiden ersten l.a. Sie kann gestrichen werden. Übrig bleiben die beiden l.u. Zeilen

$$\begin{aligned} 1x_1 + 2x_2 + 3x_3 - 1x_4 &= 0 \\ 0x_1 + 1x_2 - 1x_3 + 1x_4 &= 0. \end{aligned}$$

Der Rang der dazugehörenden 2×4 -Matrix ist $r = 2$. Ihr Nullraum hat die Dimension $n - r = 4 - 2 = 2$. Es gibt unendlich viele Lösungen, nämlich einen ganzen Unterraum des $\boldsymbol{R}^4$ der Dimension 2.

5.4. Inhomogene Gleichungssysteme

Ein inhomogenes $m \times n$ -Gleichungssystem, so sagten wir, hat die Form

$$\mathbf{Ax} = \mathbf{b} \text{ und } \mathbf{b} \neq \mathbf{0}.$$

Inhomogene Gleichungssysteme sind *nicht immer* lösbar. Betrachten Sie als einfaches Beispiel das inhomogene 2×2 -Gleichungssystem:

$$\begin{pmatrix} 1 & 0 \\ 0 & 0 \end{pmatrix} \begin{pmatrix} x_1 \\ x_2 \end{pmatrix} = \begin{pmatrix} 1 \\ 1 \end{pmatrix}$$

Es gibt keine zwei Zahlen x_1, x_2, die $0x_1 + 0x_2 = 1$ erfüllen!

Bei inhomogenen Systemen werden wir also drei Fragen zu beantworten haben:

- Wann ist ein inhomogenes Gleichungssystem lösbar?
- Wie groß ist die Dimension des Lösungsraumes?
- Wie erhält man die Lösungen?

Zur ersten Frage:

Sie ist äquivalent zu der folgenden: Wann ist $\mathbf{b}$ als Linearkombination der Spaltenvektoren der Matrix $\mathbf{A}$ darstellbar?

Natürlich ist z.B. klar, daß für den Fall $Rg(\mathbf{A}) = m$ das Gleichungssystem immer lösbar ist. Es gibt nämlich m l.u. Spalten der Matrix und diese spannen den Raum $\boldsymbol{R}^m$ auf!

Allgemein kann man sagen, liegt $\mathbf{b}$ im Bildraum der Matrix $\mathbf{A}$, ist das Gleichungssystem lösbar, liegt $\mathbf{b}$ außerhalb des Bildraumes, ist das Gleichungssystem nicht lösbar – vgl. Abb. 5.2.1.

Das kann man auch ein wenig anders formulieren:

Es bezeichne $(\mathbf{A}|\mathbf{b})$ die $m \times (n+1)$ -Matrix, deren erste n Spalten die der Matrix $\mathbf{A}$ und deren letzte Spalte der Vektor $\mathbf{b}$ ist. $(\mathbf{A}|\mathbf{b})$ heißt die um $\mathbf{b}$ *erweiterte Matrix*.

erweiterte Matrix

Satz 5.4.1

Das Gleichungssystem $\mathbf{Ax} = \mathbf{b}$ ist genau dann lösbar, wenn $Rg(\mathbf{A}) = Rg((\mathbf{A}|\mathbf{b}))$ gilt.

In der folgenden Aufgabe sollen Sie entscheiden, ob ein Gleichungssystem lösbar ist. Es ist noch nicht verlangt, daß Sie eine oder gar alle Lösungen angeben!

Übungsaufgabe 5.4.2

Sind folgende Gleichungssysteme lösbar

i) $\begin{pmatrix} 1 & 2 & 3 & 5 \\ 1 & 1 & 1 & 1 \\ 0 & 1 & 1 & 1 \end{pmatrix} \begin{pmatrix} x_1 \\ x_2 \\ x_3 \\ x_4 \end{pmatrix} = \mathbf{b}$ für $\mathbf{b} = \begin{pmatrix} 0 \\ 0 \\ 0 \end{pmatrix}$, für $\mathbf{b} = \begin{pmatrix} 1 \\ 1 \\ 1 \end{pmatrix}$?

ii) $\begin{pmatrix} 0 & 1 & 1 \\ 1 & 2 & 3 \\ 1 & 1 & 2 \end{pmatrix} \begin{pmatrix} x_1 \\ x_2 \\ x_3 \end{pmatrix} = \mathbf{b}$ für $\mathbf{b} = \begin{pmatrix} 1 \\ -1 \\ -1 \end{pmatrix}$, für $\mathbf{b} = \begin{pmatrix} 5 \\ 5 \\ 5 \end{pmatrix}$?

Zur zweiten Frage:

Es bleibt zu klären, wie groß die Dimension des Lösungsraums eines inhomogenen Gleichungssystems $\mathbf{Ax} = \mathbf{b}$ ist. Wiederholen Sie an dieser Stelle nochmal Abschnitt 3.4. Dort wurde erarbeitet, daß der durch $\mathbf{Ax} = \mathbf{b}$ beschriebene Hyperraum im Grunde nichts anderes ist als ein aus dem Ursprung (Stützvektor $\mathbf{s} = \mathbf{0}$) verschobener Unterraum (Stützvektor $\mathbf{s} \neq \mathbf{0}$).

So verwundert es denn kaum, daß die Dimension der Lösungsmenge des inhomogenen Gleichungssystems $\mathbf{Ax} = \mathbf{b}$ mit der des homogenen Gleichungssystem $\mathbf{Ax} = \mathbf{0}$ übereinstimmt.

Satz 5.4.3

Ist $\mathbf{x}^o$ eine beliebige, feste Lösung von $\mathbf{Ax} = \mathbf{b}$, so ist die Menge *aller* Lösungen $L = \{\mathbf{x}^o + \mathbf{y} \mid \mathbf{Ay} = \mathbf{0}\}$.

Beweis: Löst $\mathbf{x^o}$ das System $\mathbf{Ax = b}$ und $\mathbf{y^o}$ das System $\mathbf{Ay = 0}$, so gilt natürlich $\mathbf{A(x^o + y^o) = Ax^o + Ay^o = b + 0 = b}$.

Andererseits ist jede Lösung von $\mathbf{Ax = b}$ Element von $\boldsymbol{L}$. Löst nämlich z.B. $\mathbf{x^1}$ das System $\mathbf{Ax = b}$, so gilt $\mathbf{A(x^1 - x^o) = Ax^1 - Ax^o = b - b = 0}$.
Mithin ist $\mathbf{x^1 = x^o + (x^1 - x^o) = x^o + y}$ und $\mathbf{y}$ liegt im Nullraum von $\mathbf{A}$.

Wir hoffen, daß die Betrachtungen über die Lösbarkeit von Gleichungssystemen dazu beigetragen haben, die in den folgenden Kapiteln vorgestellten Algorithmen und die Interpretation der verschiedenen numerischen Beispiele verständlich zu machen.

Die dritte Frage nach der Bestimmung *konkreter* Lösungen von Gleichungssystemen wird also im nächsten Abschnitt behandelt.

5.5. Das Gaußsche Eliminationsverfahren

Gaußsches Eliminationsverfahren

Gewöhnlich lernt man in der Schule das sogenannte Einsetzungsverfahren, das Gleichsetzungsverfahren und das Subtraktionsverfahren zur Lösung linearer Gleichungssysteme. Die beiden ersten sollen hier nicht weiter behandelt werden, da sie für große Systeme ungeeignet sind. Das Subtraktionsverfahren erscheint jetzt unter dem vornehmeren Namen „Gaußsches Eliminationsverfahren".

Zu lösen ist also das Gleichungssystem

$$\sum_{j=1}^{n} a_{ij} x_j = b_i \qquad i = 1, \ldots, m.$$

Ähnlich wie bei den rangerhaltenden Transformationen gelten folgende Merkregeln über das Umformen von Gleichungssystemen, diesmal sind sie jedoch ausschließlich auf die *Zeilen* bezogen.

Erlaubte Transformationen von Gleichungssystemen

- Multipliziert man eine Zeile des Gleichungssystems (d.h. alle a_{ij} und b_i für ein i) mit einer Zahl $\alpha \neq 0$, ändert sich die Lösungsmenge nicht.

- Addiert man zu einer Zeile das λ-fache einer anderen Zeile, ändert sich die Lösungsmenge nicht ($\lambda \in \boldsymbol{R}$).

- Das Vertauschen von Zeilen ändert die Lösungsmenge nicht.

Gewöhnlich vollzieht man die Umformungsschritte in Form eines Algorithmus, der das Gleichungssystem in eine Form transformiert, die sofort alle Lösungen erkennen läßt. Solch einen Algorithmus stellen wir Ihnen jetzt vor; er ist fast wie ein Rechnerprogramm geschrieben. Beim späteren Nachrechnen von Beispielen wird der Vorteil dieser Schreibweise klar.

Der Gaußsche Eliminationsalgorithmus

Gaußscher Algorithmus

Zu lösen ist das Gleichungssystem:

$$\sum_{j=1}^{n} a_{ij} x_j = b_i \qquad i = 1, 2, \ldots, m$$

1. Schritt:

Setzen Sie $i = 1$.

2. Schritt:

Ist $a_{ii} \neq 0$?

Falls ja, gehen Sie zum 3. Schritt.

Falls nein, gibt es ein $a_{ki} \neq 0$ für ein $k > i$?

Falls ja, tauschen Sie die k-te mit der i-ten Zeile, gehen Sie zu Schritt 3.

Falls nein, gibt es ein $a_{il} \neq 0$ für ein $l > i$?

Gibt es ein solches $a_{il} \neq 0$, vertauschen Sie die Spalten i und l und merken Sie sich, daß Sie die Variablen mit den Indizes i und l vertauscht haben. Beim Ablesen des späteren Ergebnisses müssen Sie das nämlich berücksichtigen. Gehen Sie zu Schritt 3.

Gibt es ein solches $a_{il} \neq 0$ nicht, streichen Sie die i-te Zeile, wenn auch $b_i = 0$ ist. Erniedrigen Sie m um 1 und gehen Sie zum Beginn von Schritt 2 zurück! Ist $b_i \neq 0$, hat das Gleichungssystem keine Lösung.

3. Schritt:

Dividieren Sie die i-te Zeile durch a_{ii} und nennen Sie die neuen Elemente wieder $a_{i1}, a_{i2}, \dots, a_{in}$, b_i. Subtrahieren Sie das Soviel-fache der neuen i-ten Zeile von Zeile $i+1$, bzw. ..., bzw. m, daß an der Position mit den Indizes $(i+1,\ i)$, bzw. ..., bzw. (m, i) eine 0 erscheint! Benennen Sie alle so erhaltenen Elemente von Zeile

$i+1,\ i+2, \dots,\ m$ wieder $a_{i+1,1},\ a_{i+1,2}, \dots,\ a_{i+1,n},\ b_{i+1}$.

Erhöhen Sie i um 1 und gehen Sie zum Schritt 2, falls $i \leq m$.

Das Endergebnis des Algorithmus ist auf den ersten m Spalten eine obere Dreiecksmatrix, deren Hauptdiagonale mit 1 besetzt ist, sowie eine transformierte „rechte Seite"!

Beispiel 5.5.1

Zu lösen ist das folgende Gleichungssystem mit Hilfe des Algorithmus.

$$\begin{pmatrix} 1 & 4 & 3 \\ 2 & 5 & 4 \\ 1 & -3 & -2 \end{pmatrix} \begin{pmatrix} x_1 \\ x_2 \\ x_3 \end{pmatrix} = \begin{pmatrix} 1 \\ 4 \\ 5 \end{pmatrix}$$

Dazu schreiben wir das folgende Zahlentableau der Elemente der Matrix bzw. der rechten Seite hin!

$$\begin{array}{rrr|r} 1 & 4 & 3 & 1 \\ 2 & 5 & 4 & 4 \\ 1 & -3 & -2 & 5 \end{array}$$

Schritt 1: $i = 1$

Schritt 2: $a_{11} \neq 0$? Ja.

Schritt 3: Division der 1. Zeile durch 1 ergibt:

$$\begin{array}{rrr|r} 1 & 4 & 3 & 1 \end{array}$$

Subtraktion des 2fachen der 1. Zeile von der 2. Zeile. Subtraktion der 1. Zeile von der 3. Zeile.

Ergebnis:

$$\begin{array}{rrr|r} 0 & -3 & -2 & 2 \\ 0 & -7 & -5 & 4 \end{array}$$

Das neue Tableau ist also:

$$\begin{array}{rrr|r} 1 & 4 & 3 & 1 \\ 0 & -3 & -2 & 2 \\ 0 & -7 & -5 & 4\,. \end{array}$$

Erhöhen Sie i auf 2.

Schritt 2: $a_{22} \neq 0$? Ja.

Schritt 3: Division der 2. Zeile durch –3 ergibt:

$$\begin{array}{rrr|r} 0 & 1 & \frac{2}{3} & -\frac{2}{3}. \end{array}$$

Subtraktion des –7fachen (bzw. Addition des 7fachen) der 2. Zeile von der 3. Zeile.

Ergebnis:

$$\begin{array}{rrr|r} 0 & 0 & -\frac{1}{3} & -\frac{2}{3}. \end{array}$$

Das neue Tableau ist also:

$$\begin{array}{rrr|r} 1 & 4 & 3 & 1 \\ 0 & 1 & \frac{2}{3} & -\frac{2}{3} \\ 0 & 0 & -\frac{1}{3} & -\frac{2}{3} \end{array}$$

Erhöhen Sie i auf 3.

Schritt 2: $a_{33} \neq 0$? Ja.

Schritt 3: Division der 3. Zeile durch $-\frac{1}{3}$ ergibt:

$$\begin{array}{rrr|r} 0 & 0 & 1 & 2 \end{array}$$

Da $i = m$, bricht der Algorithmus ab.

Das Endtableau ist also:

$$\begin{array}{ccc|c} 1 & 4 & 3 & 1 \\ 0 & 1 & \frac{2}{3} & -\frac{2}{3} \\ 0 & 0 & 1 & 2 \end{array}$$

Die Lösung ist folglich:

Die 3. Zeile ergibt $x_3 = 2$,
eingesetzt in die 2. Zeile: $x_2 = -\frac{2}{3} - 2 \cdot \frac{2}{3} = -2$,
eingesetzt in die 1. Zeile: $x_1 = 1 - 3 \cdot 2 - 4 \cdot (-2) = 3$.

Halten wir fest: durch erlaubte Transformationen wurde die Matrix **A** in obere Dreiecksform gebracht; dadurch war ein rekursives Lösen möglich!

Der Algorithmus läßt sich leicht modifizieren, wenn man in Schritt 3 folgende Änderung vornimmt:

Statt des Satzes:

Subtrahieren Sie das Soviel-fache der neuen i-ten Zeile von Zeile $i+1$, bzw. ..., bzw. m, daß an der Position mit den Indizes $(i+1, i)$, bzw. ..., bzw. (m, i) eine 0 erscheint!

schreiben wir jetzt:

Subtrahieren Sie das Soviel-fache der neuen i-ten Zeile von Zeile 1, 2, bzw. ..., bzw. $i-1$, bzw. $i+1$, ..., bzw. m, daß an der Position mit den Indizes $(1, i)$, bzw. ..., bzw. (m, i) eine 0 erscheint!

Für das Beispiel ergeben sich bei dieser Änderung folgende Tableaus: Vollziehen Sie jeden Rechenschritt nach!

$$\begin{array}{ccc|c} 1 & 4 & 3 & 1 \\ 2 & 5 & 4 & 4 \\ 1 & -3 & -2 & 5 \end{array} \rightarrow \begin{array}{ccc|c} 1 & 4 & 3 & 1 \\ 0 & -3 & -2 & 2 \\ 0 & -7 & -5 & 4 \end{array} \rightarrow \begin{array}{ccc|c} 1 & 0 & \frac{1}{3} & \frac{11}{3} \\ 0 & 1 & \frac{2}{3} & -\frac{2}{3} \\ 0 & 0 & -\frac{1}{3} & -\frac{2}{3} \end{array} \rightarrow \begin{array}{ccc|c} 1 & 0 & 0 & 3 \\ 0 & 1 & 0 & -2 \\ 0 & 0 & 1 & 2 \end{array}$$

Das letzte Tableau bedeutet ausgeschrieben:

$$\begin{array}{rcl} 1x_1 + 0x_2 + 0x_3 &=& 3 \\ 0x_1 + 1x_2 + 0x_3 &=& -2 \\ 0x_1 + 0x_2 + 1x_3 &=& 2 \end{array} \quad \text{mit der Lösung} \quad \begin{array}{rcl} x_1 &=& 3 \\ x_2 &=& -2 \\ x_3 &=& 2 \end{array}$$

in völliger Übereinstimmung mit dem obigen Ergebnis.

Übungsaufgabe 5.5.2

Lösen Sie mit dem gerade vorgestellten Verfahren folgende Gleichungssysteme! Als Lösung zur Übungsaufgabe geben wir Ihnen die Endtableaus an. Kontrollieren Sie zunächst, ob Sie diese Endtableaus auch erhalten haben! Weiter unten im Text finden Sie dann die Interpretationen dieser Endtableaus. Nehmen Sie zur Lösung ein anderes Blatt!

i)
$$\begin{aligned} 0x_1 + 0x_2 + x_3 + x_4 &= 2 \\ 0x_1 + 2x_2 - x_3 - x_4 &= 1 \\ x_1 + 0x_2 + 0x_3 - x_4 &= 1 \end{aligned}$$

ii)
$$\begin{aligned} x_1 - \tfrac{1}{2}x_2 + x_3 &= \tfrac{1}{2} \\ 2x_1 - x_2 + x_3 &= 1 \\ 3x_1 - \tfrac{3}{2}x_2 + x_3 &= 2 \end{aligned}$$

iii)
$$\begin{aligned} 1x_1 + 2x_2 &= 5 \\ 1x_1 + 3x_2 &= 1 \\ 1x_1 + \tfrac{5}{2}x_2 &= 3 \end{aligned}$$

iv)
$$\begin{aligned} 1x_1 + 2x_2 - 1x_3 &= 1 \\ 1x_1 + 1x_2 + 2x_3 &= 0 \end{aligned}$$

Interpretation der Endtableaus: An diesen Endtableaus kann man erkennen, ob die ursprünglich gegebenen Gleichungssysteme eindeutig lösbar, nicht lösbar oder mehrdeutig lösbar waren.

Wir führen das für die vier gegebenen Übungsbeispiele von Aufgabe 5.5.2 vor.

1. Fall: Eindeutig lösbar

Lösbarkeit von inhomogenen Gleichungssystemen

Sie haben zwei Fälle kennengelernt, in denen das vorkam. Der erste Fall war das vorgerechnete Beispiel mit dem Endtableau.

$$\begin{array}{ccc|c} 1 & 0 & 0 & 3 \\ 0 & 1 & 0 & -2 \\ 0 & 0 & 1 & 2 \end{array}$$

Es war ein 3×3-Gleichungssystem.

Allgemein gilt für $n \times n$-Gleichungssysteme:

Sind im Endtableau die n Spalten die Einheitsvektoren, ist das Problem eindeutig lösbar und die n Zahlen der letzten Spalte sind die Lösung.

Der zweite Fall war Aufgabe 5.5.2 iii)

Das 3×2 -Problem hat eine eindeutige Lösung; die Nullzeile kann gestrichen werden und es bleibt das Endtableau eines 2×2 -Problems übrig.

Allgemein also: Ist ein $m \times n$ -Problem mit $m > n$ gegeben, hat es eine eindeutige Lösung, falls das Endtableau die Form hat

$$\begin{array}{c|c} \mathbf{I} & \mathbf{b} \\ \mathbf{0} & \mathbf{0}' \end{array}$$

wobei **I** eine Einheitsmatrix und **b** die transformierte „rechte Seite" ist.

Gleichungssysteme mit $m < n$ sind *nie* eindeutig lösbar!

2. Fall: Mehrdeutig lösbar

Sie haben zwei Fälle kennengelernt: Aufgabe 5.5.2 i) und iv). Unabhängig von der Ordnung $m \times n$ des Ausgangsproblems gilt folgendes Charakteristikum für die mehrdeutige Lösbarkeit: ist nach Streichen aller Nullzeilen das Endtableau von der Form

$$\mathbf{I} \quad \mathbf{R} \mid \mathbf{b},$$

liegt Mehrdeutigkeit vor. **R** ist hierbei eine Restmatrix, **I** wiederum die Einheitsmatrix und **b** die transformierte „rechte Seite".

3. Fall: Nicht lösbar

Sie haben einen Fall kennengelernt: Aufgabe 5.5.2 ii). Die letzte Zeile ist nicht erfüllbar; es gibt keine Zahlen x_1, x_2, x_3, die die Eigenschaft haben:

$$0x_1 + 0x_2 + 0x_3 = \tfrac{1}{2}.$$

Da bei allen Umformungen der Lösungsraum nicht verändert wurde, hat also auch das Ausgangsproblem keine Lösung. Unabhängig von der Ordnung $m \times n$ des Ausgangsproblems ist Nichtlösbarkeit immer daran zu erkennen, daß eine Zeile entsteht, die „links vom Gleichheitszeichen" nur Nullen hat und „rechts" eine Zahl verschieden von 0.

Damit sind alle Fälle ausdiskutiert.

Ein wenig genauer gehen wir noch auf Probleme ein, die mehrdeutig lösbar sind. Um *alle* Lösungen anzugeben, geht man wie folgt vor. Legt man die Variablen zur Restmatrix **R** fest, ist damit eine eindeutige Lösung bestimmt. Diese Variablen aber kann man frei wählen.

In Aufgabe 5.5.2 i) sieht das so aus:

Ist (z.B.) $x_4 = 1$, gilt:

$$\begin{aligned} x_1 &= 1+1 = 2 \\ x_2 &= \tfrac{3}{2} \\ x_3 &= 2-1 = 1\,. \end{aligned}$$

Allgemein kann man sagen: die Lösungsmenge ist

$$\left\{(x_1, x_2, x_3, x_4) \,\middle|\, x_1 = 1 + x_4,\ x_2 = \tfrac{3}{2},\ x_3 = 2 - x_4,\ x_4 \text{ beliebig}\right\}.$$

Üben Sie die Bestimmung einer Lösung eines linearen Gleichungssystems an folgender Aufgabe mit ökonomischem Hintergrund!

Übungsaufgabe 5.5.3

Eine Firma produziert aus vier Rohstoffen R_1, R_2, R_3 und R_4 vier Produkte P_1, P_2, P_3 und P_4. Die zur Produktion einer Mengeneinheit von P_i benötigten Mengen an R_j werden durch die Elemente a_{ij} der folgenden Matrix gegeben:

$$\mathbf{A} = (a_{ij}) = \begin{pmatrix} 2 & 4 & 1 & 0 \\ 4 & 2 & 1 & 1 \\ 6 & 8 & 0 & 1 \\ 3 & 0 & 1 & 2 \end{pmatrix}$$

Welche Rohstoffmengen werden gebraucht, um 60 ME von P_1, 90 ME von P_2, 90 ME von P_3 und 90 ME von P_4 herzustellen?

Ein weiteres ökonomisches Problem, das zur Lösung eines linearen Gleichungssystems führt, ist die Teilebedarfsrechnung im Rahmen eines mehrstufigen Produktionsprozesses.

Beispiel 5.5.4

Aus 3 Rohstoffen R_1, R_2 und R_3 werden über die Zwischenprodukte Z_1, Z_2 und Z_3 die beiden Endprodukte P_1 und P_2 hergestellt.

Die jeweils zur Produktion einer Mengeneinheit benötigten Mengeneinheiten der einzelnen Rohstoffe und Zwischenprodukte werden üblicherweise in einem Gozintographen dargestellt (vgl. auch Beispiel 1.2.2 in Kapitel 1.):

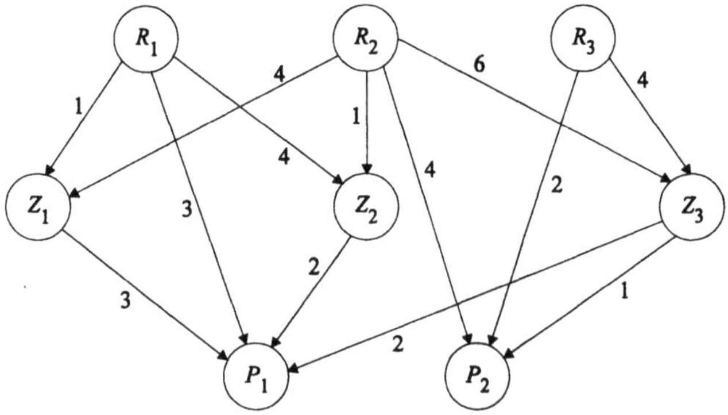

Die Zahlen an jedem Pfeil geben an, wieviele Mengeneinheiten von der jeweils niedrigeren Aggregationsstufe benötigt werden. Von P_1 sollen 200 ME und von P_2 400 ME produziert werden.

Bezeichnet man die benötigten Mengeneinheiten von

R_1, R_2, R_3	mit	x_1, x_2, x_3
Z_1, Z_2, Z_3	mit	x_4, x_5, x_6
P_1, P_2	mit	x_7, x_8 ,

so erhält man etwa folgende Beziehung, die Sie bitte anhand des Gozintographen verifizieren wollen:

$x_1 = x_4 + 4x_5 + 3x_7$; vom Rohstoff R_1 werden

1 Einheit pro Zwischenprodukt Z_1
4 Einheiten pro Zwischenprodukt Z_2 und
3 Einheiten pro Endprodukt P_1 benötigt.

Insgesamt ergeben sich folgende Gleichungen:

$$
\begin{aligned}
x_1 &= x_4 + 4x_5 + 3x_7 \\
x_2 &= 4x_4 + x_5 + 6x_6 + 4x_8 \\
x_3 &= 4x_6 + 2x_8 \\
x_4 &= 3x_7 \\
x_5 &= 2x_7 \\
x_6 &= 2x_7 + x_8 \\
x_7 &= 200 \\
x_8 &= 400\,.
\end{aligned}
$$

Bringt man alle Variablen auf die „linke", alle Konstanten auf die „rechte" Seite, hat man

$$
\begin{array}{llllllllcr}
x_1 & & & -\,x_4 & -\,4x_5 & & -\,3x_7 & & = & 0 \\
& x_2 & & -\,4x_4 & -\,x_5 & -\,6x_6 & & -\,4x_8 & = & 0 \\
& & x_3 & & & -\,4x_6 & & -\,2x_8 & = & 0 \\
& & & x_4 & & & -\,3x_7 & & = & 0 \\
& & & & x_5 & & -\,2x_7 & & = & 0 \\
& & & & & x_6 & -\,2x_7 & -\,x_8 & = & 0 \\
& & & & & & x_7 & & = & 200 \\
& & & & & & & x_8 & = & 400\,.
\end{array}
$$

Die entsprechende Matrixgleichung lautet:

$$
\begin{pmatrix}
1 & 0 & 0 & -1 & -4 & 0 & -3 & 0 \\
0 & 1 & 0 & -4 & -1 & -6 & 0 & -4 \\
0 & 0 & 1 & 0 & 0 & -4 & 0 & -2 \\
0 & 0 & 0 & 1 & 0 & 0 & -3 & 0 \\
0 & 0 & 0 & 0 & 1 & 0 & -2 & 0 \\
0 & 0 & 0 & 0 & 0 & 1 & -2 & -1 \\
0 & 0 & 0 & 0 & 0 & 0 & 1 & 0 \\
0 & 0 & 0 & 0 & 0 & 0 & 0 & 1
\end{pmatrix}
\begin{pmatrix} x_1 \\ x_2 \\ x_3 \\ x_4 \\ x_5 \\ x_6 \\ x_7 \\ x_8 \end{pmatrix}
=
\begin{pmatrix} 0 \\ 0 \\ 0 \\ 0 \\ 0 \\ 0 \\ 200 \\ 400 \end{pmatrix}.
$$

Die Lösung errechnet man leicht rekursiv, sie lautet

$$(x_1, x_2, x_3, x_4, x_5, x_6, x_7, x_8)^{\mathrm{T}} = (2800, 9200, 4000, 600, 400, 800, 200, 400)^{\mathrm{T}}.$$

Machen Sie die Probe!

5.6. Pivotisieren

Im vorigen Abschnitt wurden Gleichungssysteme Schritt für Schritt verändert. Dabei spielte die folgende Überlegung eine wesentliche Rolle: das Wieviel-fache der Zeile i muß man von der Zeile k abziehen, damit an der Position (k, i) eine Null erscheint?

Statt jedesmal zu überlegen (zunächst dividiert man die Zeile i durch $a_{ii} \neq 0$; dann zieht man von der Zeile k das $\frac{a_{ki}}{a_{ii}}$ fache ab), kann man diesen Vorgang schematisieren.

Es geschieht also auf den nächsten Seiten dasselbe wie auf den vorigen – nur eben schematisiert. Wir geben Ihnen jetzt einen vollständigen Algorithmus an, der diese neue Idee in sich einschließt. Er stimmt natürlich weitestgehend mit dem in Abschnitt 5.5. überein.

Gauß-Verfahren mit Pivotisieren

Der Gaußsche Eliminationsalgorithmus mit Pivotisieren

1. Schritt:

Setzen Sie $i = 1$.

2. Schritt:

Ist $a_{ii} \neq 0$?

Pivotelement Pivotspalte Pivotzeile

Falls ja, kreisen Sie a_{ii} ein (es heißt *Pivotelement*; seine Spalte nennt man *Pivotspalte* und seine Zeile *Pivotzeile*). Gehen Sie zu Schritt 3.

Falls nein, gibt es ein $a_{ki} \neq 0$ für ein $k > i$?

Falls ja, tauschen Sie die k-te mit der i-ten Zeile, kreisen Sie das neue a_{ii} ein (Pivotelement), gehen Sie zu Schritt 3.

Falls nein, gibt es ein $a_{il} \neq 0$ für ein $l > i$?

Gibt es ein solches $a_{il} \neq 0$, vertauschen Sie die Spalten i und l und merken sich die Vertauschung der Variablen mit den Indizes i und l. Kreisen Sie das neue $a_{ii} \neq 0$ ein (Pivotelement), gehen Sie zu Schritt 3.

Gibt es ein solches $a_{il} \neq 0$ nicht, streichen Sie die entstandene i-te Zeile und erniedrigen Sie m um 1. Gehen Sie zu Schritt 2. (Falls natürlich auch $b_i = 0$ ist. Andernfalls ist das Gleichungssystem nicht lösbar.)

3. Schritt:

Fertigen Sie ein neues Tableau an! Berechnen Sie die Elemente wie folgt:

Links von der i-ten Spalte ändern Sie nichts! Schreiben Sie in der Pivotzeile die Elemente

$$a_{il}^{\text{neu}} = \frac{a_{il}^{\text{alt}}}{a_{ii}^{\text{alt}}} \quad \text{für } l \geq i$$

$$b_i^{\text{neu}} = \frac{b_i^{\text{alt}}}{a_{ii}^{\text{alt}}}.$$

Setzen Sie in der Pivotspalte außer auf der Position (i, i) alle Elemente zu 0.

Alle übrigen Elemente des neuen Tableaus berechnen sich nach der *Kreisregel*: *Kreisregel*

$$a_{kl}^{\text{neu}} = a_{kl}^{\text{alt}} - \frac{a_{il}^{\text{alt}}}{a_{ii}^{\text{alt}}} \cdot a_{ki}^{\text{alt}} \quad \text{für } k \neq i,\ l > i$$

$$b_k^{\text{neu}} = b_k^{\text{alt}} - \frac{b_i^{\text{alt}}}{a_{ii}^{\text{alt}}} \cdot a_{ki}^{\text{alt}} \quad \text{für } k \neq i.$$

Geben Sie allen Elementen des Tableaus wieder den Exponenten „alt". Erhöhen Sie i um 1 und gehen Sie zum Schritt 2, falls $i \leq m$.

Das Endergebnis ist auf den ersten Spalten eine Einheitsmatrix sowie eine transformierte „rechte Seite".

Der Name „Kreisregel" ist darauf zurückzuführen, daß die Rechenoperationen schematisch wie folgt dargestellt werden können.

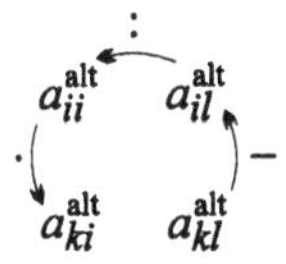

also: $$a_{kl}^{\text{neu}} = a_{kl}^{\text{alt}} - \frac{a_{il}^{\text{alt}}}{a_{ii}^{\text{alt}}} a_{ki}^{\text{alt}} \qquad \textbf{(5.6.01)}$$

Die etwas verwirrende Formel verliert ihren Schrecken, wenn man ein numerisches Beispiel rechnet.

Wir lösen wieder das Problem aus Beispiel 5.5.1:

$$\begin{array}{rrrr} \textcircled{1} & 4 & 3 & 1 \\ 2 & 5 & 4 & 4 \\ 1 & -3 & -2 & 5 \end{array}$$

Für das Element a_{22}^{alt} ist das Pfeilschema der Kreisregel eingezeichnet.

a_{11} ist Pivotelement,

die neue Pivotspalte ist $\begin{array}{c} 1 \\ 0 \\ 0 \end{array}$

die neue Pivotzeile ist $\quad 1 \;\; 4 \;\; 3 \;\; 1.$

Ferner gilt

$$a_{22}^{\text{neu}} = 5 - \frac{4}{1} \cdot 2 = -3$$
$$a_{23}^{\text{neu}} = 4 - \frac{3}{1} \cdot 2 = -2$$
$$b_2^{\text{neu}} = 4 - \frac{1}{1} \cdot 2 = \;\; 2.$$

Analog für die dritte Zeile.

Bisher haben wir

$$\begin{array}{rrrr} 1 & 4 & 3 & 1 \\ 0 & -3 & -2 & 2 \\ 0 & -7 & -5 & 4\,. \end{array}$$

Natürlich sind die Zahlen die gleichen wie bei Verwendung des Algorithmus im vorigen Abschnitt. Sie haben den ersten *Pivotschritt* vollzogen! Nun wird $a_{22} = -3$ eingekreist, die erste Spalte unverändert übernommen, die 2. Zeile durch -3 dividiert, die neue

Pivotschritt

Pivotspalte ist $\begin{array}{c} 0 \\ 1 \\ 0 \end{array}$, alle übrigen Zahlen werden nach der Kreisregel berechnet; das ergibt:

$$\begin{array}{rrrr} 1 & 0 & \frac{1}{3} & \frac{11}{3} \\ 0 & 1 & \frac{2}{3} & -\frac{2}{3} \\ 0 & 0 & \enclose{circle}{-\frac{1}{3}} & -\frac{2}{3} \end{array}$$

Sie haben den zweiten Pivotschritt vollzogen! Der dritte Pivotschritt mit dem Pivotelement $-\frac{1}{3}$ ergibt dann das Endtableau:

$$\begin{array}{rrrr} 1 & 0 & 0 & 3 \\ 0 & 1 & 0 & -2 \\ 0 & 0 & 1 & 2 \end{array}$$

Übungsaufgabe 5.6.1

Lösen Sie alle Aufgaben in Übungsaufgabe 5.5.2 mit der Kreisregel!

5.7. Definition und Eigenschaften von Matrixinversen

Ruft man sich die Addition und die Multiplikation von Matrizen in die Erinnerung zurück und vergleicht diese Operationen mit der Addition und Multiplikation reeller Zahlen, so stellt man sofort gewisse Ähnlichkeiten fest.

Dies gilt auch für die Division. Die Lösung x der Gleichung

$$ax = 1 \quad \text{für } a \neq 0 \text{ ist}$$

$$x = \frac{1}{a} \text{ bzw. } x = a^{-1} \qquad \textbf{(5.7.01)}$$

Ebenso sucht man in der Matrixgleichung mit fester Matrix **A**

$$\mathbf{A} \cdot \mathbf{X} = \mathbf{I} \qquad \text{eine Lösung, sie wird mit}$$

$$\mathbf{X} = \mathbf{A}^{-1} \qquad \textbf{(5.7.02)}$$

bezeichnet. Man sagt „**X** ist die *inverse Matrix* zu **A**“ oder „die Inverse“; die Ermittlung der Inversen nennt man „invertieren“. *inverse Matrix*

Ähnlich wie in (5.7.01) ist auch in (5.7.02) die Existenz der Inversen an Bedingungen geknüpft, die im folgenden erörtert werden.

Als erstes sei **A** grundsätzlich eine quadratische $n \times n$-Matrix. Zu nichtquadratischen Matrizen gibt es keine Inversen. Die weitere Bedingung wird anhand des folgenden Beispiels und der sich anschließenden Übungsaufgaben erarbeitet.

Beispiel 5.7.1

Gegeben sei die Matrixgleichung

$$\begin{pmatrix} 2 & -1 & 0 \\ 1 & 2 & -2 \\ 0 & -1 & 1 \end{pmatrix} \cdot \begin{pmatrix} x_{11} & x_{12} & x_{13} \\ x_{21} & x_{22} & x_{23} \\ x_{31} & x_{32} & x_{33} \end{pmatrix} = \begin{pmatrix} 1 & 0 & 0 \\ 0 & 1 & 0 \\ 0 & 0 & 1 \end{pmatrix}.$$

Offensichtlich handelt es sich hierbei um das Lösen dreier inhomogener Gleichungssysteme:

$$(1)\quad \left.\begin{array}{rcrcrcl} 2x_{11} & - & 1x_{21} & + & 0x_{31} & = & 1 \\ 1x_{11} & + & 2x_{21} & - & 2x_{31} & = & 0 \\ 0x_{11} & - & 1x_{21} & + & 1x_{31} & = & 0 \end{array}\right\} \text{Lösung: } \begin{array}{rcr} x_{11} & = & 0 \\ x_{21} & = & -1 \\ x_{31} & = & -1 \end{array}$$

$$(2)\quad \left.\begin{array}{rcrcrcl} 2x_{12} & - & 1x_{22} & + & 0x_{32} & = & 0 \\ 1x_{12} & + & 2x_{22} & - & 2x_{32} & = & 1 \\ 0x_{12} & - & 1x_{22} & + & 1x_{32} & = & 0 \end{array}\right\} \text{Lösung: } \begin{array}{rcr} x_{12} & = & 1 \\ x_{22} & = & 2 \\ x_{32} & = & 2 \end{array}$$

$$(3)\quad \left.\begin{array}{rcrcrcl} 2x_{13} & - & 1x_{23} & + & 0x_{33} & = & 0 \\ 1x_{13} & + & 2x_{23} & - & 2x_{33} & = & 0 \\ 0x_{13} & - & 1x_{23} & + & 1x_{33} & = & 1 \end{array}\right\} \text{Lösung: } \begin{array}{rcr} x_{13} & = & 2 \\ x_{23} & = & 4 \\ x_{33} & = & 5 \end{array}$$

Überprüfen Sie die Richtigkeit der angegebenen Lösungen.

Bezeichnet man die Koeffizientenmatrix mit **A**:

$$\mathbf{A} = \begin{pmatrix} 2 & -1 & 0 \\ 1 & 2 & -2 \\ 0 & -1 & 1 \end{pmatrix},$$

so ergibt sich für deren Inverse $\mathbf{A}^{-1}$ jetzt

$$\mathbf{A}^{-1} = \begin{pmatrix} 0 & 1 & 2 \\ -1 & 2 & 4 \\ -1 & 2 & 5 \end{pmatrix}.$$

Übungsaufgabe 5.7.2

Überprüfen Sie, ob $\mathbf{A} \cdot \mathbf{A}^{-1} = \mathbf{I}$ in Beispiel 5.7.1 richtig ist.

Übungsaufgabe 5.7.3

Versuchen Sie, die folgenden Matrizen nach dem obigen Schema zu invertieren.

i) $\mathbf{A} = \begin{pmatrix} 1 & 2 \\ 3 & 4 \end{pmatrix}$

ii) $\mathbf{B} = \begin{pmatrix} 2 & -1 & 2 \\ -6 & 3 & 0 \\ 8 & -4 & 3 \end{pmatrix}$

iii) $\mathbf{C} = \begin{pmatrix} 6 & 7 & 1 \\ 2 & 0 & 9 \end{pmatrix}$

In ii) von Übungsaufgabe 5.7.3 konnten Sie die drei Gleichungssysteme zur Bestimmung aller Elemente der Inversen nicht lösen. Die Matrix hat nicht vollen Rang. Die Matrix **C** in iii) ist nicht invertierbar, da sie nicht quadratisch ist.

Zusammenfassend und auf n-Matrizen erweiternd halten wir fest:

reguläre Matrix
nicht-singuläre Matrix

Es existiert genau eine Inverse $\mathbf{A}^{-1}$ zur quadratischen Matrix **A**, wenn **A** vollen Rang hat. Man sagt dann auch: „**A** ist *regulär* (bzw. *nicht-singulär*)“.

Dies bedeutet nichts anderes, als daß alle Spalten der quadratischen Matrix $\mathbf{A}_{n,n}$ linear unabhängig sind, bzw. $Rg(\mathbf{A}_{n,n}) = n$ gilt.

Die bisherigen Überlegungen führen zu folgender

Definition 5.7.4 (Inverse)

> **Ist A eine reguläre $n \times n$-Matrix, so heißt die eindeutig bestimmte $n \times n$-Matrix $\mathbf{A}^{-1}$, die die Gleichung $\mathbf{A} \cdot \mathbf{A}^{-1} = \mathbf{I}$ erfüllt, die Inverse zu A.**

Nun ist die Matrixmultiplikation bekanntlich nicht kommutativ. Das könnte bedeuten, daß zwar $\mathbf{A} \cdot \mathbf{A}^{-1} = \mathbf{I}$, aber nicht $\mathbf{A}^{-1} \cdot \mathbf{A} = \mathbf{I}$ ist.

Glücklicherweise gilt jedoch:

Die „Rechtsinverse“ ist gleich der „Linksinversen“. Man überlegt sich das leicht wie folgt: $\mathbf{A}_r^{-1}$ sei vorübergehend die „Rechtsinverse“, $\mathbf{A}_l^{-1}$ die „Linksinverse“. Nun bildet man

$$\mathbf{A}_l^{-1}\,\mathbf{A}\,\mathbf{A}_r^{-1}\,.$$

Die Assoziativität gestattet verschiedene Klammerung:

$$\underbrace{(\underbrace{\mathbf{A}_l^{-1}\mathbf{A}}_{\mathbf{I}})\mathbf{A}_r^{-1}}_{\mathbf{A}_r^{-1}} = \mathbf{A}_l^{-1}\,\mathbf{A}\,\mathbf{A}_r^{-1} = \underbrace{\mathbf{A}_l^{-1}(\underbrace{\mathbf{A}\,\mathbf{A}_r^{-1}}_{\mathbf{I}})}_{\mathbf{A}_l^{-1}}$$

$$\mathbf{A}_r^{-1} = \mathbf{A}_l^{-1}$$

Wir sind also berechtigt, nicht länger zwischen „rechts“ und „links“ zu unterscheiden, sondern einfach $\mathbf{A}^{-1}$ zu schreiben.

Inverse haben folgende Eigenschaften:

- $\mathbf{A}^{-1}\mathbf{A} = \mathbf{A}\mathbf{A}^{-1} = \mathbf{I}$ (Rechtsinverse = Linksinverse, diese Tatsache wurde gerade ausführlich besprochen)
- $(\mathbf{A}^{-1})^{-1} = \mathbf{A}$ (Die Inverse der Inversen von **A** ist gleich **A**, überlegen Sie!!)
- Sind **A** und **B** zwei reguläre $n \times n$-Matrizen, so gilt $(\mathbf{A} \cdot \mathbf{B})^{-1} = \mathbf{B}^{-1}\mathbf{A}^{-1}$ (die Inversion kehrt die die Reihenfolge der Matrizen um)

Übungsaufgabe 5.7.5

Beweisen Sie $(\mathbf{A} \cdot \mathbf{B})^{-1} = \mathbf{B}^{-1}\mathbf{A}^{-1}$!

Übungsaufgabe 5.7.6

Gegeben seien die drei regulären $n \times n$-Matrizen **A**, **B**, **C**. Lösen Sie die folgenden Matrixgleichungen nach **C** auf.

i) $\mathbf{AC} = \mathbf{B}$

ii) $\mathbf{CB} = \mathbf{A}$

5.8. Die Matrixinversion mittels linearer Gleichungssysteme

Eigentlich ist im vorigen Abschnitt schon das Wesentliche zur numerischen Bestimmung der Inversen einer regulären n-Matrix $\mathbf{A}$ gesagt worden. Man löse nämlich dazu die Matrixgleichung

$$\mathbf{AX} = \mathbf{I} \text{ in der Variablen } \mathbf{X}.$$

Das aber ist äquivalent mit der *simultanen Lösung* der n inhomogenen Gleichungssysteme

simultane Lösung

$$\mathbf{A}\begin{pmatrix} x_{11} \\ x_{21} \\ \vdots \\ x_{n1} \end{pmatrix} = \begin{pmatrix} 1 \\ 0 \\ \vdots \\ 0 \end{pmatrix}, \ldots, \mathbf{A}\begin{pmatrix} x_{1n} \\ x_{2n} \\ \vdots \\ x_{nn} \end{pmatrix} = \begin{pmatrix} 0 \\ \vdots \\ 0 \\ 1 \end{pmatrix}.$$

Hierbei stehen die Variablenvektoren für die Spalten von $\mathbf{X}$. „Technisch" realisiert man die simultane Lösung der n Gleichungssysteme in *einem* Tableau, mit dem Vorteil der Vermeidung unnötiger Wiederholung von Rechenschritten:

$$\begin{array}{ccccc|ccccc} a_{11} & a_{12} & \cdots & \cdots & a_{1n} & 1 & 0 & \cdots & \cdots & 0 \\ a_{21} & a_{22} & & & & 0 & 1 & & & \vdots \\ \vdots & & \ddots & & & \vdots & 0 & & & \vdots \\ \vdots & & & \ddots & & \vdots & \vdots & & & 0 \\ a_{n1} & & & & a_{nn} & 0 & 0 & & & 1 \end{array} \qquad \textbf{(5.8.01)}$$

ist das Ausgangstableau des *Inversionsalgorithmus*. Rechnete man dieses Tableau nur bzgl. der 1. Einheitsspalte durch, so erhielte man die 1. Spalte der gesuchten Matrix $\mathbf{X}$. Rechnete man es bzgl. einer beliebigen Einheitsspalte durch, so erhielte man die entsprechende Spalte des gesuchten $\mathbf{X}$. Nun folgen die Rechenoperationen aber immer dem gleichen Schema – nur eben mit verschiedenen rechten Seiten! Das nutzt man im Inversionsalgorithmus aus. Er ist im Kern identisch mit dem Gaußschen Eliminationsalgorithmus mit Pivotisieren, soll aber hier wegen einiger Besonderheiten gesondert niedergeschrieben werden. Die Elemente des Tableaus (5.8.01) erhalten die allgemeine Bezeichnung

Inversions-algorithmus

$$\begin{array}{ccccc|ccccc} a_{11} & a_{12} & \cdots & \cdots & a_{1n} & a_{1\,n+1} & a_{1\,n+2} & \cdots & \cdots & a_{1\,n+n} \\ a_{21} & a_{22} & & & & a_{2\,n+1} & a_{2\,n+2} & & & \vdots \\ \vdots & & \ddots & & & \vdots & & \ddots & & \vdots \\ \vdots & & & \ddots & & \vdots & & & \ddots & \vdots \\ a_{n1} & & & & a_{nn} & a_{n\,n+1} & a_{n\,n+2} & & & a_{n\,n+n} \end{array} \qquad \textbf{(5.8.02)}$$

Der Inversionsalgorithmus

1. Schritt

Setzen Sie $i = 1$

2. Schritt

Ist $a_{ii} \neq 0$?

Falls ja, kreisen Sie a_{ii} ein (es heißt i-tes Pivotelement) und gehen Sie zu Schritt 3.

Falls nein, tauschen Sie die k-te Zeile mit der i-ten Zeile für ein $k > i$ mit $a_{ki} \neq 0$ und kreisen Sie a_{ii} ein!

Sind alle $a_{ki} = 0$ für $k > i$, brechen Sie ab! **A** ist nicht regulär.

3. Schritt

Fertigen Sie ein neues Tableau an! Berechnen Sie die Elemente wie folgt:

Links von der i-ten Spalte ändert sich nichts! Schreiben Sie in der i-ten Zeile die Elemente

$$a_{il}^{\text{neu}} = \frac{a_{il}^{\text{alt}}}{a_{ii}^{\text{alt}}} \quad \text{für } l \geq i.$$

Setzen Sie in der i-ten Spalte außer auf der Position (i, i) alle Elemente zu 0.

Alle übrigen Elemente des neuen Tableaus berechnen Sie nach der Kreisregel:

$$a_{kl}^{\text{neu}} = a_{kl}^{\text{alt}} - \frac{a_{il}^{\text{alt}}}{a_{ii}^{\text{alt}}} \cdot a_{ki}^{\text{alt}} \quad \text{für } k \neq i,\ l > i.$$

Geben Sie allen Elementen des Tableaus wieder den Exponenten „alt". Erhöhen Sie i um 1 und gehen Sie zum Schritt 2, falls $i \leq m$.

Das Endergebnis ist auf den ersten n Spalten eine Einheitsmatrix, sowie $\mathbf{X} = \mathbf{A}^{-1}$ auf der „rechen Seite".

In Fortsetzung des Beispiels 5.7.1 werden nun alle Schritte nachvollzogen, allerdings in gestraffter Darstellung.

Beispiel 5.7.1 (Fortsetzung)

Zu lösen ist nochmals die Matrixgleichung

$$\begin{pmatrix} 2 & -1 & 0 \\ 1 & 2 & -2 \\ 0 & -1 & 1 \end{pmatrix} \cdot \begin{pmatrix} x_{11} & x_{12} & x_{13} \\ x_{21} & x_{22} & x_{23} \\ x_{31} & x_{32} & x_{33} \end{pmatrix} = \begin{pmatrix} 1 & 0 & 0 \\ 0 & 1 & 0 \\ 0 & 0 & 1 \end{pmatrix}.$$

Aufstellen des Ausgangstableaus (5.8.01 bzw. 5.8.02) ergibt

$$\begin{array}{ccc|ccc} \textcircled{2} & -1 & 0 & 1 & 0 & 0 \\ 1 & 2 & -2 & 0 & 1 & 0 \\ 0 & -1 & 1 & 0 & 0 & 1 \end{array}$$

2 ist erstes Pivotelement;
nach Vollzug des Schrittes 3 hat man

$$\begin{array}{ccc|ccc} 1 & -\frac{1}{2} & 0 & \frac{1}{2} & 0 & 0 \\ 0 & \textcircled{\frac{5}{2}} & -2 & -\frac{1}{2} & 1 & 0 \\ 0 & -1 & 1 & 0 & 0 & 1 \end{array}$$

$\frac{5}{2}$ ist zweites Pivotelement;
nach Vollzug des Schrittes 3 hat man

$$\begin{array}{ccc|ccc} 1 & 0 & -\frac{2}{5} & \frac{2}{5} & \frac{1}{5} & 0 \\ 0 & 1 & -\frac{4}{5} & -\frac{1}{5} & \frac{2}{5} & 0 \\ 0 & 0 & \textcircled{\frac{1}{5}} & -\frac{1}{5} & \frac{2}{5} & 1 \end{array}$$

$\frac{1}{5}$ ist drittes Pivotelement;
nach Vollzug des Schrittes 3 hat man

$$\begin{array}{ccc|ccc} 1 & 0 & 0 & 0 & 1 & 2 \\ 0 & 1 & 0 & -1 & 2 & 4 \\ 0 & 0 & 1 & -1 & 2 & 5 \end{array}$$

in völliger Übereinstimmung
mit dem bereits bekannten Ergebnis.

$$\mathbf{X} = \mathbf{A}^{-1} = \begin{pmatrix} 0 & 1 & 2 \\ -1 & 2 & 4 \\ -1 & 2 & 5 \end{pmatrix}$$

ist die Inverse der Matrix

$$\mathbf{A} = \begin{pmatrix} 2 & -1 & 0 \\ 1 & 2 & -2 \\ 0 & -1 & 1 \end{pmatrix}.$$

Übungsaufgabe 5.8.1

Vollziehen Sie nach, daß das gerade errechnete $\mathbf{A}^{-1}$ sowohl die „Rechts-" als auch die „Links-"Inverse von $\mathbf{A}$ ist!

Übungsaufgabe 5.8.2

Invertieren Sie folgende Matrizen

i) $\begin{pmatrix} 1 & 1 & 1 \\ 0 & 1 & 1 \\ 0 & 0 & 1 \end{pmatrix}$

ii) $\begin{pmatrix} 1 & -1 & 0 \\ 1 & 1 & 2 \\ -1 & 1 & 0 \end{pmatrix}$

iii) $\begin{pmatrix} 1 & 1 & 1 & 1 \\ 0 & 1 & 1 & 1 \\ 0 & 0 & 1 & 1 \\ 0 & 0 & 0 & 1 \end{pmatrix}$.

5.9. Input-Output-Analysen als ökonomische Anwendungsmöglichkeiten der Matrizenrechnung – Teil II

Wir setzen die in Abschnitt 4.5 begonnenen Überlegungen fort und wenden zur Beantwortung noch offener Fragen die Matrixinversion an.

Das Modell ohne exogenen Input

Eine noch unbeantwortete Frage lautete:

- Wieviel muß produziert werden, wenn die Verkaufsmengen (Nettobedarf) vorgegeben sind?

Hierzu ist die Gleichung

$$\mathbf{y} = \mathbf{q} - \mathbf{P}\mathbf{q}$$

bzw. $$\mathbf{y} = (\mathbf{I} - \mathbf{P})\mathbf{q}$$

nach $\mathbf{q}$ aufzulösen. Dazu multipliziert man „von links" mit

$$(\mathbf{I} - \mathbf{P})^{-1}:$$

$$(\mathbf{I}-\mathbf{P})^{-1}\mathbf{y} = (\mathbf{I}-\mathbf{P})^{-1}(\mathbf{I}-\mathbf{P})\mathbf{q}$$
$$(\mathbf{I}-\mathbf{P})^{-1}\mathbf{y} = \mathbf{I}\cdot\mathbf{q}$$
$$\mathbf{q} = (\mathbf{I}-\mathbf{P})^{-1}\mathbf{y}$$

$(\mathbf{I}-\mathbf{P})^{-1}$ gestattet also, unmittelbar aus dem Nettobedarf den Bruttobedarf zu errechnen, es heißt daher auch *Gesamtbedarfsmatrix*.

Gesamt-bedarfsmatrix

Beispiel 5.9.1

Der Vekaufsvektor sei $\mathbf{y} = (55,\ 50,\ 150)$, zu bestimmen sind die Produktionsmengen.

$(\mathbf{I}-\mathbf{P})$ wurde schon in Beispiel 4.5.3 (Forts.) errechnet:

$$(\mathbf{I}-\mathbf{P}) = \begin{pmatrix} 1 & 0 & -0{,}3 \\ -0{,}75 & 1 & -0{,}5 \\ 0 & 0 & 1 \end{pmatrix}$$

Deren Inverse ist:

$$(\mathbf{I}-\mathbf{P})^{-1} = \begin{pmatrix} 1 & 0 & 0{,}3 \\ 0{,}75 & 1 & 0{,}725 \\ 0 & 0 & 1 \end{pmatrix}$$

Der Produktionsvektor errechnet sich nun zu:

$$\begin{pmatrix} 1 & 0 & 0{,}3 \\ 0{,}75 & 1 & 0{,}725 \\ 0 & 0 & 1 \end{pmatrix}\begin{pmatrix} 55 \\ 50 \\ 150 \end{pmatrix} = \begin{pmatrix} 100 \\ 200 \\ 150 \end{pmatrix}.$$

Das Modell mit exogenem Input

Zunächst wenden wir uns der Frage zu

- Wie hoch ist der Rohstoffverbrauch bei vorgegebenen Verkaufsmengen?

Hierzu ist der Vektor

$$\mathbf{q} = (\mathbf{I}-\mathbf{P})^{-1}\mathbf{y}$$

in die Gleichung

$$\mathbf{v} = \mathbf{R}\mathbf{q}$$

einzusetzen. Das ergibt:

$$\mathbf{v} = \mathbf{R}(\mathbf{I}-\mathbf{P})^{-1}\mathbf{y}.$$

Beispiel 5.9.2

Mit den Daten aus Abschnitt 4.5 für **p** und **R** und bei **y** wie in Beispiel 5.9.1 hat man

$$\mathbf{v} = \mathbf{R}(\mathbf{I}-\mathbf{P})^{-1}\mathbf{y}$$

$$\mathbf{R}(\mathbf{I}-\mathbf{P})^{-1} = \begin{pmatrix} 2{,}5 & 0 & 1 \\ 3{,}6 & 0{,}6 & 1{,}2 \\ 2 & 1 & 0 \end{pmatrix} \begin{pmatrix} 1 & 0 & 0{,}3 \\ 0{,}75 & 1 & 0{,}725 \\ 0 & 0 & 1 \end{pmatrix}$$

$$= \begin{pmatrix} 2{,}5 & 0 & 1{,}75 \\ 4{,}05 & 0{,}6 & 2{,}715 \\ 2{,}75 & 1 & 1{,}325 \end{pmatrix}$$

$$\mathbf{v} = \begin{pmatrix} 2{,}5 & 0 & 1{,}75 \\ 4{,}05 & 0{,}6 & 2{,}715 \\ 2{,}75 & 1 & 1{,}325 \end{pmatrix} \begin{pmatrix} 55 \\ 50 \\ 150 \end{pmatrix} = \begin{pmatrix} 400 \\ 660 \\ 400 \end{pmatrix} .$$

Schließlich beantworten wir die Frage nach Produktion und Verkauf:

- Wieviel kann bei vorgegebenen Rohstoffmengen produziert (und damit verkauft) werden?

In ihrer ersten Variante wird gefragt, wieviel bei vorgegebenen Rohstoffmengen produziert werden kann. Die Gleichung (4.5.04) aus Abschnitt 4.5 nach **q** aufgelöst, gibt darüber Aufschluß:

$$\mathbf{q} = \mathbf{R}^{-1}\mathbf{v} .$$

Übungsaufgabe 5.9.3

Berechnen Sie den Produktionsvektor **q** bei gegebener Rohstoffverbrauchsmatrix aus Beispiel 5.9.2 und gegebenem Rohstoffvektor $\mathbf{v}^T = (400,\ 660,\ 400)$.

In der zweiten Variante wird nach dem Verkaufsvektor bei vorgegebenem Rohstoffvektor gefragt. Aus den Gleichungen

$$\mathbf{y} = (\mathbf{I}-\mathbf{P})\mathbf{q} \quad \text{und}$$
$$\mathbf{q} = \mathbf{R}^{-1}\mathbf{v}$$

erhält man

$$\mathbf{y} = (\mathbf{I}-\mathbf{P})\mathbf{R}^{-1}\mathbf{v} .$$

Beispiel 5.9.4

Mit den obigen Daten für **P** und **R** wird nun für $\mathbf{v}^T = (400,\ 660,\ 400)$ der Verkaufsvektor errechnet:

$$\mathbf{y} = \begin{pmatrix} 1 & 0 & -0{,}3 \\ -0{,}75 & 1 & -0{,}5 \\ 0 & 0 & 1 \end{pmatrix} \begin{pmatrix} 2 & -1{,}\overline{6} & 1 \\ -4 & 3{,}\overline{3} & -1 \\ -4 & 4{,}1\overline{6} & -2{,}5 \end{pmatrix} \begin{pmatrix} 400 \\ 660 \\ 400 \end{pmatrix}$$

$$\mathbf{y} = \begin{pmatrix} 3{,}2 & -2{,}91\overline{6} & 1{,}75 \\ -3{,}5 & 2{,}5 & -0{,}5 \\ -4 & 4{,}16 & -2{,}5 \end{pmatrix} \begin{pmatrix} 400 \\ 660 \\ 400 \end{pmatrix} = \begin{pmatrix} 55 \\ 50 \\ 150 \end{pmatrix}$$

Eine Anmerkung zur Regularität der Matrizen **P** und **R**: während **P** von der ökonomischen Problemstellung her immer quadratisch ist, muß das für **R** natürlich nicht unbedingt zutreffen. Desweiteren braucht natürlich weder $(\mathbf{I}-\mathbf{P})$ noch **R** vollen Rang zu haben. Die sich daraus ergebenden Probleme lassen wir an dieser Stelle unbeantwortet.

Übungsaufgabe 5.9.5

Ein Unternehmen, das vier Produkte herstellt, verfügt über eine durch die Direktbedarfsmatrix $\mathbf{P} = \begin{pmatrix} 0 & 0 & \frac{1}{5} & \frac{1}{10} \\ \frac{1}{2} & 0 & \frac{1}{10} & 0 \\ 0 & 0 & 0 & 0 \\ 0 & 0 & 0 & 0 \end{pmatrix}$ gegebene Technologie.

Der Periodennettobedarf sei $\mathbf{y} = (400,\ 200,\ 100,\ 200)^T$.

i) Errechnen Sie die Gesamtbedarfsmatrix!

ii) Wie groß ist der Bruttobedarf der vier Produkte?

Das Leontieff-Modell

Leontieff-Modell

W. Leontieff formulierte bereits in den 30er Jahren das nach ihm benannte volkswirtschaftliche Input-Output-Modell. Es hat starke Ähnlichkeit mit den bereits aufgezeigten betriebswirtschaftlichen Zusammenhängen zwischen endogenen und exogenen Verbräuchen. Leontieff nimmt an, daß die Wirtschaft eines Landes aus n Sektoren besteht; jeder Sektor produziert ein homogenes Gut und beliefert damit andere Sektoren sowie den Verbraucher- und Exportmarkt; Eigenbedarf ist zugelassen. Ist $\mathbf{b}$ der Vektor der (Netto-) Bedarfe der Märkte, $\mathbf{x}$ der Vektor der (Brutto-) Produktion, $\mathbf{A}$ die Technologiematrix der (Direkt-) Verbrauchskoeffizienten zwischen den Sektoren, so gilt:

$$\mathbf{x} - \mathbf{A}\mathbf{x} = \mathbf{b} \quad \text{bzw.} \quad (\mathbf{I} - \mathbf{A})\mathbf{x} = \mathbf{b} \quad \text{bzw.} \quad \mathbf{x} = (\mathbf{I} - \mathbf{A})^{-1}\mathbf{b}.$$

$(\mathbf{I} - \mathbf{A})^{-1}$ heißt auch hier Gesamtbedarfsmatrix. Insoweit ergibt sich mathematisch nichts neues gegenüber der Input-Output-Analyse im Unternehmen. Die folgenden weiterführenden Überlegungen aus der Makroökonomie sind im Umkehrschluß auch auf betriebswirtschaftliche Kostenüberlegungen übertragbar.

Der Sektor j bezieht die Mengen von Gütern anderer Sektoren (Eigenbezug ist zugelassen) zu Einheitspreisen $p_1, \ldots, p_n$. Er selbst veräußert zum Preis p_j.

$$p_j - \sum_{i=1}^{n} a_{ij} p_i = r_j \qquad j = 1, \ldots, n$$

nennt man den Mehrwert einer Gütereinheit, die im Sektor j erstellt wird. Machen Sie sich klar, daß in $\sum_{i=1}^{n} a_{ij} p_i$ alle mit Preisen bewerteten Bedarfe zur Erstellung einer Gütereinheit im Sektor j aufaddiert werden. Schreibt man für den Zusammenhang vektoriell

$$\mathbf{p}^{\mathrm{T}} - \mathbf{p}^{\mathrm{T}}\mathbf{A} = \mathbf{r}^{\mathrm{T}} \quad \text{bzw.} \quad \mathbf{p}^{\mathrm{T}}(\mathbf{I} - \mathbf{A}) = \mathbf{r}^{\mathrm{T}} \quad \text{bzw.} \quad \mathbf{p}^{\mathrm{T}} = \mathbf{r}^{\mathrm{T}}(\mathbf{I} - \mathbf{A})^{-1},$$

erkennt man die Wichtigkeit der Gesamtbedarfsmatrix auch für diesen Fall. Aus den Mehrwerten kann man mit ihr die Preise errechnen.

Nach diesem ökonomischen Ausflug wieder zurück zur Linearen Algebra. Das nächste Kapitel ist den Determinanten gewidmet.

Kapitel 6

Determinanten

6.1. Die 2- und die 3-reihige Determinante

Die *Determinante* eines 2×2 Zahlenschemas

$$\begin{matrix} a_{11} & a_{12} \\ a_{21} & a_{22} \end{matrix}$$

Determinante

oder eines 3×3 Zahlenschemas

$$\begin{matrix} a_{11} & a_{12} & a_{13} \\ a_{21} & a_{22} & a_{23} \\ a_{31} & a_{32} & a_{33} \end{matrix}$$

ist jeweils eine reelle Zahl. Sie wird mit

$$\det\begin{pmatrix} a_{11} & a_{12} \\ a_{21} & a_{22} \end{pmatrix} \quad \text{oder} \quad \begin{vmatrix} a_{11} & a_{12} \\ a_{21} & a_{22} \end{vmatrix} \quad \text{bzw. mit}$$

$$\det\begin{pmatrix} a_{11} & a_{12} & a_{13} \\ a_{21} & a_{22} & a_{23} \\ a_{31} & a_{32} & a_{33} \end{pmatrix} \quad \text{oder} \quad \begin{vmatrix} a_{11} & a_{12} & a_{13} \\ a_{21} & a_{22} & a_{23} \\ a_{31} & a_{32} & a_{33} \end{vmatrix}$$

det

bezeichnet.

Geometrisch bedeutet die 2-reihige Determinante die Fläche des Parallelogramms der Zeilenvektoren

$$\mathbf{a}^{1\mathrm{T}} = (a_{11}, a_{12}), \ \mathbf{a}^{2\mathrm{T}} = (a_{21}, a_{22}).$$

Ebenso bedeutet die 3-reihige Determinante das Volumen des Parallelepipeds der Zeilenvektoren

$$\mathbf{a}^{1\mathrm{T}} = (a_{11}, a_{12}, a_{13}), \ \mathbf{a}^{2\mathrm{T}} = (a_{21}, a_{22}, a_{23}), \ \mathbf{a}^{3\mathrm{T}} = (a_{31}, a_{32}, a_{33}).$$

Die folgende Abbildung trägt zur Visualisierung des bisher Gesagten bei.

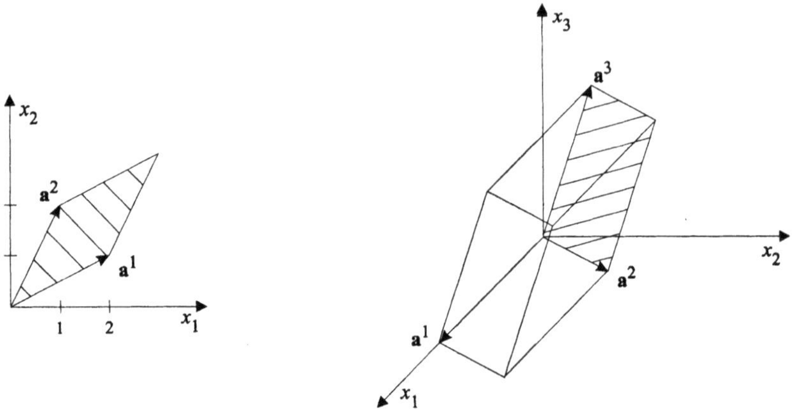

Abb. 6.1.1: 2- und 3-reihige Determinante

Orientierung von Vektoren

Ein wenig genauer ist die Determinante die Fläche bzw. das Volumen „bis auf das Vorzeichen". Das Vorzeichen hängt dabei von der *Orientierung* der Vektoren $\mathbf{a}^{1T}$, $\mathbf{a}^{2T}$ bzw. $\mathbf{a}^{1T}$, $\mathbf{a}^{2T}$, $\mathbf{a}^{3T}$ ab, d.h. von der Reihenfolge ihrer Anordnung.

Am besten vergegenwärtigt man sich die Sache mit der Orientierung an der Einheitsfläche bzw. dem Einheitswürfel als einfachstem Parallelogramm bzw. Parallelepiped.

Im zweidimensionalen Fall gibt es die beiden Orientierungen

1 2 und 2 1.

Im dreidimensionalen Fall gibt es die sechs Orientierungen

1 2 3 , 2 1 3 , 2 3 1 , 3 2 1 , 3 1 2 , 1 3 2.

Permutationen

Der Einfachheit halber wurden nur die Indizes der Einheitsvektoren $\mathbf{e}^1$, $\mathbf{e}^2$ bzw. $\mathbf{e}^1$, $\mathbf{e}^2$, $\mathbf{e}^3$ hingeschrieben. Die Zahlentupel bzw. -tripel heißen bekanntlich *Permutationen* der Zahlen 1 2 bzw. 1 2 3.

gerade Permutation

ungerade Permutation

Eine solche *Permutation* heißt *gerade* (+), falls sie aus einer geraden Zahl von Vertauschungen benachbarter Zahlen entsteht – sogenannter Inversionen – sonst heißt sie *ungerade* (–). Achtung! Dieser Inversionsbegriff hat mit der Matrixinversion nichts gemein!

Im zweidimensionalen Fall sind die Permutationen 1 2 bzw. 2 1 gerade bzw. ungerade; im dreidimensionalen Fall hat man in der obigen Reihenfolge +, –, +, –, +, – .

Nun ist es so, daß die Einheitswürfel gerader Permutationen und die Einheitswürfel ungerader Permutationen gar nicht *untereinander* unterscheidbar sind, wohl aber *voneinander*:

Der Einheitswürfel aus $\mathbf{e}^1$, $\mathbf{e}^2$, $\mathbf{e}^3$ im Koordinatenkreuz links

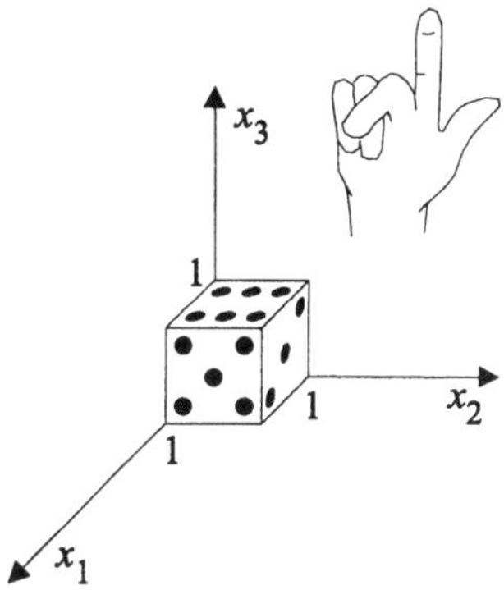

ist gleich dem aus $\mathbf{e}^2$, $\mathbf{e}^3$, $\mathbf{e}^1$ im identischen Koordinatenkreuz rechts,

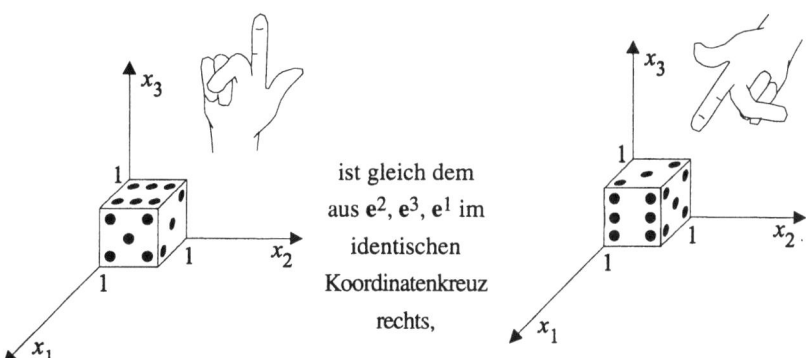

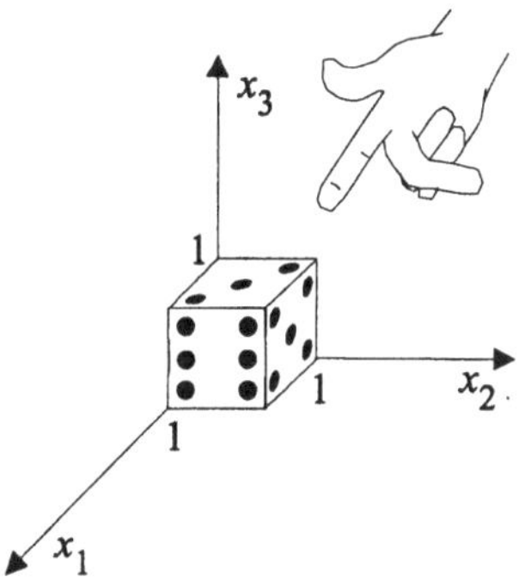

2 3 1 ist eine gerade Permutation von 1 2 3; die Orientierung ist gleich. Der Würfel wurde nur gedreht, vergewissern Sie sich mit der „Rechte-Hand-Regel" (s.o.).

Einheitswürfel mit gleicher Orientierung sollen gleiches, solche mit verschiedener Orientierung aber verschiedenes Vorzeichen haben.

Vertauscht man zwei Einheitsspalten, so ist stets eine ungerade Anzahl von Inversionen nötig, um das zu erreichen.

Übungsaufgabe 6.1.2

Vertauschen Sie in 1 2 3 die Vektoren 1 und 3 und stellen Sie diese Vertauschung als Folge von Inversionen dar!

Beispiel 6.1.3

Als Folge des bisher über Einheitsquadrat und Einheitswürfel Gesagten gilt also z.B. für deren Vorzeichen:

i) $\det\begin{pmatrix}1 & 0\\ 0 & 1\end{pmatrix}=1;\quad \det\begin{pmatrix}0 & 1\\ 1 & 0\end{pmatrix}=-1;$

ii) $\det\begin{pmatrix}1 & 0 & 0\\ 0 & 1 & 0\\ 0 & 0 & 1\end{pmatrix}=1;\quad \det\begin{pmatrix}0 & 1 & 0\\ 1 & 0 & 0\\ 0 & 0 & 1\end{pmatrix}=-1;\quad \det\begin{pmatrix}0 & 1 & 0\\ 0 & 0 & 1\\ 1 & 0 & 0\end{pmatrix}=1.$

Wie bei Einheitswürfeln wird nun auch allgemein bei Determinanten die Reihenfolge der *Zeilenvektoren* bestimmend für das Vorzeichen. So haben die Fläche bzw. das Volumen in Abb. 6.1.1 positives Vorzeichen. Die jeweils aufspannenden Vektoren folgen der Orientierung nach der „Rechte-Hand-Regel".

Zwei andere Eigenschaften der Determinante visualisieren wir im $\boldsymbol{R}^2$, im $\boldsymbol{R}^3$ wird das schon ein wenig unübersichtlich:

- die Determinante ist *homogen* in der ersten Zeile
- die Determinante ist *additiv* in der ersten Zeile.

Linearität von det

Homogenität und Additivität zusammen machen gerade die *Linearität* aus.

Homogenität bedeutet $\begin{vmatrix}\lambda a_{11} & \lambda a_{12}\\ a_{21} & a_{22}\end{vmatrix}=\lambda\begin{vmatrix}a_{11} & a_{12}\\ a_{21} & a_{22}\end{vmatrix}$ und

Additivität bedeutet $\begin{vmatrix}a_1+b_1 & a_2+b_2\\ a_{21} & a_{22}\end{vmatrix}=\begin{vmatrix}a_1 & a_2\\ a_{21} & a_{22}\end{vmatrix}+\begin{vmatrix}b_1 & b_2\\ a_{21} & a_{22}\end{vmatrix}.$

λ ist hier eine reelle Zahl und $\mathbf{a}$, $\mathbf{a}^1$, $\mathbf{a}^2$, $\mathbf{b}$ sind Vektoren, vgl. Abb. 6.1.4.

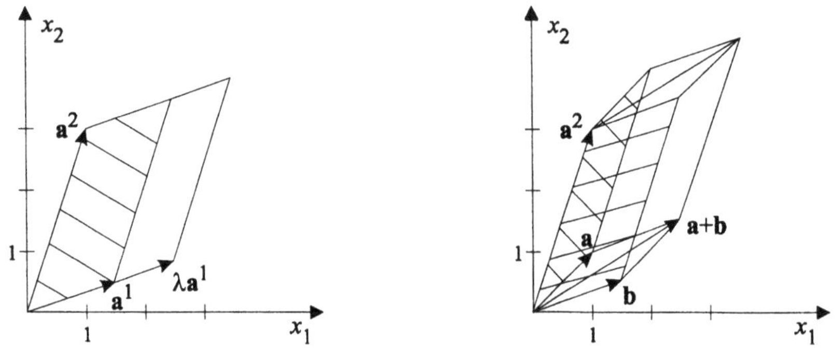

Abb. 6.1.4: Homogenität und Additivität der Determinante im $\boldsymbol{R}^2$

Die etwas langatmigen Betrachtungen dieses Abschnitts werden zu den folgenden Determinanteneigenschaften zusammengefaßt.

***R*²**

Zu zwei Vektoren $\mathbf{a}^{1T} = (a_{11}, a_{12})$, $\mathbf{a}^{2T} = (a_{21}, a_{22})$ ist

$$\begin{vmatrix} a_{11} & a_{12} \\ a_{21} & a_{22} \end{vmatrix} = \det\begin{pmatrix} a_{11} & a_{12} \\ a_{21} & a_{22} \end{pmatrix}$$

(D_0) eine Zahl.

Für die Determinante det gilt ferner

(D_1) $\det\begin{pmatrix} \alpha\mathbf{a}^T + \beta\mathbf{b}^T \\ \mathbf{a}^{2T} \end{pmatrix} = \alpha\det\begin{pmatrix} \mathbf{a}^T \\ \mathbf{a}^{2T} \end{pmatrix} + \beta\det\begin{pmatrix} \mathbf{b}^T \\ \mathbf{a}^{2T} \end{pmatrix}$;

det ist linear in der ersten Zeile.

(D_2) $\det\begin{pmatrix} \mathbf{a}^{1T} \\ \mathbf{a}^{2T} \end{pmatrix} = -\det\begin{pmatrix} \mathbf{a}^{2T} \\ \mathbf{a}^{1T} \end{pmatrix}$;

det ist *alternierend.* *alternierend*

(D_3) $\det\begin{pmatrix} 1 & 0 \\ 0 & 1 \end{pmatrix} = 1$;

bei richtiger Orientierung ist die Fläche des Einheitsquadrats gleich 1.

***R*³**

Zu drei Vektoren
$\mathbf{a}^{1T} = (a_{11}, a_{12}, a_{13})$, $\mathbf{a}^{2T} = (a_{21}, a_{22}, a_{23})$, $\mathbf{a}^{3T} = (a_{31}, a_{32}, a_{33})$ ist

$$\begin{vmatrix} a_{11} & a_{12} & a_{13} \\ a_{21} & a_{22} & a_{23} \\ a_{31} & a_{32} & a_{33} \end{vmatrix} = \det\begin{pmatrix} a_{11} & a_{12} & a_{13} \\ a_{21} & a_{22} & a_{23} \\ a_{31} & a_{32} & a_{33} \end{pmatrix}$$

(D_0) eine Zahl.

Für die Determinante det gilt ferner

$$(D_1)\quad \det\begin{pmatrix} \alpha\mathbf{a}^T+\beta\mathbf{b}^T \\ \mathbf{a}^{2T} \\ \mathbf{a}^{3T} \end{pmatrix} = \alpha\det\begin{pmatrix} \mathbf{a}^T \\ \mathbf{a}^{2T} \\ \mathbf{a}^{3T} \end{pmatrix} + \beta\det\begin{pmatrix} \mathbf{b}^T \\ \mathbf{a}^{2T} \\ \mathbf{a}^{3T} \end{pmatrix};$$

det ist linear in der ersten Zeile.

$$(D_2)\quad \det\begin{pmatrix} \mathbf{a}^{iT} \\ \cdots \\ \mathbf{a}^{kT} \end{pmatrix} = -\det\begin{pmatrix} \mathbf{a}^{kT} \\ \cdots \\ \mathbf{a}^{iT} \end{pmatrix};$$

det ist *alternierend.*

$$(D_3)\quad \det\begin{pmatrix} 1 & 0 & 0 \\ 0 & 1 & 0 \\ 0 & 0 & 1 \end{pmatrix} = 1;$$

bei richtiger Orientierung ist das Volumen des Einheitswürfels gleich 1.

einreihige Determinante

Der Vollständigkeit halber sei angemerkt, daß man auch zu einer reellen Zahl eine *einreihige* Determinante det $a = a$ definieren kann. Diese (entartete) Determinante erfüllt natürlich auch (D_0), (D_1) und (D_3); (D_2) entfällt.

Es ist nun an der Zeit, auf die allgemeinere Frage der Determinante im $\boldsymbol{R}^n$ überzugehen.

6.2. Die *n*-reihige Determinante

Angesichts des vorigen Abschnitts erscheinen einige Passagen des folgenden Textes redundant. Dennoch scheuen wir aus Gründen der mathematischen Vollständigkeit Wiederholungen nicht.

Definition 6.2.1 (Determinante)

Unter der Determinante der *n*-Zeilenvektoren $\mathbf{a}^{1T},\ldots,\mathbf{a}^{nT}$ (oder auch $n\times n-$ Matrix $\begin{pmatrix} \mathbf{a}^{[1]} \\ \vdots \\ \mathbf{a}^{[n]} \end{pmatrix}$) versteht man

(D_0) eine Zahl. Sie wird mit $\begin{vmatrix} \mathbf{a}^{1T} \\ \vdots \\ \mathbf{a}^{nT} \end{vmatrix}$ bzw. $\det\begin{pmatrix} \mathbf{a}^{1T} \\ \vdots \\ \mathbf{a}^{nT} \end{pmatrix}$ bezeichnet.

Die Determinante det **hat folgende Eigenschaften**

$$(\mathbf{D}_1)\quad \det\begin{pmatrix} \alpha\mathbf{a}^{\mathrm{T}}+\beta\mathbf{b}^{\mathrm{T}} \\ \mathbf{a}^{2\mathrm{T}} \\ \vdots \\ \mathbf{a}^{n\mathrm{T}} \end{pmatrix} = \alpha\begin{pmatrix} \mathbf{a}^{\mathrm{T}} \\ \mathbf{a}^{2\mathrm{T}} \\ \vdots \\ \mathbf{a}^{n\mathrm{T}} \end{pmatrix} + \beta\begin{pmatrix} \mathbf{b}^{\mathrm{T}} \\ \mathbf{a}^{2\mathrm{T}} \\ \vdots \\ \mathbf{a}^{n\mathrm{T}} \end{pmatrix};$$

det **ist linear in der ersten Zeile**

$$(\mathbf{D}_2)\quad \det\begin{pmatrix} \cdots \\ \mathbf{a}^{i\mathrm{T}} \\ \cdots \\ \mathbf{a}^{k\mathrm{T}} \\ \cdots \end{pmatrix} = -\det\begin{pmatrix} \cdots \\ \mathbf{a}^{k\mathrm{T}} \\ \cdots \\ \mathbf{a}^{i\mathrm{T}} \\ \cdots \end{pmatrix};$$

det **ist alternierend.**

$$(\mathbf{D}_3)\quad \det\begin{pmatrix} 1 & 0 & \cdots\cdots & 0 \\ 0 & 1 & & 0 \\ \vdots & \vdots & & \vdots \\ \vdots & \vdots & & 0 \\ 0 & 0 & & 1 \end{pmatrix} = 1;$$

das Volumen des verallgemeinerten Einheitswürfels ist bei richtiger Orientierung gleich 1.

Anders als im vorigen Abschnitt, wo die entsprechenden Eigenschaften aus der geometrischen Anschauung abgeleitet wurden, wird hier im $\boldsymbol{R}^n$ die Determinante *definiert*, allerdings in Anlehnung an Bekanntes aus dem $\boldsymbol{R}^2$ bzw. $\boldsymbol{R}^3$. Diese Form der *Verallgemeinerung* ist eine typisch mathematische Vorgehensweise. Leider geht dann oft der anschauliche Ursprung einer mathematischen Teildisziplin verloren und übrig bleibt ein schwer verstehbares axiomatisches Gebäude.

Die obige Definition ist so, daß sie nicht nur unsere Anschauung im $\boldsymbol{R}^2$ bzw. $\boldsymbol{R}^3$ bestätigt, sondern sie ist auch *hinreichend* zur eindeutigen Berechnung jeder Determinante. det ist somit die einzige Funktion, die die Fläche eines Parallelogramms bzw. das Volumen eines (verallgemeinerten) Parallelepipeds liefert. Die folgende Abhandlung bestätigt diese Aussage und liefert gleichzeitig Werkzeuge zur konkreten Berechnung von Determinanten.

Aus der Definition leitet man unmittelbar die Folgerungen ab:

- det ist linear in *jeder* Zeile $\mathbf{a}^{i\mathrm{T}}$.
  Um dies zu sehen, vertauscht man vorübergehend die i-te mit der ersten Zeile, wendet dann (D_1) an und tauscht zurück.
  Berücksichtigt man stets (D_2), erhält man das gewünschte Ergebnis.

- $\det\begin{pmatrix} \cdots \\ \mathbf{a}^{\mathrm{T}} \\ \cdot\!/\!\cdot \\ \mathbf{a}^{\mathrm{T}} \end{pmatrix} = 0$. Sind zwei Zeilen einer Determinante identisch, so nimmt sie den Zahlenwert 0 an. Überlegen Sie hierzu unter Anwendung von (D_2), daß nur die Null die Eigenschaft $0 = -0$ hat!

- Sind die Zeilen einer det l.a., ist ihr Zahlenwert 0. Ist nämlich eine Zeile als LK anderer Zeilen darstellbar, kann man sofort aus den beiden bereits gewonnenen Erkenntnissen die Behauptung ableiten.
  Die Aussage bestätigt natürlich z.B. die Anschauung im $\boldsymbol{R}^3$:
  Ein Parallelepiped aus in eine Ebene fallenden Vektoren hat das Volumen 0.

- Addiert man zu einer Zeile das λ-fache einer anderen, so bleibt der Zahlenwert unverändert:

$$\det\begin{pmatrix} \mathbf{a}^{1\mathrm{T}} \\ \vdots \\ \mathbf{a}^{i\mathrm{T}} + \lambda\mathbf{a}^{k\mathrm{T}} \\ \vdots \\ \mathbf{a}^{k\mathrm{T}} \\ \vdots \\ \mathbf{a}^{n\mathrm{T}} \end{pmatrix} = \det\begin{pmatrix} \mathbf{a}^{1\mathrm{T}} \\ \vdots \\ \mathbf{a}^{i\mathrm{T}} \\ \vdots \\ \mathbf{a}^{k\mathrm{T}} \\ \vdots \\ \mathbf{a}^{n\mathrm{T}} \end{pmatrix} \qquad \textbf{(6.2.01)}$$

Diese wichtige Eigenschaft folgt aus der Linearität (in der i-ten Zeile) und der bereits erwähnten Tatsache, daß eine Determinante mit zwei gleichen Zeilen den Wert 0 hat.

Übungsaufgabe 6.2.2

Zeigen Sie die Eigenschaft (6.2.01).

⌛

Mit (6.2.01) und (D_1) dieses Abschnitts haben Sie ein Instrument zur Berechnung jeder Determinante an die Hand bekommen. Ähnlich wie bei Pivotschritten werden die Zeilen zu Einheitsvektoren transformiert und „störende“ Faktoren vor die Determinante gezogen. Wir führen das erst einmal allgemein am zweireihigen Fall vor.

Zu berechnen ist $\begin{vmatrix} a_{11} & a_{12} \\ a_{21} & a_{22} \end{vmatrix}$. O.B.d.A. sei $a_{11} \neq 0$; sonst tauscht man die Zeilen, indiziert um und wechselt nach Berechnung das Vorzeichen!

$$\begin{vmatrix} a_{11} & a_{12} \\ a_{21} & a_{22} \end{vmatrix} = \begin{vmatrix} a_{11} & a_{12} \\ 0 & a_{22} - \frac{a_{12}}{a_{11}} \cdot a_{21} \end{vmatrix} \qquad \text{Zeilentransformation, wegen (6.2.01)}$$

$$= \frac{1}{a_{11}} \begin{vmatrix} a_{11} & a_{12} \\ 0 & a_{11}a_{22} - a_{12}a_{21} \end{vmatrix} \qquad \text{Faktor vorgezogen, wegen } (D_1)$$

$$= \begin{vmatrix} 1 & \frac{a_{12}}{a_{11}} \\ 0 & a_{11}a_{22} - a_{12}a_{21} \end{vmatrix} \qquad \text{Faktor vorgezogen, wegen } (D_1)$$

$$= (a_{11}a_{22} - a_{12}a_{21}) \begin{vmatrix} 1 & \frac{a_{12}}{a_{11}} \\ 0 & 1 \end{vmatrix} \qquad \text{Faktor vorgezogen, wegen } (D_1)$$

$$= (a_{11}a_{22} - a_{12}a_{21}) \begin{vmatrix} 1 & 0 \\ 0 & 1 \end{vmatrix} \qquad \text{Zeilentransformation, wegen (6.2.01)}$$

Zum letzten Schritt sei erläuternd erwähnt, daß die Subtraktion des $\frac{a_{12}}{a_{11}}$-fachen der letzten von der ersten Zeile den Zahlenwert nicht verändert. Da ferner $\begin{vmatrix} 1 & 0 \\ 0 & 1 \end{vmatrix} = 1$, hat man $\begin{vmatrix} a_{11} & a_{12} \\ a_{21} & a_{22} \end{vmatrix} = a_{11}a_{22} - a_{12}a_{21}$.

Ähnlich, aber schon bedeutend aufwendiger, zeigt man

$$\begin{vmatrix} a_{11} & a_{12} & a_{13} \\ a_{21} & a_{22} & a_{23} \\ a_{31} & a_{32} & a_{33} \end{vmatrix} = \begin{matrix} a_{11}a_{22}a_{33} + a_{12}a_{23}a_{31} + a_{13}a_{21}a_{32} \\ - a_{13}a_{22}a_{31} - a_{11}a_{23}a_{32} - a_{12}a_{21}a_{33} \end{matrix}. \qquad \textbf{(6.2.02)}$$

Sarrus-Regel

Dieses Ergebnis führt zur Gedächtnisstütze oder „Eselsbrücke", die nach dem Mathematiker gleichen Namens auch *Sarrus-Regel* genannt wird. Schreibt man die ersten beiden Spalten hinter die dritte und kennzeichnet die Diagonalen,

$$\begin{array}{ccccccccc} a_{11} & & a_{12} & & a_{13} & & a_{11} & & a_{12} \\ & \ddots & & \ddots & & \ddots & & & \\ a_{21} & & a_{22} & & a_{23} & & a_{21} & & a_{22} \\ & & & \ddots & & \ddots & & \ddots & \\ a_{31} & & a_{32} & & a_{33} & & a_{31} & & a_{32} \end{array} \quad \text{bzw.} \quad \begin{array}{ccccccccc} a_{11} & & a_{12} & & a_{13} & & a_{11} & & a_{12} \\ & & & {\cdot}^{\cdot^{\cdot}} & & {\cdot}^{\cdot^{\cdot}} & & {\cdot}^{\cdot^{\cdot}} & \\ a_{21} & & a_{22} & & a_{23} & & a_{21} & & a_{22} \\ & {\cdot}^{\cdot^{\cdot}} & & {\cdot}^{\cdot^{\cdot}} & & {\cdot}^{\cdot^{\cdot}} & & & \\ a_{31} & & a_{32} & & a_{33} & & a_{31} & & a_{32} \end{array}$$

so ergibt sich die gewünschte Determinante als
Summe der Produkte in den Hauptdiagonalen $\ddots\ddots\ddots$ abzüglich der
Summe der Produkte in den Nebendiagonalen ${\cdot}^{\cdot^{\cdot}}{\cdot}^{\cdot^{\cdot}}{\cdot}^{\cdot^{\cdot}}$.

Achtung: Die Sarrus-Regel gilt nur für 2- (s.o.) und 3-reihige Determinanten. Darüber hinaus gilt sie nicht!

Beispiel 6.2.3

Wir berechnen eine zweireihige und eine dreireihige Determinante.

i) $\begin{vmatrix} 2 & 3 \\ 4 & 2 \end{vmatrix} = 2 \cdot 2 - 3 \cdot 4 = -8\,;$

ii) $\begin{vmatrix} 1 & 2 & 3 \\ 4 & 5 & 6 \\ 7 & 8 & 9 \end{vmatrix} = \begin{array}{ccccccc} & 1 \cdot 5 \cdot 9 & + & 2 \cdot 6 \cdot 7 & + & 3 \cdot 4 \cdot 8 \\ - & 3 \cdot 5 \cdot 7 & - & 1 \cdot 6 \cdot 8 & - & 2 \cdot 4 \cdot 9 \end{array} = 0\,.$

Eine weit wichtigere Folgerung aus (6.2.02) als die Sarrus-Regel ist die Tatsache:

$$\begin{vmatrix} a_{11} & a_{12} & a_{13} \\ a_{21} & a_{22} & a_{23} \\ a_{31} & a_{32} & a_{33} \end{vmatrix} = a_{11} \begin{vmatrix} a_{22} & a_{23} \\ a_{32} & a_{33} \end{vmatrix} - a_{12} \begin{vmatrix} a_{21} & a_{23} \\ a_{31} & a_{33} \end{vmatrix} + a_{13} \begin{vmatrix} a_{21} & a_{22} \\ a_{31} & a_{32} \end{vmatrix} \qquad \textbf{(6.2.03)}$$

Übungsaufgabe 6.2.4

Bestätigen Sie (6.2.03) durch Ausrechnen der 2-reihigen Determinanten!

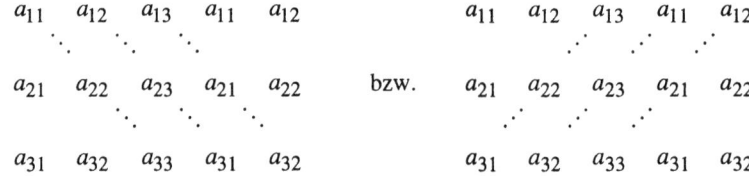

Man nennt (6.2.03) auch *die Entwicklung der Determinante nach der ersten Zeile.* (6.2.03) erlaubt eine in jedem Lehrbuch der Linearen Algebra zitierte Verallgemeinerung unter dem Namen *Laplacescher Entwicklungssatz.*

Entwicklung einer Determinante nach der ersten Zeile

Laplacescher Entwicklungssatz

Vor die endgültige Formulierung dieses Satzes stellen wir eine Definition.

Definition 6.2.5 (Minore und Adjunkte)

Gegeben sei eine n-reihige Determinante $\begin{vmatrix} a_{11} \cdots a_{1j} \cdots a_{1n} \\ \vdots \quad \vdots \quad \vdots \\ a_{i1} \quad a_{ij} \quad a_{in} \\ \vdots \quad \vdots \quad \vdots \\ a_{n1} \quad a_{nj} \quad a_{nn} \end{vmatrix} = D_n$.

i) **Die $(n-1)$-reihige Determinante M_{ij}, die aus D_n durch Streichen der i-Zeile und der j-ten Spalte entsteht, heißt *Minore* zu a_{ij}.**

ii) $A_{ij} = (-1)^{i+j} M_{ij}$ **heißt *Adjunkte* von a_{ij}.**

Minore

Adjunkte

Beachten Sie, daß der Ausdruck $(-1)^{i+j}$ über das Zahlenschema der n-reihigen Determinante ein Vorzeichenmuster der folgenden Art legt

$$\begin{vmatrix} + & - & + & - & + & \cdots \\ - & + & - & + & - & \cdots \\ + & - & + & - & + & \cdots \\ \vdots \end{vmatrix}.$$

Nun folgt die Formulierung des angekündigten Entwicklungssatzes.

Satz 6.2.6 (Laplacescher Entwicklungssatz)

Es sei eine n-reihige Determinante wie in obiger Definition gegeben. Dann ist sie für eine beliebige Zeile i wie folgt berechenbar:

Laplacescher Entwicklungssatz

$$D_n = \sum_{j=1}^{n} a_{ij} A_{ij} .$$

Dieser Satz erlaubt eine rekursive Berechnung jeder Determinante, da ja die A_{ij} ihrerseits wieder in Zeilen entwickelbar sind.

Das führt jedoch sehr schnell zu einem Wirrwarr von Ausdrücken.

Beispiel 6.2.7

i) $$\begin{vmatrix} a_{11} & a_{12} & a_{13} \\ a_{21} & a_{22} & a_{23} \\ a_{31} & a_{32} & a_{33} \end{vmatrix} = a_{11}\begin{vmatrix} a_{22} & a_{23} \\ a_{32} & a_{33} \end{vmatrix} - a_{12}\begin{vmatrix} a_{21} & a_{23} \\ a_{31} & a_{33} \end{vmatrix} + a_{13}\begin{vmatrix} a_{21} & a_{22} \\ a_{31} & a_{32} \end{vmatrix}.$$

Das ist die Entwicklung nach der ersten Zeile. Genauso gut kann man z.B. nach der zweiten Zeile entwickeln:

$$= -a_{21}\begin{vmatrix} a_{12} & a_{13} \\ a_{32} & a_{33} \end{vmatrix} + a_{22}\begin{vmatrix} a_{11} & a_{13} \\ a_{31} & a_{33} \end{vmatrix} - a_{23}\begin{vmatrix} a_{11} & a_{12} \\ a_{31} & a_{32} \end{vmatrix}.$$

Oder auch nach der dritten:

$$= a_{31}\begin{vmatrix} a_{12} & a_{13} \\ a_{22} & a_{23} \end{vmatrix} - a_{32}\begin{vmatrix} a_{11} & a_{13} \\ a_{21} & a_{23} \end{vmatrix} + a_{33}\begin{vmatrix} a_{11} & a_{12} \\ a_{21} & a_{22} \end{vmatrix}.$$

Natürlich liefern alle diese Entwicklungen das gleiche Ergebnis, das Sie schon von der Sarrus-Regel her kennen.

ii) $$\begin{vmatrix} a_{11} & a_{12} & a_{13} & a_{14} \\ a_{21} & a_{22} & a_{23} & a_{24} \\ a_{31} & a_{32} & a_{33} & a_{34} \\ a_{41} & a_{42} & a_{43} & a_{44} \end{vmatrix} = a_{11}\begin{vmatrix} a_{22} & a_{23} & a_{24} \\ a_{32} & a_{33} & a_{34} \\ a_{42} & a_{43} & a_{44} \end{vmatrix} - \cdots - a_{14}\begin{vmatrix} a_{21} & a_{22} & a_{23} \\ a_{31} & a_{32} & a_{33} \\ a_{41} & a_{42} & a_{43} \end{vmatrix}$$

ist die Entwicklung nach der ersten Zeile. Diese kann nun wie unter i) weiter aufgelöst werden.

Beispiel 6.2.8

Die dreireihige Determinante aus Beispiel 6.2.3 ii) wird nun nach ihren Zeilen entwickelt.

Erste Zeile $$1\begin{vmatrix} 5 & 6 \\ 8 & 9 \end{vmatrix} \quad -2\begin{vmatrix} 4 & 6 \\ 7 & 9 \end{vmatrix} \quad +3\begin{vmatrix} 4 & 5 \\ 7 & 8 \end{vmatrix} \quad =$$
$$1(5\cdot 9-6\cdot 8)\ -2(4\cdot 9-6\cdot 7)\ +3(4\cdot 8-5\cdot 7) = 0$$

Zweite Zeile $$-4\begin{vmatrix} 2 & 3 \\ 8 & 9 \end{vmatrix} \quad +5\begin{vmatrix} 1 & 3 \\ 7 & 9 \end{vmatrix} \quad -6\begin{vmatrix} 1 & 2 \\ 7 & 8 \end{vmatrix} \quad =$$
$$-4(2\cdot 9-3\cdot 8)\ +5(1\cdot 9-3\cdot 7)\ -6(1\cdot 8-2\cdot 7) = 0$$

Dritte Zeile $7\begin{vmatrix} 2 & 3 \\ 5 & 6 \end{vmatrix} \quad -8\begin{vmatrix} 1 & 3 \\ 4 & 6 \end{vmatrix} \quad +9\begin{vmatrix} 1 & 2 \\ 4 & 5 \end{vmatrix} \quad =$

$$7(2\cdot 6-3\cdot 5)\ -8(1\cdot 6-3\cdot 4)\ +9(1\cdot 5-2\cdot 4) = 0.$$

Bei großen Determinanten ist der Laplacesche Entwicklungssatz *kein* probates Mittel zu ihrer Berechnung. Vielmehr sollte sie mittels Transformationen ähnlich den Pivotschritten erfolgen, wie wir schon gezeigt haben.

Ohne ein formales Ablaufschema anzugeben, berechnen wir eine 4-reihige Determinante, um nochmals die grundsätzlichen Schritte durchzugehen. Mit einigen Anmerkungen über die Symmetrie von Determinanten und Indexpermutationen schließt dann der Abschnitt.

Beispiel 6.2.9

Zu berechnen ist

$$\begin{vmatrix} 0 & 1 & -1 & 1 \\ 1 & -1 & 1 & 0 \\ 2 & 1 & 1 & 1 \\ -1 & 0 & 1 & 2 \end{vmatrix}$$

Tauschen der ersten und zweiten Zeile ergibt

$$-\begin{vmatrix} 1 & -1 & 1 & 0 \\ 0 & 1 & -1 & 1 \\ 2 & 1 & 1 & 1 \\ -1 & 0 & 1 & 2 \end{vmatrix}$$

Subtraktion der entsprechenden Vielfachen der ersten von dritter und vierter Zeile liefert

$$-\begin{vmatrix} 1 & -1 & 1 & 0 \\ 0 & 1 & -1 & 1 \\ 0 & 3 & -1 & 1 \\ 0 & -1 & 2 & 2 \end{vmatrix}$$

Subtraktion der entsprechenden Vielfachen der zweiten von dritter und vierter Zeile führt zu

$$-\begin{vmatrix} 1 & -1 & 1 & 0 \\ 0 & 1 & -1 & 1 \\ 0 & 0 & 2 & -2 \\ 0 & 0 & 1 & 3 \end{vmatrix}$$

Nach Herausziehen des Faktors 2 aus der dritten Zeile und Subtraktion der neuen dritten von der vierten hat man

$$-2\begin{vmatrix} 1 & -1 & 1 & 0 \\ 0 & 1 & -1 & 1 \\ 0 & 0 & 1 & -1 \\ 0 & 0 & 0 & 4 \end{vmatrix}$$

Herausziehen des Faktors 4 aus der vierten Zeile und "Löschen" aller Elemente oberhalb der Diagonalen durch Subtraktion /Addition von darunterliegenden Zeilen ergibt schließlich

$$-8\begin{vmatrix} 1 & 0 & 0 & 0 \\ 0 & 1 & 0 & 0 \\ 0 & 0 & 1 & 0 \\ 0 & 0 & 0 & 1 \end{vmatrix}$$

und somit –8.

Übungsaufgabe 6.2.10

Berechnen Sie (zur Abschreckung) die Determinante des Beispiels mittels Laplace.

Man kann zeigen, daß die Determinante nicht nur linear und alternierend in jeder Zeile, sondern auch in jeder *Spalte* ist. Würden wir unserem bisherigen Anspruch folgen, müßten wir diese Tatsache im $\boldsymbol{R}^2$ und $\boldsymbol{R}^3$ geometrisch veranschaulichen und dann im $\boldsymbol{R}^n$ formal aus (D_0) bis (D_3) ableiten. Aus Platzgründen müssen diese Schritte entfallen. Statt dessen halten wir ohne Beweis fest:

Satz 6.2.11

Eine *n*-reihige Determinante ist linear in der ersten Spalte und alternierend in ihren Spalten.

Alle zeilenbezogenen Aussagen zu Determinanten kann man nun auch spaltenbezogen formulieren. Hier eine Auswahl:

- die Determinante ist linear in *jeder* Spalte.
- sind die Spalten l.a., ist der Zahlenwert der Determinante 0.
- Addition des Vielfachen einer Spalte zu einer anderen ändert den Wert der Determinante nicht.
- die Determinante ist in jeder Spalte entwickelbar; der Laplacesche Entwicklungssatz gilt also auch in der Variante

  $D_n = \sum_{i=1}^{n} a_{ij} A_{ij}$ für eine beliebige Spalte j.

Die wichtigste Folgerung aus dem obigen Satz aber ist das

Korollar 6.2.12

Ist A eine $n \times n$-Matrix, so gilt $|\mathbf{A}|=|\mathbf{A}^T|$.

Die Determinante einer Matrix ist gleich der ihrer transponierten. Nach dem bisher Gesagten leuchtet das unmittelbar ein:

Die spaltenweise Entwicklung von $|\mathbf{A}^T|$ führt zum selben Ergebnis $f \cdot |\mathbf{I}|$ wie die zeilenweise Entwicklung von $|\mathbf{A}|$, nämlich ebenfalls $f \cdot |\mathbf{I}|$. Hierbei ist f eine Summe von Produkten wie z.B. in (6.2.02).

Zwei wichtige Aussagen über Determinanten schließen wir noch an. Wegen ihrer herausragenden Bedeutung werden sie als Sätze formuliert.

Der erste Satz drückt aus, daß eine Determinante stets als Summe von $n!$ Produkten darstellbar ist.

Satz 6.2.13

$$\begin{vmatrix} a_{11} & \cdots & a_{1n} \\ \vdots & & \vdots \\ a_{n1} & \cdots & a_{nn} \end{vmatrix} = \sum_{\substack{(i_1,\ldots,i_n) = \\ Permut.\ (1,\ldots,n)}} (-1)^{\mathbf{I}(i_1,\ldots,i_n)} a_{1i_1} \cdot \ldots \cdot a_{ni_n} \qquad \textbf{(6.2.04)}$$

Jedes Produkt setzt sich dabei aus Elementen *jeder* Zeile – in deren natürlicher Reihenfolge – und *jeder* Spalte zusammen; summiert wird über alle möglichen Spaltenpermutationen. Das Vorzeichen des jeweiligen Summanden richtet sich nach $\mathbf{I}(i_1,\ldots,i_n)$, der Anzahl der Inversionen, die zur Zurückführung in die Reihenfolge $1,\ldots,n$ benötigt wird.

Einen Beweis für diesen Satz liefern wir wegen seiner Kompliziertheit natürlich nicht. Vollziehen Sie jedoch nach, daß die Aussage für $n = 2$ gerade $\begin{vmatrix} a_{11} & a_{12} \\ a_{21} & a_{22} \end{vmatrix} = a_{11}a_{22} - a_{12}a_{21}$ und

für $n = 3$ gerade $\begin{vmatrix} a_{11} & a_{12} & a_{13} \\ a_{21} & a_{22} & a_{23} \\ a_{31} & a_{32} & a_{33} \end{vmatrix} = \begin{matrix} a_{11}a_{22}a_{33} - a_{12}a_{21}a_{33} + a_{12}a_{23}a_{31} \\ -a_{13}a_{22}a_{31} + a_{13}a_{21}a_{32} - a_{11}a_{23}a_{32} \end{matrix}$,

also die Sarrus-Regel bedeutet.

Oft wird die Determinante in Lehrbüchern durch die Formel im Satz 6.2.13 definiert. Das ist eine mathematisch zwar exakte, aber die Anschauung völlig vernachlässigende Vorgehensweise.

Der nächste Satz stellt eine Beziehung zwischen Matrixprodukt und Determinantenprodukt her.

Satz 6.2.14

Sind A und B zwei $n \times n$-Matrizen, so gilt

$$|\mathbf{AB}| = |\mathbf{A}||\mathbf{B}| \qquad \textbf{(6.2.05)}$$

Die Formeln zur Berechnung des Matrixprodukts in Definition 4.3.2 zusammen mit der Kompliziertheit der Formel (6.2.04) für Determinanten lassen uns vor einem direkten Beweis des Satzes zurückschrecken. Elegantere Nachweise von (6.2.05) finden sich in mathematischer Spezialliteratur.

Übungsaufgabe 6.2.15

Verifizieren Sie Satz 6.2.14 an folgenden Matrizen

$$\mathbf{A} = \begin{pmatrix} 1 & 1 & 1 \\ 1 & 1 & 0 \\ 1 & 0 & 0 \end{pmatrix} \quad \mathbf{B} = \begin{pmatrix} 3 & 2 & 1 \\ 2 & 1 & 0 \\ 1 & 0 & -1 \end{pmatrix}.$$

Als unmittelbare Folgerung aus Satz 6.2.14 erkennt man die Tatsache, daß die Determinante der Inversen einer regulären Matrix gleich dem Reziprokwert der Determinante der Matrix selbst ist. Die Aussage wird in Form eines Korollars zum obigen Satz festgehalten.

Korollar 6.2.16

Ist A eine reguläre $n \times n$-Matrix, so gilt

$$\left|\mathbf{A}^{-1}\right| = \frac{1}{|\mathbf{A}|}.$$

Zum Beweis der Richtigkeit erinnert man sich an die Identität $\mathbf{A} \cdot \mathbf{A}^{-1} = \mathbf{I}$ und folgert daraus gemäß Satz 6.2.14 $|\mathbf{I}| = |\mathbf{A}||\mathbf{A}^{-1}|$. Da $|\mathbf{I}| = 1$, erhält man durch Division durch $|\mathbf{A}|$ unmittelbar die Behauptung.

6.3. Anwendungen der Determinantenrechnung

Anwendungen der Determinantenrechnung in den Wirtschaftswissenschaften sind vielfältig:

- Man kann *quadratische Gleichungssysteme* mit ihnen lösen. Das geht zwar auch ohne, ist aber oft eine vom Sachbezug her einleuchtende Form der Lösungsdarstellung. Etwas derartiges wird Ihnen z.B. im Kurs 00523 (Fiskalpolitik I) begegnen.

  quadratische Gleichungssysteme

- Die Determinante ist interpretierbar als *Volumenänderungsfaktor* bei linearen Abbildungen. Diese Erkenntnis wird z.B. bei der Substitutionsregel für Mehrfachintegrale benötigt. Eine Vorbereitung hierzu finden Sie in diesem Abschnitt.

  Volumenänderungsfaktor

- Die *Definitheit* einer $n \times n$-Matrix entscheidet über Konvexität oder Konkavität ihrer *quadratischen Form*. Die Behandlung dieser Problematik sprengt zwar streng genommen den Rahmen des Kurses Lineare Algebra, einige einführende Bemerkungen sind aber hier am richtigen Platz.

  Definitheit
  quadratische Form

- Eng verbunden mit der letzten Frage ist auch die der Berechnung von *Eigenwerten* einer quadratischen Matrix. Die hier angerissenen Überlegungen finden ihre Anwendung z.B. bei der Lösung von Differentialgleichungssystemen.

  Eigenwerte

Die beiden ersten Punkte werden in diesem Abschnitt behandelt, den beiden folgenden widmen wir wegen der zentralen Stellung in der Linearen Algebra ein eigenes Kapitel.

Cramersche Regel

Lösung quadratischer Gleichungssysteme mittels der Cramerschen Regel

Während in Kapitel 5 Lineare Gleichungssysteme mittels sogenannter Pivotschritte behandelt wurden, können zur Lösung quadratischer Gleichungssysteme mit regulärer Koeffizientenmatrix auch Determinanten zu Hilfe genommen werden. Ohne Beweis halten wir das Ergebnis in einem Satz fest.

Satz 6.3.1 (Cramersche Regel)

Zu lösen sei das lineare quadratische Gleichungssystem

$$\mathbf{Ax} = \mathbf{b} \text{ bzw. } \sum_{j=1}^{n} a_{ij} \cdot x_j = b_i\,, \quad i = 1,\ldots,n. \tag{6.3.01}$$

Ist $|\mathbf{A}| \neq 0$, ist das Gleichungssystem (6.3.01) eindeutig lösbar und

$$x_j = \frac{\begin{vmatrix} a_{11} & \overset{j\text{-te Spalte}}{b_1} & a_{1n} \\ \vdots & \vdots & \vdots \\ a_{n1} & b_n & a_{nn} \end{vmatrix}}{|\mathbf{A}|} \qquad j = 1,\ldots,n. \tag{6.3.02}$$

Die j-te Komponente des Lösungsvektors $\mathbf{x}$ erhält man also durch Berechnung des Determinantenquotienten (6.3.02). In der Zählerdeterminante wird die j-te Spalte durch den $\mathbf{b}$-Vektor der rechten Seite ersetzt, in der Nennerdeterminante wird sie belassen.

Beispiel 6.3.2

Gelöst wurde bereits in Beispiel 5.5.1 das Gleichungssystem

$$\begin{pmatrix} 1 & 4 & 3 \\ 2 & 5 & 4 \\ 1 & -3 & -2 \end{pmatrix} \begin{pmatrix} x_1 \\ x_2 \\ x_3 \end{pmatrix} = \begin{pmatrix} 1 \\ 4 \\ 5 \end{pmatrix} \text{ mit dem Ergebnis } \begin{pmatrix} x_1 \\ x_2 \\ x_3 \end{pmatrix} = \begin{pmatrix} 3 \\ -2 \\ 2 \end{pmatrix}.$$

Wir bestätigen jetzt das Resultat mittels Cramerscher Regel:

$$x_1 = \frac{\begin{vmatrix} 1 & 4 & 3 \\ 4 & 5 & 4 \\ 5 & -3 & -2 \end{vmatrix}}{\begin{vmatrix} 1 & 4 & 3 \\ 2 & 5 & 4 \\ 1 & -3 & -2 \end{vmatrix}} = \frac{3}{1} = 3$$

$$x_2 = \frac{\begin{vmatrix} 1 & 1 & 3 \\ 2 & 4 & 4 \\ 1 & 5 & -2 \end{vmatrix}}{\begin{vmatrix} 1 & 4 & 3 \\ 2 & 5 & 4 \\ 1 & -3 & -2 \end{vmatrix}} = \frac{-2}{1} = -2$$

$$x_3 = \frac{\begin{vmatrix} 1 & 4 & 1 \\ 2 & 5 & 4 \\ 1 & -3 & 5 \end{vmatrix}}{\begin{vmatrix} 1 & 4 & 3 \\ 2 & 5 & 4 \\ 1 & -3 & -2 \end{vmatrix}} = \frac{2}{1} = 2$$

Übungsaufgabe 6.3.3

Berechnen Sie mit Hilfe der Cramerschen Regel die Lösung des folgenden Gleichungssystems

$$\begin{pmatrix} 3 & -1 & 2 & 5 \\ 6 & 5 & -7 & 3 \\ -1 & -1 & 2 & -2 \\ 3 & 3 & 0 & 4 \end{pmatrix} \begin{pmatrix} x_1 \\ x_2 \\ x_3 \\ x_4 \end{pmatrix} = \begin{pmatrix} 4 \\ 26 \\ -7 \\ 13 \end{pmatrix}!$$

Volumen-änderungsfaktor

Nach den Cramerschen Regeln bearbeiten wir nun die Interpretation der Determinante als *Volumenänderungsfaktor* einer linearen Abbildung.

Die Lektüre des restlichen Abschnitts ist nicht obligatorisch. Ggf. arbeiten Sie die folgenden drei Seiten erst durch, wenn Sie in der „Analysis“ mit Mehrfachintegralen konfrontiert werden.

Eine lineare Abbildung **A** des $\boldsymbol{R}^n$ auf den $\boldsymbol{R}^n$ bewirkt eine Verzerrung aller geometrischen Figuren des Raumes. Speziell werden Einheitswürfel in Parallelepipede transformiert.

Man vergegenwärtige sich hierzu nochmals die Tatsache $\mathbf{Ae}^1 = \mathbf{a}^1, \ldots, \mathbf{Ae}^n = \mathbf{a}^n$. Die Einheitsspalten des $\boldsymbol{R}^n$ werden unter der Abbildung **A** zu den Spalten von **A**;

die einen Einheitswürfel aufspannenden Vektoren werden zu Vektoren, die ein Parallelepiped aufspannen.

Quader Allgemeiner transformiert **A** auch einen *Quader* des $\boldsymbol{R}^n$ in ein Parallelepiped des $\boldsymbol{R}^n$. Ein Quader hat hierbei – in Verallgemeinerung unserer Anschauung aus dem $\boldsymbol{R}^1, \boldsymbol{R}^2$ oder $\boldsymbol{R}^3$ die Form:

$Q^n = \{\mathbf{x} \mid \mathbf{a} \leq \mathbf{x} \leq \mathbf{b}\}$, wobei $\mathbf{a} \leq \mathbf{b}$ zwei Vektoren des $\boldsymbol{R}^n$ sind. Ist **a** komponentenweise *echt kleiner* als **b**, ist das Volumen des Quaders größer als 0, sonst degeneriert es zu 0.

Die folgende Abbildung zeigt einen Quader des $\boldsymbol{R}^2$ und sein Bild unter **A**.

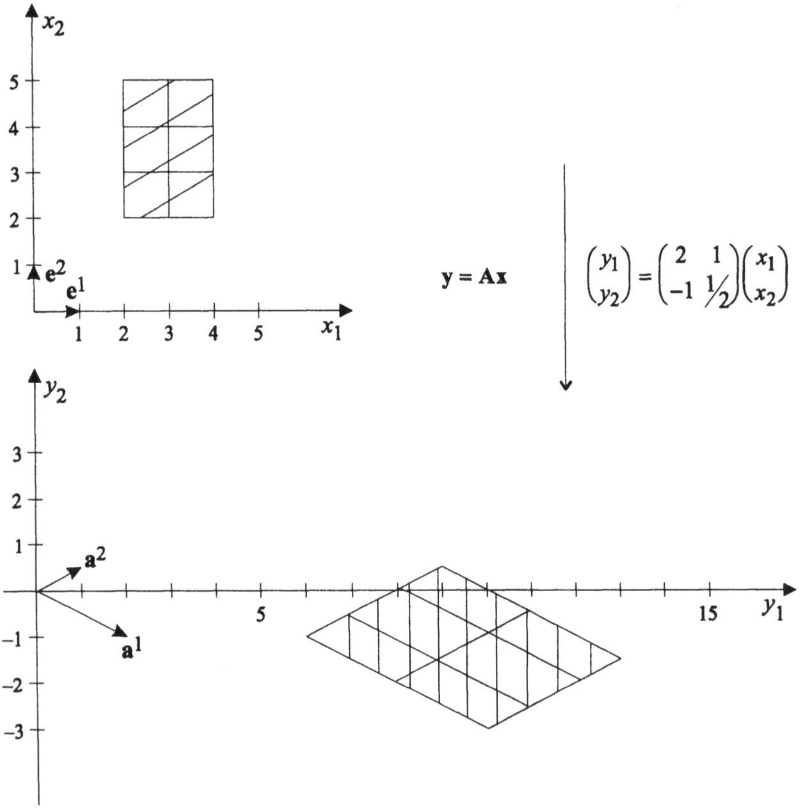

Abb. 6.3.4: Lineares Bild eines Quaders

Die Fläche des Quaders

$$Q^2 = \left\{ \begin{pmatrix} x_1 \\ x_2 \end{pmatrix} \middle| \begin{pmatrix} 2 \\ 2 \end{pmatrix} \leq \begin{pmatrix} x_1 \\ x_2 \end{pmatrix} \leq \begin{pmatrix} 4 \\ 5 \end{pmatrix} \right\} \text{ ist}$$

$$F_x = \Delta x_1 \cdot \Delta x_2 = 2 \cdot 3 = 6 .$$

Die Fläche des *Parallelepipeds* *Parallelepiped*

$$P^2 = \left\{ \begin{pmatrix} y_1 \\ y_2 \end{pmatrix} \middle| \begin{pmatrix} y_1 \\ y_2 \end{pmatrix} = \begin{pmatrix} 2 & 1 \\ -1 & \frac{1}{2} \end{pmatrix} \begin{pmatrix} x_1 \\ x_2 \end{pmatrix} \text{ und } \begin{pmatrix} x_1 \\ x_2 \end{pmatrix} \in Q^2 \right\} \text{ beträgt}$$

$$F_y = \det \mathbf{A} \cdot \Delta x_1 \cdot \Delta x_2 = 2 \cdot 6 = 12 .$$

Aufgrund der Abb. 6.3.4 liegt die Folgerung nicht fern, daß auch für allgemeinere Flächen als Quader gilt $F_y = \det \mathbf{A} \cdot F_x$. Man braucht sich hierzu nur die Fläche F_x durch hinreichend kleine Würfel und F_y durch hinreichend kleine Parallelepipede approximiert vorzustellen.

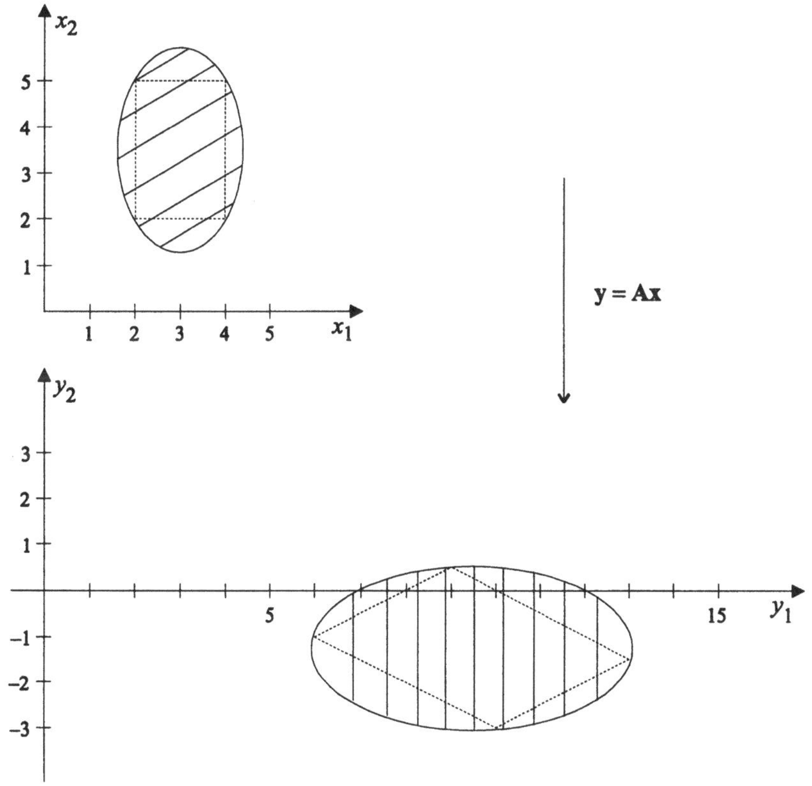

Abb. 6.3.5: Lineares Bild einer Fläche

Es dürfte nicht schwerfallen, die gewonnenen Erkenntnisse auf *Körper* des $\boldsymbol{R}^3$ und schließlich verallgemeinerte Körper oder Bereiche des $\boldsymbol{R}^n$ zu übertragen.

Wie schon öfter eine Bemerkung über den $\boldsymbol{R}^1$ zum Schluß: Natürlich ist auch die Determinante $|a|$ einer reellen Zahl als Längenänderungsfaktor der linearen Abbildung $y = ax$ interpretierbar.

Eigenwerte und Eigenvektoren

Definitheit einer quadratischen Form

Nach der Cramerschen Regel und dem Volumenänderungsfaktor als Anwendungen von Determinante wenden wir uns nun den Bereichen *Eigenwerte und Eigenvektoren* sowie *Definitheit einer quadratischen Form* zu. Auch hier finden Determinanten verstärkt Verwendung, der Thematik gebührt jedoch ein eigenes Kapitel.

Kapitel 7

Eigenwerte und quadratische Formen

7.1. Eigenwerte und Eigenvektoren symmetrischer Matrizen

Die Darstellung der Zusammenhänge zwischen Eigenwerten und Eigenvektoren symmetrischer Matrizen ist eine gestraffte Zusammenfassung von Teilen des Kapitels 7 aus G. Hadleys „Linear Algebra". Einige der dort bewiesenen Tatsachen werden hier nur zitiert. Bei Bedarf lesen Sie bitte die entsprechenden Stellen in dem zitierten Buch nach! Beim ersten Durchgang können Sie dieses Kapitel 7 hier überspringen. Der Stoff ist schwierig und erschließt sich erst durch längeren Umgang mit der „Linearen Algebra".

Es gibt zahlreiche Probleme der Mathematik,* bei denen die Gleichung

$\mathbf{Ax} = \lambda\mathbf{x}$, wobei $\mathbf{A}$ eine $n \times n$-Matrix, $\mathbf{x}$ einen n-Vektor und λ eine Zahl bedeuten,

zu lösen ist. Hierbei ist man nicht an der trivialen Lösung $\mathbf{x} = \mathbf{0}$, sondern an Lösungen $\mathbf{x} \neq \mathbf{0}$ interessiert. Geometrisch gesehen ist $\mathbf{x}$ ein Vektor, der unter der linearen Abbildung $\mathbf{A}$ nur mit dem Faktor λ multipliziert wird, nicht aber seine Richtung verändert. $\mathbf{Ax} = \lambda\mathbf{x}$ ist äquivalent zu $\mathbf{Ax} = \lambda\mathbf{Ix}$ bzw.

$$(\mathbf{A} - \lambda\mathbf{I})\mathbf{x} = \mathbf{0}. \qquad \textbf{(7.1.01)}$$

---

* Die Lösung bestimmter, sogenannter homogener linearer Differentialgleichungssysteme 1. Ordnung der Form

$$\dot{\mathbf{f}} = \mathbf{Af}$$

führt zu Eigenwerten und Eigenvektoren. Hierbei ist $\mathbf{A}$ eine $n \times n$-Matrix, $\mathbf{f} = (f_1(t), \ldots, f_n(t))^{\mathrm{T}}$ ein Vektor von Funktionen in einer Variablen t und $\dot{\mathbf{f}}$ der Vektor der Ableitungen dieser Funktionen. Das brauchen Sie hier noch nicht zu verstehen, das Wissen wird im Kurs „Analysis" vermittelt.

Wählt man $\mathbf{f}(t) = e^{\lambda t}\mathbf{x}$ und mithin $\dot{\mathbf{f}} = \lambda e^{\lambda t}\mathbf{x}$, erfüllt dieser Ansatz $\dot{\mathbf{f}} = \mathbf{Af}$, falls $\mathbf{Ax} = \lambda\mathbf{x}$ gilt. Denn $\lambda e^{\lambda t}\mathbf{x} = \mathbf{A}(e^{\lambda t}\mathbf{x}) = e^{\lambda t}\mathbf{Ax}$ ergibt nach Division durch $e^{\lambda t}$ genau diese Gleichung.

Nun kann ein $\mathbf{x} \neq \mathbf{0}$ nur dann (7.1.01) lösen, wenn $\mathbf{A} - \lambda\mathbf{I}$ nicht den vollen Rang n hat, wenn also

$$|\mathbf{A} - \lambda\mathbf{I}| = \mathbf{0}\,. \tag{7.1.02}$$

Die Determinante in (7.1.02) ist ein Polynom n-ter Ordnung in λ:

$$\begin{aligned}|\mathbf{A} - \lambda\mathbf{I}| &= \begin{vmatrix} a_{11}-\lambda & a_{12} & \cdots & a_{1n} \\ \vdots & & \ddots & \vdots \\ a_{n1} & & & a_{nn}-\lambda \end{vmatrix} \\ &= (-\lambda)^n + b_{n-1}(-\lambda)^{n-1} + \ldots + b_1(-\lambda) + b_0\,.\end{aligned} \tag{7.1.03}$$

charakteristisches Polynom der Matrix **A**

Es heißt *charakteristisches Polynom der Matrix* **A**.

Nullstellen, Wurzeln, Eigenwerte

Die Forderung, die Determinante in (7.1.02) verschwinden zu lassen, ist also gleichbedeutend mit der Forderung, *Nullstellen* oder *Wurzeln* des charakteristischen Polynoms zu finden. Die Wurzeln heißen *Eigenwerte* der Matrix **A**.

Nun hat bereits Gauß gezeigt, daß Polynome n-ter Ordnung genau n Nullstellen haben, wenn man Mehrfachnullstellen entsprechend oft zählt. Kennt man sie alle, kann man ein Polynom auch linear faktorisieren. Sind λ_i die Nullstellen des charakteristischen Polynoms, gilt:

$$|\mathbf{A} - \lambda\mathbf{I}| = (\lambda_1 - \lambda)(\lambda_2 - \lambda)\cdots(\lambda_n - \lambda)\,. \tag{7.1.04}$$

komplexe Zahlen

Leider können Nullstellen von Polynomen n-ter Ordnung für $n \geq 2$ *komplexe Zahlen* sein. Das kennen Sie von der Lösung quadratischer Gleichungen, wie z.B.

$$t^2 - 2t + 5 = 0 \quad \text{mit den beiden Wurzeln} \quad t_{1,2} = 1 \pm \sqrt{-4} = 1 \pm 2\sqrt{-1} = 1 \pm 2i\,.$$

Hierbei ist i die imaginäre Einheit.

Eigenvektor

Ist λ_i eine der n Wurzeln von $|\mathbf{A} - \lambda\mathbf{I}|$, gilt also $|\mathbf{A} - \lambda_i\mathbf{I}| = \mathbf{0}$, so heißt ein $\mathbf{x} \neq \mathbf{0}$, welches $(\mathbf{A} - \lambda_i\mathbf{I})\mathbf{x} = \mathbf{0}$ erfüllt, ein *Eigenvektor* der Matrix **A** zum Eigenwert λ_i. Natürlich ändert eine skalare Multiplikation mit einem Skalar $\neq 0$ diese Eigenschaft nicht. Wählt man den Skalar α so, daß $\|\alpha\mathbf{x}\| = 1$, nämlich $\alpha = \frac{1}{\|\mathbf{x}\|}$, hat man mit $\mathbf{u} = \alpha\mathbf{x}$ einen normierten Eigenvektor gefunden:

$$\mathbf{u} = \frac{\mathbf{x}}{\|\mathbf{x}\|}\,.$$

Beispiel 7.1.1

Zu

$$\mathbf{A} = \begin{pmatrix} 8 & 7 \\ 1 & 2 \end{pmatrix}$$

lautet das charakteristische Polynom

$$|\mathbf{A} - \lambda \mathbf{I}| = \begin{vmatrix} 8-\lambda & 7 \\ 1 & 2-\lambda \end{vmatrix} = (8-\lambda)(2-\lambda) - 1 \cdot 7 = \lambda^2 - 10\lambda + 9\,.$$

Es besitzt die Nullstellen

$$\lambda_{1/2} = 5 \pm \sqrt{25-9} = 5 \pm 4,$$

also $\lambda_1 = 9$ und $\lambda_2 = 1$; d.h. 9 und 1 sind die Eigenwerte von **A**.

Zur Berechnung der Eigenvektoren werden die Eigenwerte in die Gleichung $(\mathbf{A} - \lambda_i \mathbf{I})\,\mathbf{x} = 0,\ i = 1,2$, eingesetzt

$$\begin{pmatrix} 8-\lambda_1 & 7 \\ 1 & 2-\lambda_1 \end{pmatrix} \begin{pmatrix} x_1 \\ x_2 \end{pmatrix} = \begin{pmatrix} -1 & 7 \\ 1 & -7 \end{pmatrix} \begin{pmatrix} x_1 \\ x_2 \end{pmatrix} = 0$$

$$\begin{pmatrix} 8-\lambda_2 & 7 \\ 1 & 2-\lambda_2 \end{pmatrix} \begin{pmatrix} x_1 \\ x_2 \end{pmatrix} = \begin{pmatrix} 7 & 7 \\ 1 & 1 \end{pmatrix} \begin{pmatrix} x_1 \\ x_2 \end{pmatrix} = 0$$

und die Gleichungssysteme gelöst:

x_1	x_2	**b**	x_1	x_2	**b**
–1	7	0	7	7	0
1	–7	0	1	1	0
1	–7	0	1	1	0
1	–7	0	1	1	0

Für $\lambda_1 = 9$ gilt also $x_1 = 7x_2$ und für $\lambda_2 = 1$: $x_1 = -x_2$.

Wählt man jeweils $x_2 = 1$, so ist $\mathbf{x}^1 = \begin{pmatrix} 7 \\ 1 \end{pmatrix}$ ein Eigenvektor zu $\lambda_1 = 9$ und $\mathbf{x}^2 = \begin{pmatrix} -1 \\ 1 \end{pmatrix}$ ein Eigenvektor zu $\lambda_2 = 1$.

Die Mengen aller Eigenvektoren lauten:

$$\text{zu } \lambda_1\text{: } \left\{ \mathbf{x} \in \boldsymbol{R}^2 \,\middle|\, \mathbf{x} = \alpha \begin{pmatrix} 7 \\ 1 \end{pmatrix}, \alpha \in \boldsymbol{R}, \alpha \neq 0 \right\},$$

$$\text{zu } \lambda_2\text{: } \left\{ \mathbf{x} \in \boldsymbol{R}^2 \,\middle|\, \mathbf{x} = \alpha \begin{pmatrix} -1 \\ 1 \end{pmatrix}, \alpha \in \boldsymbol{R}, \alpha \neq 0 \right\}.$$

Mit $\left\|\mathbf{x}^1\right\| = \sqrt{7^2 + 1^2} = \sqrt{50}$ und $\left\|\mathbf{x}^2\right\| = \sqrt{(-1)^2 + 1^2} = \sqrt{2}$ sind

$$\mathbf{u}^1 = \frac{\mathbf{x}^1}{\left\|\mathbf{x}^1\right\|} = \frac{1}{\sqrt{50}} \begin{pmatrix} 7 \\ 1 \end{pmatrix} \text{ und}$$

$$\mathbf{u}^2 = \frac{\mathbf{x}^2}{\left\|\mathbf{x}^2\right\|} = \frac{1}{\sqrt{2}} \begin{pmatrix} -1 \\ 1 \end{pmatrix}$$

jeweils normierte Eigenvektoren.

Eine Eigenschaft von Eigenwerten wird weiter unten benötigt: sie sind invariant gegenüber gewissen Transformationen der Matrix **A**.

Ist **R** nämlich eine reguläre $n \times n$-Matrix und gilt $\mathbf{Ax} = \lambda \mathbf{x}$, so auch $\mathbf{RAR}^{-1}\mathbf{y} = \lambda \mathbf{y}$ für $\mathbf{y} = \mathbf{Rx}$.

Zum Nachweis substituiert man $\mathbf{x} = \mathbf{R}^{-1}\mathbf{y}$ in $\mathbf{Ax} = \lambda \mathbf{x}$ und multipliziert dann von links mit **R**:

$$\mathbf{Ax} = \lambda \mathbf{x} \quad \text{bzw.} \quad \mathbf{AR}^{-1}\mathbf{y} = \lambda \mathbf{R}^{-1}\mathbf{y} \quad \text{bzw.} \quad \mathbf{RAR}^{-1}\mathbf{y} = \lambda \mathbf{y}. \qquad \textbf{(7.1.05)}$$

Ähnlichkeitstransformationen

Natürlich kann man auch von $\mathbf{B} = \mathbf{RAR}^{-1}$ ausgehend durch $\mathbf{R}^{-1}\mathbf{BR}$ wieder zu **A** zurückkommen. Transformationen von $n \times n$-Matrizen der beschriebenen Art heißen *Ähnlichkeitstransformationen*, **A** und **B** heißen *ähnlich*.

Wie wir in (7.1.05) sahen, ändern Ähnlichkeitstransformationen die Eigenwerte nicht, wohl aber die dazugehörigen Eigenvektoren.

Wegen (7.1.04) sind charakteristische Polynome ähnlicher Matrizen identisch.

Gottlob sind bei ökonomischen Anwendungen der Eigenwerttheorie die Matrizen **A** in der Regel symmetrisch: $\mathbf{A}^{\mathrm{T}} = \mathbf{A}$. Für symmetrische Matrizen ist das Studium von Eigenwerten und Eigenvektoren erheblich einfacher als für nicht symmetrische. Es gilt nämlich der

Satz 7.1.2

Eigenwerte von symmetrischen $n \times n$ -Matrizen sind reelle Zahlen.

Es versteht sich, daß dann auch die Eigenvektoren als Lösung von (7.1.01) nur reelle Komponenten besitzen.

Auf den Nachweis der Gültigkeit des Satzes wird verzichtet, da er profunde Kenntnisse im Umgang mit komplexen Zahlen voraussetzt.

Eine weitere Eigenschaft von Eigenwerten und Eigenvektoren verdient es, ebenfalls in Form eines Satzes festgehalten zu werden.

Satz 7.1.3

Eigenvektoren zu *verschiedenen* Eigenwerten einer symmetrischen $n \times n$ -Matrix A sind orthogonal.

Sind nämlich $\lambda_i \neq \lambda_j$ zwei Eigenwerte von **A** und $\mathbf{x}^i$, $\mathbf{x}^j$ entsprechende Eigenvektoren, gilt

$$\mathbf{A}\mathbf{x}^i = \lambda_i \mathbf{x}^i \text{ und } \mathbf{A}\mathbf{x}^j = \lambda_j \mathbf{x}^j .$$

Multiplikation von links mit $\mathbf{x}^{j\mathrm{T}}$ bzw. $\mathbf{x}^{i\mathrm{T}}$ und Subtraktion der Gleichungen voneinander ergibt wegen $\mathbf{x}^{j\mathrm{T}}\mathbf{A}\mathbf{x}^i = \mathbf{x}^{i\mathrm{T}}\mathbf{A}\mathbf{x}^j$ und $\mathbf{x}^{j\mathrm{T}}\mathbf{x}^i = \mathbf{x}^{i\mathrm{T}}\mathbf{x}^j$:

$$\left.\begin{aligned} \mathbf{x}^{j\mathrm{T}}\, \mathbf{A}\,\mathbf{x}^i &= \lambda_i\, \mathbf{x}^{j\mathrm{T}}\, \mathbf{x}^i \\ \mathbf{x}^{i\mathrm{T}}\, \mathbf{A}\,\mathbf{x}^j &= \lambda_j\, \mathbf{x}^{i\mathrm{T}}\, \mathbf{x}^j \end{aligned}\right\} - \quad 0 = (\lambda_i - \lambda_j)\, \mathbf{x}^{j\mathrm{T}}\, \mathbf{x}^i .$$

Dann aber muß wegen $\lambda_i \neq \lambda_j$ auch $\mathbf{x}^{j\mathrm{T}}\mathbf{x}^i = 0$ sein, was die Orthogonalität der Vektoren bedeutet.

Sind *alle* Eigenwerte von **A** verschieden, gibt es also ein orthogonales und nach Normierung sogar ein orthonormales System von Eigenvektoren.

Die Aussage ist sogar auf den generellen Fall einer symmetrischen Matrix verallgemeinerbar. Die Darstellung der Zusammenhänge sprengt den Rahmen dieses Kurses. Wir halten lediglich fest:

Satz 7.1.4

> **Zu einer beliebigen symmetrischen $n \times n$-Matrix A gibt es eine orthonormale Basis von Eigenvektoren.**

Es gibt Rechnerprogramme, die Ihnen die aufwendige Berechnung von Eigenwerten und Eigenvektoren zu Matrizen abnehmen. Numerische Aspekte der Eigenwerttheorie – sehr schwierig (!) – wurden daher hier nicht betrachtet.

Abschließend zu diesem Abschnitt soll noch über eine Form der Diagonalisierung von Matrizen gesprochen werden; eine andere Form wird in Abschnitt 7.3 vorgestellt.

Gemeint ist folgendes:
Nimmt man eine orthonormale Basis $\mathbf{u}^1, \ldots, \mathbf{u}^n$ von Eigenvektoren von $\mathbf{A}$ (laut Satz 7.1.4 gibt es so etwas stets), und bildet die Matrix $\mathbf{Q} = (\mathbf{u}^1, \ldots, \mathbf{u}^n)$ aus Eigenvektoren als Spalten, so gilt

$$\mathbf{Q}^{\mathrm{T}} \cdot \mathbf{Q} = \mathbf{I}.$$

orthogonale Matrizen

Matrizen mit dieser Eigenschaft, daß nämlich ihre Transponierte gleich ihrer Inversen ist, heißen *orthogonale Matrizen*:

$$\mathbf{Q}^{-1} = \mathbf{Q}^{\mathrm{T}}.$$

Satz 7.1.5

> **Genau dann, wenn man die Ähnlichkeitstransformation $\mathbf{Q}^{\mathrm{T}}\mathbf{A}\mathbf{Q}$ auf A anwendet, erhält man**
>
> $$\mathbf{Q}^{\mathrm{T}}\mathbf{A}\mathbf{Q} = \mathbf{Q}^{\mathrm{T}}(\mathbf{A}\mathbf{Q}) = \mathbf{Q}^{\mathrm{T}}(\lambda_1 \mathbf{u}^1, \ldots, \lambda_n \mathbf{u}^n) = \begin{pmatrix} \lambda_1 & & & \mathbf{0} \\ & \lambda_2 & & \\ & & \ddots & \\ \mathbf{0} & & & \lambda_n \end{pmatrix}$$
>
> **also eine Diagonalmatrix mit den Eigenwerten in der Diagonalen.**

7.2. Quadratische Formen und ihre Definitheit

Während im letzten Abschnitt schwere mathematische Geschütze aufgefahren wurden, geht es hier etwas weniger anspruchsvoll zu. Um so wichtiger ist es zu bemerken, daß der Inhalt des vorliegenden Abschnitts einige ökonomische Relevanz besitzt.

Multipliziert man eine $m \times n$-Matrix $\mathbf{A}$ von links mit einem Variablenvektor $\mathbf{y}^T = (y_1, \ldots, y_m)$ und von rechts mit einem Variablenvektor $\mathbf{x} = \begin{pmatrix} x_1 \\ \vdots \\ x_n \end{pmatrix}$, entsteht eine *Bilinearform*

Bilinearform

$$\mathbf{y}^T\mathbf{A}\mathbf{x} = \sum_{i=1}^{m} y_i \left(\sum_{j=1}^{n} a_{ij} x_j \right) = \sum_{i=1}^{m} \sum_{j=1}^{n} a_{ij} y_i x_j \,. \qquad \textbf{(7.2.01)}$$

Die Werte von Bilinearformen sind reelle Zahlen.

Ist die Matrix $n \times n$, also quadratisch und wird die Prä- und Postmultiplikation mit demselben Vektor $\mathbf{x}$ durchgeführt, entsteht als Spezialfall eine *quadratische Form*

quadratische Form

$$\mathbf{x}^T\mathbf{A}\mathbf{x}.$$

Ist keine Verwechslung bzgl. der betrachteten quadratischen Matrix möglich, schreiben wir auch $q(\mathbf{x}) = \mathbf{x}^T\mathbf{A}\mathbf{x}$.

$$q(\mathbf{x}) = \mathbf{x}^T\mathbf{A}\mathbf{x} = \sum_{i=1}^{n} x_i \sum_{j=1}^{n} a_{ij} x_j = \sum_{i=1}^{n} \sum_{j=1}^{n} a_{ij} x_i x_j \qquad \textbf{(7.2.02)}$$

trägt den Namen quadratische Form, da die Komponenten des Variablenvektors $\mathbf{x}$ nur gemischt $x_i x_j$ $(i \neq j)$ oder quadratisch auftreten $x_i x_j$ $(i = j)$; ihr Wert ist natürlich wieder eine reelle Zahl.

Solche quadratischen Formen treten in der Statistik, bei Problemen mit mehrdimensionalen Preis-Absatz-Beziehungen und bei Approximationen nichtlinearer Optimierungsprobleme auf.

Übungsaufgabe 7.2.1

i) Schreiben Sie allgemein für $n = 3$ die quadratische Form hin.

ii) Schreiben Sie speziell für $n = 3$ und die folgende Matrix die quadratische Form hin: $\mathbf{A} = \begin{pmatrix} 1 & 2 & 3 \\ 1 & 2 & 4 \\ -1 & 3 & 0 \end{pmatrix}$.

iii) Berechnen Sie den Wert q an der Stelle $\mathbf{x}^T = (5, 4, -4)$.

⌛

Die Matrix in ii) und iii) der Übungsaufgabe ist nicht symmetrisch, jedoch läßt sich jede quadratische Form völlig identisch mittels einer symmetrischen Matrix darstellen. Das leuchtet unmittelbar durch Untersuchung des Ausdrucks $\sum_{i=1}^{n}\sum_{j=1}^{n} a_{ij}x_i x_j$ in (7.2.02) ein. Wegen $x_i x_j = x_j x_i$ gehören zu $x_i x_j$ $(= x_j x_i)$ die Faktoren a_{ij} und a_{ji}, in der Summe also $a_{ij} + a_{ji}$. Teilt man diese Summe $a_{ij} + a_{ji}$ symmetrisch auf $x_i x_j$ und $x_j x_i$ auf, erhält man $\frac{a_{ij}+a_{ji}}{2} x_i x_j$, $\frac{a_{ij}+a_{ji}}{2} x_j x_i$. Damit hat man mit $b_{ij} = b_{ji} = \frac{a_{ij}+a_{ji}}{2}$ für alle *i, j* eine neue symmetrische Matrix $\mathbf{B} = (b_{ij})_{n,n}$ definiert und es gilt die Gleichheit

$$\mathbf{x}^T\mathbf{A}\mathbf{x} = \mathbf{x}^T\mathbf{B}\mathbf{x} = \mathbf{x}^T\left(\frac{\mathbf{A}+\mathbf{A}^T}{2}\right)\mathbf{x}. \qquad \textbf{(7.2.03)}$$

Die Division durch 2 ist elementweise zu verstehen. Ab jetzt werden in diesem Abschnitt nurmehr quadratische Formen mit symmetrischen Matrizen betrachtet.

Übungsaufgabe 7.2.2

i) Führen Sie die quadratische Form der Aufgabe 7.2.1 ii) in eine symmetrische quadratische Form über.

ii) Berechnen Sie wieder den Wert an der Stelle $\mathbf{x}^T = (5, 4, -4)$.

⌛

lineare Variablentransformation

Im folgenden werden oft quadratische Formen $q(\mathbf{x})$ unter *linearen Variablentransformationen* benötigt und zwar speziell unter *regulären*. Damit ist gemeint, daß $\mathbf{x} = \mathbf{R}\mathbf{y}$ oder $\mathbf{y} = \mathbf{R}^{-1}\mathbf{x}$ gilt und **R** eine reguläre Matrix ist. **x** kann dann durch **Ry** ersetzt werden.

Substituiert man nun in der quadratischen Form $\mathbf{x}^T\mathbf{A}\mathbf{x}$ das **x** durch **Ry**, erhält man

$$\mathbf{x}^T\mathbf{A}\mathbf{x} = (\mathbf{R}\mathbf{y})^T\mathbf{A}\mathbf{R}\mathbf{y} = \mathbf{y}^T\mathbf{R}^T\mathbf{A}\mathbf{R}\mathbf{y}, \qquad \textbf{(7.2.04)}$$

also eine neue quadratische Form im Variablenvektor **y**.

Diese quadratische Form ist natürlich wieder symmetrisch, wenn **A** symmetrisch ist. Wieso?

In vielen der oben genannten Anwendungen haben quadratische Formen $\mathbf{x}^T\mathbf{A}\mathbf{x}$ die Eigenschaft, daß ihr Wert für alle Vektoren $\mathbf{x}$ *nichtnegativ* ist oder sogar für alle $\mathbf{x} \neq \mathbf{0}$ *positiv* ist:

$$\mathbf{x}^T\mathbf{A}\mathbf{x} \geq \mathbf{0} \text{ für alle } \mathbf{x} \text{ oder sogar } \mathbf{x}^T\mathbf{A}\mathbf{x} > \mathbf{0} \text{ für alle } \mathbf{x} \neq \mathbf{0}.$$

Solche Formen erhalten besondere Namen.

Definition 7.2.3 (Definitheit)

i) **Falls $\mathbf{x}^T\mathbf{A}\mathbf{x} > (\geq)\, \mathbf{0}$ *für alle* $\mathbf{x} \neq \mathbf{0}$ (für alle x) gilt, heißt die quadratische Form *positiv* (*semi-*) *definit.*** *positiv definit* *positiv semi-definit*

ii) **Falls $\mathbf{x}^T\mathbf{A}\mathbf{x} < (\leq)\, \mathbf{0}$ *für alle* $\mathbf{x} \neq \mathbf{0}$ (für alle x) gilt, heißt die quadratische Form *negativ* (*semi-*) *definit.*** *negativ definit* *negativ semi-definit*

iii) **Ist eine quadratische Form weder positiv noch negativ semidefinit, heißt sie *indefinit.*** *indefinit*

iv) **Die Bezeichnungsweisen für die quadratischen Formen übertragen sich auf die Matrizen A; d.h. auch sie heißen jeweils positiv oder negativ (semi-) definit.**

Beispiel 7.2.4

i) $(x_1, x_2, x_3)\begin{pmatrix} 1 & 0 & 0 \\ 0 & 1 & 0 \\ 0 & 0 & 1 \end{pmatrix}\begin{pmatrix} x_1 \\ x_2 \\ x_3 \end{pmatrix} = x_1^2 + x_2^2 + x_3^2$ ist positiv definit, da die Summe der Quadrate stets positiv ist, falls nur eine Komponente x_i ungleich 0 ist.

ii) $(x_1, x_2, x_3)\begin{pmatrix} 4 & -2 & 0 \\ -2 & 1 & 0 \\ 0 & 0 & 3 \end{pmatrix}\begin{pmatrix} x_1 \\ x_2 \\ x_3 \end{pmatrix} = 4x_1^2 - 4x_1x_2 + x_2^2 + 3x_3^2$ ist positiv (semi-) definit, da man $4x_1^2 - 4x_1x_2 + x_2^2 + 3x_3^2$ zu $(2x_1 - x_2)^2 + 3x_3^2$ umformen kann (!). Dieser Ausdruck ist aber immer ≥ 0; er ist 0 für $2x_1 = x_2$, $x_3 = 0$. Das aber ist auch für $x_1 \neq 0$ und $x_2 \neq 0$ möglich.

iii) $(x_1, x_2, x_3)\begin{pmatrix} -1 & 0 & 0 \\ 0 & -2 & 0 \\ 0 & 0 & -3 \end{pmatrix}\begin{pmatrix} x_1 \\ x_2 \\ x_3 \end{pmatrix}$ ist negativ definit, da $-x_1^2 - 2x_2^2 - 3x_3^2$ für nichtverschwindende Vektoren $\mathbf{x}$ stets negativ ist.

Leider ist in Beispiel 7.2.4 ii) aufgefallen, daß der Nachweis der (Semi)-Definitheit nicht trivial ist. Dort gelang er zwar noch durch geschickte Quadrierung, doch schon bei Matrizen wie etwa $\begin{pmatrix} 5 & 2 & 1 \\ 2 & 3 & 1 \\ 1 & 1 & 2 \end{pmatrix}$ wird die Sache unübersichtlich. Da aber die (In)-Definitheit quadratischer Formen in allen Anwendungen eine wichtige Rolle spielt, müssen wir den Nachweis transparenter machen.

Wenn es uns gelingt, $\mathbf{x}^T\mathbf{A}\mathbf{x}$ durch eine Variablentransformation $\mathbf{x} = \mathbf{Q}\mathbf{y}$ so umzuformen, daß das resultierende $\mathbf{y}^T\mathbf{Q}^T\mathbf{A}\mathbf{Q}\mathbf{y}$ eine *diagonale* quadratische Form, also $\mathbf{y}^T\mathbf{D}\mathbf{y} = \mathbf{y}^T \begin{pmatrix} d_1 & & 0 \\ & d_2 & \\ & & \ddots \\ 0 & & d_n \end{pmatrix} \mathbf{y}$ ist, kann auch die Frage der Definitheit von $\mathbf{x}^T\mathbf{A}\mathbf{x}$ leicht beantwortet werden:

- $\mathbf{y}^T\mathbf{D}\mathbf{y}$ ist immer dann positiv (semi-) definit, falls alle $d_i > 0 \ (\geq 0)$;
  es ist immer dann negativ (semi-) definit, falls alle $d_i < 0 \ (\leq 0)$;
  sonst ist $\mathbf{y}^T\mathbf{D}\mathbf{y}$ indefinit.
- Die Definitheit einer quadratischen Form ändert sich nicht unter Variablentransformationen: $\mathbf{x}^T\mathbf{A}\mathbf{x}$ und $\mathbf{y}^T\mathbf{R}^T\mathbf{A}\mathbf{R}\mathbf{y}$ haben den gleichen Wertebereich für alle regulären Transformationen $\mathbf{x} = \mathbf{R}\mathbf{y}$, also auch für das spezielle $\mathbf{x} = \mathbf{Q}\mathbf{y}$.

Übungsaufgabe 7.2.5

Zeigen Sie, daß $\mathbf{x}^T\mathbf{A}\mathbf{x}$ und $\mathbf{y}^T\mathbf{R}^T\mathbf{A}\mathbf{R}\mathbf{y}$ für ein beliebiges reguläres $\mathbf{R}$ die gleichen Wertebereiche haben!

Eine Art der Diagonalisierung einer quadratischen Form wurde im vorigen Abschnitt besprochen, sie entzog sich jedoch der numerischen Durchführbarkeit auf dem Niveau dieses Buches.

Diagonalisierung durch quadratische Ergänzung

Eine auch rechentechnisch nachvollziehbare Art der Diagonalisierung wird im folgenden Abschnitt entwickelt. In der Fachliteratur heißt sie *Diagonalisierung durch quadratische Ergänzung*.

Da dieser Abschnitt 7.3 jedoch gesternt ist und somit nicht obligatorisch, wird Ihnen wenigstens ein Kriterium zur Überprüfung der strengen Definitheit, nicht jedoch der Semidefinitheit (!), an die Hand gegeben.

Satz 7.2.6

i) **Notwendig und hinreichend für die Positivdefinitheit der Matrix A ist die Positivität aller Hauptunterdeterminanten:**

$$a_{11} > 0, \quad \begin{vmatrix} a_{11} & a_{12} \\ a_{21} & a_{22} \end{vmatrix} > 0, \quad \begin{vmatrix} a_{11} & a_{12} & a_{13} \\ a_{21} & a_{22} & a_{23} \\ a_{31} & a_{32} & a_{33} \end{vmatrix} > 0, \ \ldots, \ |\mathbf{A}| > 0.$$

ii) **Notwendig und hinreichend für die Negativdefinitheit der Matrix A ist der Vorzeichenwechsel der Hauptunterdeterminanten:**

$$a_{11} < 0, \quad \begin{vmatrix} a_{11} & a_{12} \\ a_{21} & a_{22} \end{vmatrix} > 0, \quad \begin{vmatrix} a_{11} & a_{12} & a_{13} \\ a_{21} & a_{22} & a_{23} \\ a_{31} & a_{32} & a_{33} \end{vmatrix} < 0, \ \ldots, \ (-1)^n |\mathbf{A}| > 0.$$

An dieser Stelle verlassen wir wieder einmal den Pfad der Tugend und verzichten auf einen Beweis des Satzes. Er ist recht aufwendig und wäre erst nach Studium des folgenden Abschnitts möglich.

Sollten Sie jedoch die *Semi*definitheit einer quadratischen Form nachweisen müssen und den Vorgang auch verstehen wollen, kann Ihnen die Lektüre des Abschnitts 7.3 nicht erspart werden.

Übungsaufgabe 7.2.7

i) Überprüfen Sie, ob die Matrix $\begin{pmatrix} 5 & 2 & 1 \\ 2 & 3 & 1 \\ 1 & 1 & 2 \end{pmatrix}$ positiv oder negativ definit ist.

ii) Überprüfen Sie, ob die Matrix $\begin{pmatrix} 0 & 0 \\ 0 & -5 \end{pmatrix}$ positiv semidefinit ist (Achtung Falle!).

Es ist jetzt an der Zeit zwei Tatsachen festzuhalten, die wir auch schon früher hätten formulieren können, deren Sinn jedoch erst hier so richtig einleuchtet.

Hierzu rekapitulieren Sie bitte, daß im letzten Satz des vorigen Abschnitts eine symmetrische Matrix **A** durch eine orthogonale Ähnlichkeitstransformation diagonalisiert wurde:

$$\mathbf{Q}^T \mathbf{A}\, \mathbf{Q} = \begin{pmatrix} \lambda_1 & & 0 \\ & \ddots & \\ 0 & & \lambda_n \end{pmatrix}.$$

Die Definitheit von **A** ist also an den Eigenwerten ablesbar. Sind sie alle $> (\geq 0)$, ist **A** positiv (semi-) definit; sind sie alle $< (\leq 0)$, ist **A** negativ (semi-) definit; wechseln die Vorzeichen, ist sie indefinit.

Nun sollen für ein reguläres, symmetrisches **A** Fragen des Definitheit-Zusammenhangs von **A** und $\mathbf{A}^{-1}$ untersucht werden. Dazu halten wir zunächst die schon für sich selbst interessante Tatsache fest, daß die Inverse einer symmetrischen Matrix ebenfalls symmetrisch ist.

Satz 7.2.8

Ist A regulär und symmetrisch, so auch $\mathbf{A}^{-1}$.

Über die Regularität von $\mathbf{A}^{-1}$ wurde bereits an anderer Stelle gesprochen (wo?), die Symmetrie ergibt sich aus der Symmetrie von **I** und **A** wie folgt:

$$\mathbf{I} = \mathbf{A}\mathbf{A}^{-1} = (\mathbf{A}\mathbf{A}^{-1})^T = (\mathbf{A}^{-1})^T \mathbf{A}^T = (\mathbf{A}^{-1})^T \mathbf{A}.$$

Die Inverse von **A**, nämlich $\mathbf{A}^{-1}$ ist also gleich $(\mathbf{A}^{-1})^T$, das aber ist die Symmetrie.

Ist also mit **A** auch ihre Inverse $\mathbf{A}^{-1}$ symmetrisch, drängt sich die Frage nach Definitheitszusammenhängen zwischen beiden auf. Erstaunlich genug, überträgt sich die Definitheit auch auf die Inverse, und diese Tatsache ist sehr leicht nachvollziehbar!

Satz 7.2.9

Ist A symmetrisch und regulär, so gilt

$$\mathbf{A \text{ ist}} \begin{Bmatrix} \textbf{positiv definit} \\ \textbf{negativ definit} \end{Bmatrix} \textbf{ genau dann, wenn es } \mathbf{A}^{-1} \textbf{ ist.}$$

Man überlegt sich hierzu:

- Das oben bereits erwähnte orthogonale $\mathbf{Q}$ diagonalisiert $\mathbf{A}$:

$$\mathbf{Q}^{\mathrm{T}}\mathbf{A}\mathbf{Q} = \begin{pmatrix} \lambda_1 & & 0 \\ & \ddots & \\ 0 & & \lambda_n \end{pmatrix}$$

- $$\begin{pmatrix} \frac{1}{\lambda_1} & & 0 \\ & \ddots & \\ 0 & & \frac{1}{\lambda_n} \end{pmatrix} = \begin{pmatrix} \lambda_1 & & 0 \\ & \ddots & \\ 0 & & \lambda_n \end{pmatrix}^{-1} = (\mathbf{Q}^{\mathrm{T}}\mathbf{A}\mathbf{Q})^{-1} = \mathbf{Q}^{-1}\mathbf{A}^{-1}(\mathbf{Q}^{\mathrm{T}})^{-1}$$

  Also diagonalisiert dasselbe $\mathbf{Q}$ auch $\mathbf{A}^{-1}$. Vollziehen Sie jeden Umformungsschritt nach!

Man erhält sogar eine viel stärkere Aussage als in Satz 7.2.9.

Satz 7.2.10

Ist A symmetrisch und regulär, so gilt

i) Die Eigenwerte von $\mathbf{A}^{-1}$ sind reziprok zu denen von A.
ii) Eine Basis von Eigenvektoren von A ist auch eine von $\mathbf{A}^{-1}$.

7.3.* Diagonalisierung durch quadratische Ergänzung

Dieses Kapitel ist gesternt, also nicht obligatorisch. Sein Studium versetzt Sie in die Lage, nicht nur die positive oder negative Definitheit, sondern auch die entsprechende *Semi*definitheit nachzuweisen. Sie sollen es nur bearbeiten, wenn ein konkreter Anwendungsfall vorliegt.

Zu diagonalisieren ist also die quadratische Form $\mathbf{x}^{\mathrm{T}}\mathbf{A}\mathbf{x}$ mit einer beliebigen symmetrischen Matrix $\mathbf{A}$. Wir treffen zunächst einige Vorbereitungen.

- *Vertauscht* man zwei *Variable* $(x_1, \ldots, x_k, \ldots, x_l, \ldots, x_n)$, so muß man in der quadratischen Form $\mathbf{x}^{\mathrm{T}}\mathbf{A}\mathbf{x}$ die k-te und l-te Zeile *und* die k-te und l-te Spalte tauschen.

$$(x_1,\ldots,x_k,\ldots,x_l,\ldots,x_n)\begin{pmatrix} a_{11} & \cdots & a_{1k} & \cdots & a_{1l} & \cdots & a_{1n} \\ \vdots & & & & & & \\ a_{k1} & & a_{kk} & & a_{kl} & & \\ \vdots & & & & & & \\ a_{l1} & & a_{lk} & & a_{ll} & & \\ \vdots & & & & & & \\ a_{n1} & & & & & & a_{nn} \end{pmatrix}\begin{pmatrix} x_1 \\ \vdots \\ x_k \\ \vdots \\ x_l \\ \vdots \\ \end{pmatrix}$$

Ihr Wert ändert sich dabei nicht!

Eine unmittelbare Folge aus dieser Erkenntnis ist: Gibt es in der Diagonalen einer symmetrischen Matrix ein Element $\neq 0$, z. B. $a_{ll} \neq 0$, kann man es durch Variablentausch an jede gewünschte Stelle „holen", z. B. an die Stelle (k, k).

- Ist eine quadratische Form bereits in den ersten $r-1$ Variablen diagonalisiert, hat sie die Gestalt

$$(y_1,\ldots,y_{r-1},\ldots,y_n)\left(\begin{array}{ccc|c} b_{11} & \cdots & 0 & \\ \vdots & \ddots & \vdots & \mathbf{0} \\ 0 & \cdots & b_{r-1,r-1} & \\ \hline & \mathbf{0} & & \begin{array}{c}\text{symmetri -}\\ \text{scher Rest}\end{array} \end{array}\right)\begin{pmatrix} y_1 \\ \vdots \\ y_{r-1} \\ \vdots \\ y_n \end{pmatrix}. \qquad \textbf{(7.3.01)}$$

Denn nur eine solche Gestalt garantiert, daß die Variablen y_1 bis y_{r-1} nicht mehr in gemischter Form auftreten. Die Symmetrie des „Restes" ergibt sich aus jedem der folgenden Diagonalisierungsschritte.

Nun werden wir in einem nächsten Unterpunkt ein Verfahren angeben, das die Matrix von (7.3.01) bis zur folgenden Variablen y_r diagonalisiert, falls nur $b_{rr} \neq 0$. Ist das nicht der Fall, kann der Variablentausch das Problem zumindest dann beheben, wenn es *irgendein* nicht verschwindendes Diagonalelement b_{ss} mit $s > r$ gibt!

Sind alle Diagonalelemente ab b_{rr} gleich null und *alle übrigen* Elemente des symmetrischen Rests ebenfalls, hat also (7.3.01) die Gestalt

$$\mathbf{y}^{\mathrm{T}}\mathbf{B}\mathbf{y} = (y_1,\ldots,y_{r-1},\ldots,y_n)\left(\begin{array}{ccc|c} b_{11} & \cdots & 0 & \\ \vdots & \ddots & \vdots & \mathbf{0} \\ 0 & \cdots & b_{r-1,r-1} & \\ \hline & \mathbf{0} & & \mathbf{0} \end{array}\right)\begin{pmatrix} y_1 \\ \vdots \\ y_{r-1} \\ \vdots \\ y_n \end{pmatrix},$$

so liegt bereits eine diagonalisierte Form vor! Es gilt nämlich $\mathbf{y}^{\mathrm{T}}\mathbf{B}\mathbf{y} = b_{11}\,y_1^2 + \ldots + b_{r-1,r-1}\,y_{r-1}^2 + 0y_r^2 + \ldots + 0y_n^2$.

Sind alle Diagonalelemente ab b_{rr} gleich null und *nicht alle übrigen* Elemente des symmetrischen Rests auch gleich null, kann man durch Variablentausch ein von Null verschiedenes Element in die $(r+1)$-te Zeile und Spalte holen:

$$\begin{pmatrix} \searrow & & & & \\ & 0 & \cdots & \cdots & \neq 0 \\ & \vdots & 0 & & \vdots \\ & \vdots & & \ddots & \vdots \\ & \neq 0 & \cdots & \cdots & 0 \\ & & & & & 0 \end{pmatrix} \quad \text{mit dem Ergebnis} \quad \begin{pmatrix} \searrow & & & \\ & \boxed{\begin{matrix} 0 & \neq 0 \\ \neq 0 & 0 \end{matrix}} & & \\ & & 0 & \\ & & & \ddots \\ & & & & 0 \end{pmatrix}. \qquad \textbf{(7.3.02)}$$

Nennen Sie diese von Null verschiedenen Elemente (nach Umindizierung) $b_{r,r+1}$ bzw $b_{r+1,r}$. Natürlich sind sie gleich!

- Hat eine quadratische Form die Gestalt (7.3.02), erzeugt die Variablentransformation

$$\begin{pmatrix} y_1 \\ \vdots \\ y_r \\ y_{r+1} \\ \vdots \\ \vdots \\ y_n \end{pmatrix} = \begin{pmatrix} 1 & & & & & \\ & \ddots & & & & \\ & & 1 & 1 & & \\ & & 1 & -1 & & \\ & & & & 1 & \\ & & & & & \ddots \\ & & & & & & 1 \end{pmatrix} \begin{pmatrix} z_1 \\ \vdots \\ z_r \\ z_{r+1} \\ \vdots \\ \vdots \\ z_n \end{pmatrix} \qquad \textbf{(7.3.03)}$$

$$\uparrow\ \uparrow$$
$$r\ \ r+1$$

die quadratische Form

$$(z_1,\ldots,z_r,z_{r+1},\ldots,z_n) \begin{pmatrix} \diagdown & \mathbf{0} & & \\ \mathbf{0} & \begin{matrix} 2b_{r,r+1} & 0 \\ 0 & -2b_{r,r+1} \end{matrix} & /// & \\ & /// & 0 & \\ & & & \ddots \\ & & & & 0 \end{pmatrix} \begin{pmatrix} z_1 \\ \vdots \\ z_r \\ z_{r+1} \\ \vdots \\ z_n \end{pmatrix}$$

Es ist also gelungen, mit einer die Symmetrie erhaltenden Transformation zwei von Null verschiedene Elemente in der Diagonalen zu positionieren.

Beispiel 7.3.1

Es sei $\mathbf{B} = \begin{pmatrix} 1 & 0 & 0 & 0 \\ 0 & 0 & 2 & 3 \\ 0 & 2 & 0 & 8 \\ 0 & 3 & 8 & 0 \end{pmatrix}$. Die quadratische Form $\mathbf{y}^T\mathbf{B}\mathbf{y}$ wird durch die Transformation $\mathbf{y} = \begin{pmatrix} 1 & & & \\ & 1 & 1 & \\ & 1 & -1 & \\ & & & 1 \end{pmatrix} \mathbf{z}$ zu $\mathbf{z}^T \begin{pmatrix} 1 & & & \\ & 1 & 1 & \\ & 1 & -1 & \\ & & & 1 \end{pmatrix} \begin{pmatrix} 1 & 0 & 0 & 0 \\ 0 & 0 & 2 & 3 \\ 0 & 2 & 0 & 8 \\ 0 & 3 & 8 & 0 \end{pmatrix} \begin{pmatrix} 1 & & & \\ & 1 & 1 & \\ & 1 & -1 & \\ & & & 1 \end{pmatrix} \mathbf{z}$.

Rechnen Sie nach, daß das Matrixprodukt $\begin{pmatrix} 1 & 0 & 0 & 0 \\ 0 & 4 & 0 & 11 \\ 0 & 0 & -4 & -5 \\ 0 & 11 & -5 & 0 \end{pmatrix}$ ergibt!

Übungsaufgabe 7.3.2

Zeigen Sie allgemein, daß für $\mathbf{B} = \begin{pmatrix} 0 & b \\ b & 0 \end{pmatrix}$ ihre quadratische Form unter der Transformation $\begin{pmatrix} y_1 \\ y_2 \end{pmatrix} = \begin{pmatrix} 1 & 1 \\ 1 & -1 \end{pmatrix} \begin{pmatrix} z_1 \\ z_2 \end{pmatrix}$ diagonalisiert wird!

- Es bleibt noch, die schon angesprochene eigentliche quadratische Ergänzung zu erläutern. Man gehe also wiederum davon aus, daß bereits bis zur Variablen y_{r-1} diagonalisiert wurde *und jetzt auch* $b_{rr} \neq 0$ ist. In der quadratischen Form treten mithin nur noch folgende Terme gemeinsam mit y_r auf:

$$b_{rr} y_r^2 + 2b_{r,r+1}\, y_r y_{r+1} + \ldots + 2b_{rn} y_r y_n$$

Dieser Ausdruck aber kann wie folgt umgeformt werden

$$b_{rr}\left[y_r^2 + 2 \sum_{k=r+1}^{n} \frac{b_{rk}}{b_{rr}} y_r y_k \right] =$$

$$b_{rr}\left[y_r^2 + 2 \sum_{k=r+1}^{n} \frac{b_{rk}}{b_{rr}} y_r y_k + \underbrace{\left(\sum_{k=r+1}^{n} \frac{b_{rk}}{b_{rr}} y_k \right)^2 - \left(\sum_{k=r+1}^{n} \frac{b_{rk}}{b_{rr}} y_k \right)^2}_{\text{quadratische Ergänzung!}} \right] =$$

$$b_{rr}\left[\left(y_r + \sum_{k=r+1}^{n} \frac{b_{rk}}{b_{rr}} y_k\right)^2 - \left(\sum_{k=r+1}^{n} \frac{b_{rk}}{b_{rr}} y_k\right)^2\right].$$

Transformiert man nun

$$\begin{aligned} z_1 &= y_1 \quad \ldots z_{r-1} = y_{r-1} \\ z_r &= y_r + \sum_{k=r+1}^{n} \frac{b_{rk}}{b_{rr}} y_k \\ z_{r+1} &= y_{r+1} \quad \ldots z_n = y_n \end{aligned} \tag{7.3.04}$$

hat man die r-te Variable diagonalisiert:

$$b_{11}z_1^2 + \ldots + b_{r-1,r-1}z_{r-1}^2 + b_{rr}z_r^2 + \text{Rest}$$

und in diesem Rest taucht die Variable z_r nicht mehr, sondern nur noch die Variablen $z_{r+1},\ldots,z_n$ auf.

Die Transformation (7.3.04) kann kürzer durch die Matrix

$$\mathbf{z} = \begin{pmatrix} 1 & & & & & \\ & \ddots & & & & \\ & & 1 & & & \\ & & & 1 & \frac{b_{r,r+1}}{b_{rr}} & \cdots & \frac{b_{rn}}{b_{rr}} \\ & & & & 1 & & \\ & & & & & \ddots & \\ & & & & & & 1 \end{pmatrix} \mathbf{y} \tag{7.3.05}$$

$$\text{bzw.} \quad \mathbf{y} = \begin{pmatrix} 1 & & & & & \\ & \ddots & & & & \\ & & 1 & & & \\ & & & 1 & -\frac{b_{r,r+1}}{b_{rr}} & \cdots & -\frac{b_{rn}}{b_{rr}} \\ & & & & 1 & & \\ & & & & & \ddots & \\ & & & & & & 1 \end{pmatrix} \mathbf{z} \tag{7.3.06}$$

ausgedrückt werden.

Übungsaufgabe 7.3.3

Beweisen Sie, daß die beiden Matrizen in (7.3.05) und (7.3.06) zueinander invers sind!

⌛

Die aufgezählten Umformungen zur Diagonalisierung einer beliebigen quadratischen Form könnte man in einem Algorithmus zusammenfassen. Das würde jedoch zu einer großen Anzahl von Fallunterscheidungen und damit Abfragen und Sprüngen führen. Hier wird statt dessen eine verbale Zusammenfassung des bisher Gesagten vorgezogen. Die Diagonalisierung wird dann an einem konkreten Beispiel vorgeführt.

Zu diagonalisieren sei eine quadratische Form $\mathbf{x}^T\mathbf{A}\mathbf{x}$.
Unterwirf die Matrix **A** folgenden Operationen:

(∗) Versuche, falls nötig, durch Variablentausch ein nicht verschwindendes Element in die linke obere Ecke der noch nicht diagonalisierten Teilmatrix zu schaffen.

- Ist das möglich, nenne das Diagonalelement b_{rr} und multipliziere die Matrix

  von links mit der Transponierten der Matrix in (7.3.06)
  und von rechts mit der Matrix in (7.3.06). **(7.3.07)**

- Ist das nicht möglich, versuche durch Variablentausch in die linke obere Ecke des nicht diagonalisierten Teils der Matrix eine 2×2 -Matrix $\begin{pmatrix} 0 & \neq 0 \\ \neq 0 & 0 \end{pmatrix}$ zu schaffen.
  - Ist das nicht möglich, Abbruch. Die Matrix ist diagonalisiert.
  - Ist das möglich, nenne die von Null verschiedenen Elemente $b_{r+1,r}$ bzw. $b_{r,r+1}$ und führe die Transformation (7.3.03) aus. Fahre bei (∗) fort.

Beispiel 7.3.4

Zu diagonalisieren sei die Matrix $\mathbf{A}=\begin{pmatrix} 0 & 0 & 2 & 3 \\ 0 & 2 & 0 & 2 \\ 2 & 0 & 0 & 1 \\ 3 & 2 & 1 & 2 \end{pmatrix}$

Variablentausch $1 \leftrightarrow 2$ ergibt $\begin{pmatrix} 2 & 0 & 0 & 2 \\ 0 & 0 & 2 & 3 \\ 0 & 2 & 0 & 1 \\ 2 & 3 & 1 & 2 \end{pmatrix}$

Transformation (7.3.07):

$$\begin{pmatrix}1&&&\\0&1&&\\0&&1&\\-1&&&1\end{pmatrix}\begin{pmatrix}2&0&0&2\\0&0&2&3\\0&2&0&1\\2&3&1&2\end{pmatrix}\begin{pmatrix}1&0&0&-1\\&1&&\\&&1&\\&&&1\end{pmatrix}=$$

$$\begin{pmatrix}2&0&0&2\\0&0&2&3\\0&2&0&1\\0&3&1&0\end{pmatrix}\begin{pmatrix}1&0&0&-1\\&1&&\\&&1&\\&&&1\end{pmatrix}=$$

$$\begin{pmatrix}2&0&0&0\\0&0&2&3\\0&2&0&1\\0&3&1&0\end{pmatrix}$$

Transformation (7.3.03):

$$\begin{pmatrix}1&&&\\&1&1&\\&1&-1&\\&&&1\end{pmatrix}\begin{pmatrix}2&0&0&0\\0&0&2&3\\0&2&0&1\\0&3&1&0\end{pmatrix}\begin{pmatrix}1&&&\\&1&1&\\&1&-1&\\&&&1\end{pmatrix}=$$

$$\begin{pmatrix}2&0&0&0\\0&2&2&4\\0&-2&2&2\\0&3&1&0\end{pmatrix}\begin{pmatrix}1&&&\\&1&1&\\&1&-1&\\&&&1\end{pmatrix}=$$

$$\begin{pmatrix}2&0&0&0\\0&4&0&4\\0&0&-4&2\\0&4&2&0\end{pmatrix}$$

Transformation (7.3.07):

$$\begin{pmatrix}1&&&\\&1&&\\&0&1&\\&-1&&1\end{pmatrix}\begin{pmatrix}2&0&0&0\\0&4&0&4\\0&0&-4&2\\0&4&2&0\end{pmatrix}\begin{pmatrix}1&&&\\&1&0&-1\\&&1&\\&&&1\end{pmatrix}=$$

$$\begin{pmatrix}2&0&0&0\\0&4&0&4\\0&0&-4&2\\0&0&2&-4\end{pmatrix}\begin{pmatrix}1&&&\\&1&0&-1\\&&1&\\&&&1\end{pmatrix}=$$

$$\begin{pmatrix}2&0&0&0\\0&4&0&0\\0&0&-4&2\\0&0&2&-4\end{pmatrix}$$

Transformation (7.3.07):
$$\begin{pmatrix} 1 & & & \\ & 1 & & \\ & & 1 & \\ & & \frac{1}{2} & 1 \end{pmatrix} \begin{pmatrix} 2 & 0 & 0 & 0 \\ 0 & 4 & 0 & 0 \\ 0 & 0 & -4 & 2 \\ 0 & 0 & 2 & -4 \end{pmatrix} \begin{pmatrix} 1 & & & \\ & 1 & & \\ & & 1 & \frac{1}{2} \\ & & & 1 \end{pmatrix}$$

ergibt
$$\begin{pmatrix} 2 & & & \\ & 4 & & \\ & & -4 & \\ & & & -2 \end{pmatrix}$$

Die gegebene Matrix **A** wurde diagonalisiert. Die dazugehörige quadratische Form $q(\mathbf{x}) = \mathbf{x}^{\mathrm{T}}\mathbf{A}\mathbf{x}$ und mithin die Matrix **A** selbst sind also indefinit.

Kapitel 8

Spezielle Teilmengen des R^n und ihre Eigenschaften

8.1. Der ökonomische Sachbezug

Anlaß zum Studium von Vektoren oder Punkten des $\boldsymbol{R}^n$ war ihre Verwendungsmöglichkeit zur Beschreibung ökonomischer Sachverhalte. Preislisten, Bestellmengenlisten, Ausstoßmengen verschiedener Produkte, Verbrauchsmengen verschiedener Ressourcen zur Erstellung eben dieser Produkte sind Beispiele solcher n-Tupel.

Menge von n-Tupeln

Es gibt Situationen, in denen aus einer *Menge* von solchen n-Tupeln eines nach einem bestimmten Kriterium herauszuwählen ist. Auch hierfür wurde eingangs bereits ein Beispiel gegeben. Dort war aus der Menge aller möglichen Schichtbesetzungen eine zu suchen, die die Personalkosten minimiert.

Nun sind diese Mengen von ökonomischen Objekten i. a. sehr verschiedener Natur. Sie können aus Elementen bestehen, deren Komponenten nur ganzzahlige Werte annehmen dürfen – wie im obigen Beispiel. Dort waren nur ganze Schichtbesetzungen zugelassen. Die Mengen können zusammenhängend sein oder auch nicht. Sie können „löchrig" sein, „Einbuchtungen" haben, endlich oder unendlich sein etc.

Nicht alle der hier verwendeten Begriffe werden wir mathematisch präzisieren. Die folgende Abbildung visualisiert einige Teilmengen des $\boldsymbol{R}^2$ mit den genannten Eigenschaften bzw. solche, bei denen diese fehlen. Im nächsten Abschnitt werden dann nur noch solche Teilmengen des $\boldsymbol{R}^n$ betrachtet, die Ihnen im Laufe des Studiums der Wirtschaftswissenschaften mit Sicherheit wieder begegnen werden, nämlich Polyeder und Kegel. Bereits in Kapitel 9 dieses Kurses übrigens werden Polyeder und Kegel mit der linearen Planungsrechnung in Verbindung gebracht.

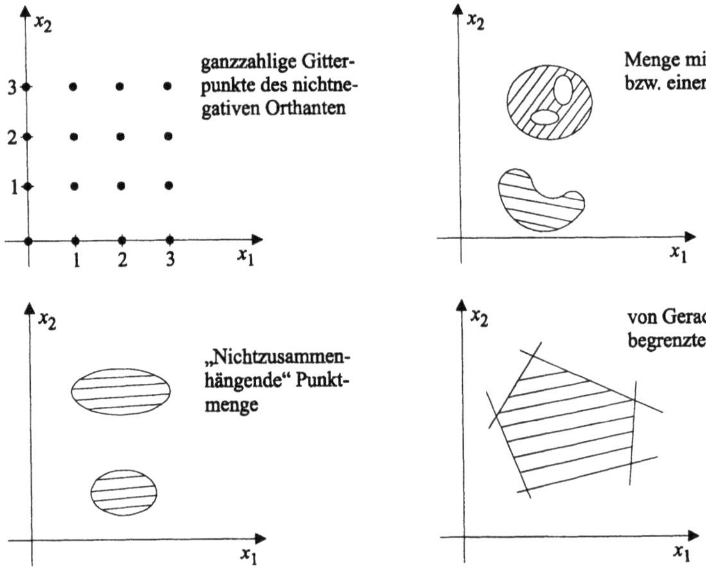

Abb. 8.1.1: Verschiedene Teilmengen des $\boldsymbol{R}^2$

8.2. Polyeder

Natürlich wurde im Laufe diese Kurses bereits mit Teilmengen des $\boldsymbol{R}^n$ gearbeitet, nämlich Lösungsmengen von homogenen und inhomogenen linearen Gleichungssystemen. Es wurde dort zwar nicht so sehr auf Lösungs*mengen* abgehoben – wir waren bereits über das Ausrechnen *einer* Lösung froh – dennoch war klar, daß

Lösungsmengen

- homogene Gleichungssysteme Unterräume des $\boldsymbol{R}^n$
- inhomogene Gleichungssysteme Hyperräume des $\boldsymbol{R}^n$

beschreiben.

Das aber sind Lösungs*mengen.*

Polyeder

Ein weiterer Mengentyp und seine Eigenschaften werden jetzt eingeführt, das *Polyeder.*

Definition 8.2.1

Der mengentheoretische Durchschnitt endlich vieler Halbräume ist ein Polyeder.

$$\left\{\mathbf{x}:\mathbf{a}^{i\mathrm{T}}\mathbf{x}\le b_i,\ \ i=1,\ldots,m\right\}$$

ist also ein aus m Halbräumen gebildetes Polyeder.

Das Wort kommt aus dem griechischen und heißt soviel wie „Vielflächner". Der Begriff wird klar, wenn man sich einige Polyeder anschaut.

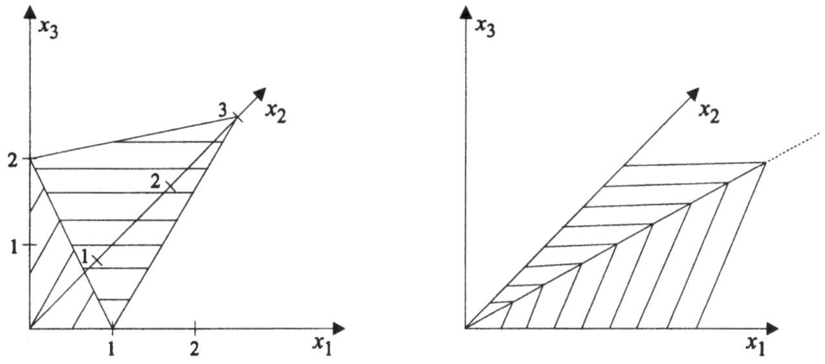

Abb. 8.2.2: Polyeder

Links ist das durch folgende Ungleichungen beschriebene Polyeder dargestellt

$$\begin{aligned} 1x_1 + \tfrac{1}{3}x_2 + \tfrac{1}{2}x_3 &\leq 1 \\ -x_1 \qquad\qquad &\leq 0 \\ -x_2 \qquad &\leq 0 \\ -x_3 &\leq 0 \end{aligned} \qquad \textbf{(8.2.01)}$$

Die letzten drei Ungleichungen schreibt man oft auch einfacher $x_1, x_2, x_3 \geq 0$; sie besagen, daß das Polyeder im nichtnegativen Orthanten liegt.

Das Polyeder ist hier speziell ein Tetraeder (Vierflächner) mit Spitzen im Ursprung und auf den Koordinatenachsen.

Das rechte Bild in Abb. 8.2.2 soll den Fuß und die Kante einer Pyramide darstellen, die allerdings „in den Himmel ragt", d. h. die Kante ist ein bis ins Unendliche verlaufender Strahl.

Auch zu diesem Gebilde, das Ihnen in der Produktionstheorie wieder über den Weg laufen wird, geben wir seine mathematische Beschreibung:

$$\begin{aligned} 0x_1 - 1x_2 + 1x_3 &\leq 0 \\ -1x_1 + 0x_2 + 1x_3 &\leq 0, \qquad x_3 \geq 0. \end{aligned}$$

Falten Sie aus Papier so ein Gebilde und trainieren Sie damit Ihr räumliches Vorstellungsvermögen!

Die beiden Polyeder der Abb. 8.2.2 und mit ihnen alle weiteren haben eine Eigenschaft, die *Konvexität* genannt wird. Anschaulich besagt das, das Polyeder hat keine „Dellen“ und keine „Löcher“.

Konvexität von Polyedern

Bei dieser unpräzisen Sprechweise kann man es nicht bewenden lassen. Vielmehr formulieren wir die

Definition 8.2.3

> **Eine Teilmenge M des R^n heißt konvex, falls für je zwei Punkte $\mathbf{x}^1$ und $\mathbf{x}^2$ aus M auch deren Konvexkombinationen $\lambda_1\mathbf{x}^1+\lambda_2\mathbf{x}^2$, $\lambda_1+\lambda_2=1$, λ_1 und $\lambda_2 \geq 0$ wieder in M liegen.**

Konvexkombination

Eine *Konvexkombination* unterscheidet sich von einer Linearkombination also dadurch, daß die Skalare λ_1, λ_2 nicht beliebige Werte annehmen können, sondern nur nichtnegative, die sich zudem zu 1 summieren müssen.

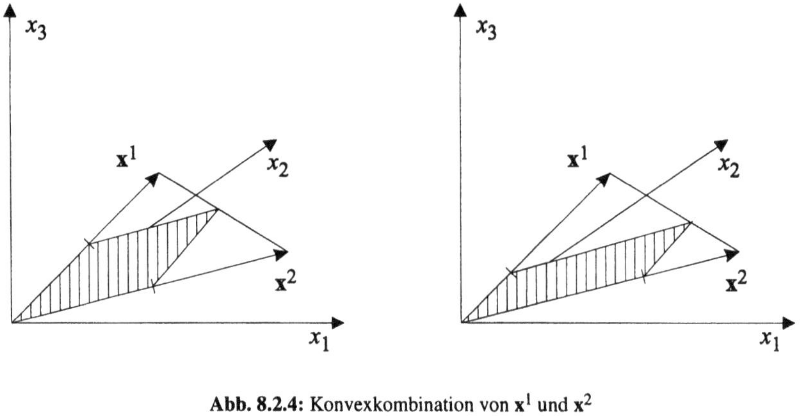

Abb. 8.2.4: Konvexkombination von $\mathbf{x}^1$ und $\mathbf{x}^2$

Wie Abb. 8.2.4 zeigt, liegen $\frac{1}{2}\mathbf{x}^1+\frac{1}{2}\mathbf{x}^2$ und $\frac{1}{3}\mathbf{x}^1+\frac{2}{3}\mathbf{x}^2$ jeweils auf der $\mathbf{x}^1$ und $\mathbf{x}^2$ verbindenden Strecke. Durch

$$\mathbf{x}=\lambda_1\mathbf{x}^1+\lambda_2\mathbf{x}^2,\quad \lambda_1+\lambda_2=1,\quad \lambda_1 \text{ und } \lambda_2 \geq 0$$

wird bei variablen λ_i die gesamte verbindende Strecke erzeugt.

Laut Definition 8.2.3 ist eine Menge M also konvex, wenn für je zwei Punkte $\mathbf{x}^1$ und $\mathbf{x}^2$ aus M auch die sie verbindende Strecke in M liegt.

Mengen von ganzzahligen Gitterpunkten, Mengen mit Löchern und Dellen sind also offensichtlich nicht, Polyeder (und Kugeln, Ellipsoide, Kegel und viele andere) aber wohl konvex. Konvexität ist eine wünschenswerte Mengeneigenschaft. Immer dann, wenn die Menge möglicher Lösungen eines ökonomischen Optimierungsproblems konvex ist, kann man bei der Suche nach dem Optimum Werkzeuge verwenden, die sonst nicht funktionieren.

Daß Polyeder konvex sind, ist mathematisch leicht nachgewiesen. Erfüllen nämlich $\mathbf{x}^1$ und $\mathbf{x}^2$ das Ungleichungssystem $\mathbf{Ax} \le \mathbf{b}$, so auch $\lambda_1\mathbf{x}^1 + \lambda_2\mathbf{x}^2$, falls $\lambda_1 + \lambda_2 = 1$ und die λ_i nichtnegativ sind:

$$\mathbf{A}\left(\lambda_1\mathbf{x}^1 + \lambda_2\mathbf{x}^2\right) = \lambda_1 \underbrace{\mathbf{Ax}^1}_{\le \mathbf{b}} + \lambda_2 \underbrace{\mathbf{Ax}^2}_{\le \mathbf{b}} \le \mathbf{b}.$$

Die bisher betrachteten Polyeder hatten „Ecken“ und „Kanten“. Das ist nicht zwingend, denn die durch

$$\begin{aligned} x_1 + 2x_2 + 3x_3 &\le \ \ 5 \\ -x_1 - 2x_2 - 3x_3 &\le -5 \end{aligned} \equiv x_1 + 2x_2 + 3x_3 = 5$$

beschriebene Hyperebene des $\boldsymbol{R}^3$ ist eine unendlich ausgedehnte Ebene und als solche ohne Ecken und Kanten.

Ecken und Kanten, und hiervon wiederum die Ecken, sind aber wichtige Spezialelemente von Polyedern. Sie werden wir jetzt genauer untersuchen.

Eine Ecke einer Menge M zeichnet sich dadurch aus, daß sie nicht „zwischen“ zwei anderen Punkten von M liegt (!). Diese Eigenschaft ist es wert, als Definition gefaßt zu werden.

Definition 8.2.5

$\bar{\mathbf{x}}$ ist Ecke der Menge M, wenn $\bar{\mathbf{x}}$ nicht als strenge Konvexkombination $\bar{\mathbf{x}} = \lambda_1\mathbf{x}^1 + \lambda_2\mathbf{x}^2$ für zwei verschiedene Punkte $\mathbf{x}^1$, $\mathbf{x}^2$ aus M geschrieben werden kann. Strenge Konvexkombination heißt hierbei $\lambda_i \ne 0$ für $i = 1,2$ (und damit auch $\ne 1$). *Ecke einer Menge*

GS

Die in Abb. 8.2.4 dargestellte, von $\mathbf{x}^1$ und $\mathbf{x}^2$ begrenzte Strecke hat zwei Ecken, das Polyeder in Abb. 8.2.2 links hat vier Ecken, das rechts demgegenüber nur eine.

Unglücklicherweise haben auch Kugeln „Ecken", sogar unendlich viele – welche? Um den umgangssprachlichen Gehalt des Wortes Ecke nicht zu verfälschen, spricht man in mathematischen Texten daher auch oft von *Extrempunkt* statt Ecke. Wir werden beide Begriffe synonym verwenden, da sie bei „linearen" Gebilden keine Sprachverwirrung hervorrufen.

Extrempunkt

Ecken von Polyedern des $\boldsymbol{R}^n$ liegen genau dort, wo sich n oder mehr Hyperebenen
$\mathbf{a}^{i\mathrm{T}}\mathbf{x} = b_i$ der das Polyeder bildenden Halbräume
$\mathbf{a}^{i\mathrm{T}}\mathbf{x} \le b_i$ schneiden, niemals weniger!

Abb. 8.2.6 zeigt nochmals das Polyeder der Abb. 8.2.2 links. Die Ecke (0,0,2) wird durch die drei Hyperebenen

$$\begin{aligned} 1x_1 + \tfrac{1}{3}x_2 + \tfrac{1}{2}x_3 &= 1 \\ x_1 \qquad\qquad &= 0 \\ x_2 \qquad &= 0 \end{aligned}$$

erzeugt.

Geht nun eine weitere Ebene durch (0,0,2), nämlich z.B. $-1x_1 - 2x_2 + 2x_3 = 4$, so bildet der Halbraum $-1x_1 - 2x_2 + 2x_3 \le 4$ wiederum gemeinsam mit den Ungleichungen in (8.2.01) das Polyeder. Jedoch ist die neue Ungleichung eigentlich überflüssig, man nennt sie *redundant*.

redundant

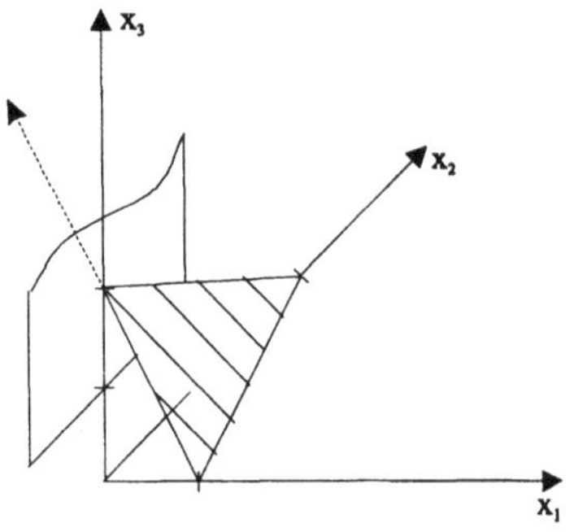

Abb. 8.2.6: Redundante Ungleichung

Die Tatsache, daß niemals *weniger* als n Hyperebenen eine Ecke beschreiben können, leuchtet im $\boldsymbol{R}^3$ unmittelbar ein, ist jedoch mathematisch recht tiefsinnig.

Zu ihrem Nachweis überlegen Sie folgendes:
Angenommen, $\bar{\mathbf{x}}$ sei eine Ecke eines von $\mathbf{Ax} \le \mathbf{b}$ gebildeten Polyeders und die Zeilenzahl m von $\mathbf{A}$ sei kleiner als die Spaltenzahl n.

Da für den Rang von $\mathbf{A}$ $Rg(\mathbf{A}) < n$ gilt, gibt es stets eine nicht verschwindende Lösung $\mathbf{r}$ des homogenen Gleichungssystems $\mathbf{Ax} = \mathbf{0}$. Dann liegen aber wegen $\mathbf{A}(\overline{\mathbf{x}} + \varepsilon\mathbf{r}) \leq \mathbf{A}\overline{\mathbf{x}} + \mathbf{0} \leq \mathbf{b}$ und $\mathbf{A}(\overline{\mathbf{x}} - \varepsilon\mathbf{r}) = \mathbf{A}\overline{\mathbf{x}} - \mathbf{0} \leq \mathbf{b}$ auch $\overline{\mathbf{x}} + \varepsilon\mathbf{r}$ und $\overline{\mathbf{x}} - \varepsilon\mathbf{r}$ im Polyeder. Das widerspricht aber der Eckeneigenschaft von $\overline{\mathbf{x}}$, wieso?

Achtung: Oft werden Ihnen im Studium $m \times n$ Gleichungs- oder Ungleichungssysteme mit $m < n$ begegnen, und es wird von Ecken des dazugehörigen Lösungspolyeders gesprochen. Das ist nur dann richtig, wenn man die gewöhnlich gesondert aufgeführten Nichtnegativitätsbedingungen $x_j \geq 0$ mitbetrachtet. Eine Ecke des Ungleichungssystems

$$\mathbf{Ax} \leq \mathbf{b}, \quad \mathbf{x} \geq \mathbf{0}$$

erfüllt stets $r \leq m$ Gleichungen $\mathbf{a}^{i\mathrm{T}}\mathbf{x} = b_i$ und
$n - r$ Gleichungen $x_j = 0$.

Überprüfen Sie diese Aussage anhand der Abbildung 8.2.2!

beschränktes Polyeder

Kugel

Ellipsoid

Polyeder können *beschränkt* sein oder nicht. Da diese Eigenschaft wieder mathematisch präzise gefaßt werden soll, benötigen wir den Begriff der *Kugel* im $\boldsymbol{R}^n$. Wir nutzen die Gelegenheit und sagen auch etwas über *Ellipsoide* des $\boldsymbol{R}^n$. Sie begegnen Ihnen im Teil „Analysis" der Wirtschaftsmathematik wieder.

Eine Kugel des $\boldsymbol{R}^n$ mit dem Ursprung als Mittelpunkt ist $\{\mathbf{x} : \|\mathbf{x}\| \leq r\}$. Ausgeschrieben heißt das $\left\{(x_1, \ldots, x_n)^{\mathrm{T}} : \sqrt{\sum_{j=1}^{n} x_j^2} \leq r\right\}$, vgl. Abschnitt 3.3. r ist der Radius der Kugel.

$\sum_{j=1}^{n} x_j^2$ kann man auch als quadratische Form $\mathbf{x}^{\mathrm{T}}\mathbf{I}\mathbf{x}$ schreiben, also ist eine Kugel mit dem Ursprung als Mittelpunkt auch als

$$\left\{\mathbf{x} : \mathbf{x}^{\mathrm{T}}\mathbf{I}\mathbf{x} \leq r^2\right\} \text{ darstellbar.} \tag{8.2.02}$$

Ist $\mathbf{m} \neq \mathbf{0}$ Mittelpunkt der Kugel, wird aus (8.2.02)

$$\left\{\mathbf{y} : (\mathbf{y} - \mathbf{m})^{\mathrm{T}}\mathbf{I}(\mathbf{y} - \mathbf{m}) \leq r^2\right\}. \tag{8.2.03}$$

Vergegenwärtigen Sie sich, daß $\mathbf{y}$ genau dann (8.2.03) erfüllt, wenn $\mathbf{x} = \mathbf{y} - \mathbf{m}$ (8.2.02) erfüllt. Die Transformation $\mathbf{x} = \mathbf{y} - \mathbf{m}$ „holt" den Kugelmittelpunkt $\mathbf{m}$ in den Ursprung, die Transformation $\mathbf{y} = \mathbf{x} + \mathbf{m}$ „bringt" ihn zu $\mathbf{m}$.

$\left\{\mathbf{x}:\mathbf{x}^T\mathbf{D}\mathbf{x} \le r^2\right\}$, wobei **D** eine Diagonalmatrix mit nur positiven Einträgen in der Diagonalen ist, verformt die Kugel zu einem *Ellipsoiden*. Sind die positiven Elemente in der Diagonalen $d_1^2,\ldots,d_n^2$, so sind $\frac{r}{d_i}$ die Abstände der Ellipsoidkalotte vom Ursprung (Kalotte = Oberfläche).

Wie schon bei der Kugel stellt

$$\left\{\mathbf{y}:(\mathbf{y}-\mathbf{m})^T\mathbf{D}(\mathbf{y}-\mathbf{m}) \le r^2\right\} \tag{8.2.04}$$

einen Ellipsoiden mit Mittelpunkt **m** dar.

Eine weitere Verallgemeinerung ist noch möglich. Es ist nämlich

$$\left\{\mathbf{z}:(\mathbf{z}-\mathbf{m})^T\mathbf{A}(\mathbf{z}-\mathbf{m}) \le r^2\right\} \tag{8.2.05}$$

für ein positiv definites **A** ein Ellipsoid mit Mittelpunkt **m**, dessen Symmetrieachsen nicht mehr notwendigerweise die Koordinatenachsen sind. Es ist also ein „schief" im Raum liegender Ellipsoid. Abb. 8.2.7 zeigt einen solchen Körper im $\boldsymbol{R}^3$.

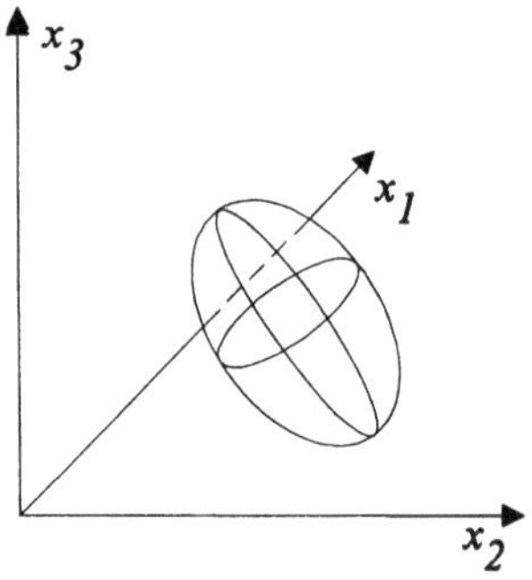

Abb. 8.2.7: Ellipsoid im $\boldsymbol{R}^3$

Diejenigen unter Ihnen, die den Abschnitt 7.1. bearbeitet haben, wissen, daß es eine orthogonale Transformation **Q** gibt, die den Ellipsoiden „ausrichtet" und in den Ursprung zurückwirft. Es ist dies die Transformation

$$\mathbf{z} = \mathbf{m} + \mathbf{Q}\mathbf{x}. \tag{8.2.06}$$

Hierbei sind die Spalten von **Q** eine orthonormale Basis von Eigenvektoren des $\boldsymbol{R}^n$. Mit (8.2.06) wird aus $(\mathbf{z}-\mathbf{m})^T\mathbf{A}(\mathbf{z}-\mathbf{m})$ durch Einsetzen $\mathbf{x}^T\mathbf{Q}^T\mathbf{A}\,\mathbf{Q}\,\mathbf{x}$. Damit wird aber **A** gerade auf die positiven Eigenwerte $\lambda_1,\ldots,\lambda_n$ diagonalisiert.

Nach diesem Exkurs über Ellipsoide wenden wir uns wieder den Polyedern zu und definieren die Beschränktheit einer Menge des $\boldsymbol{R}^n$ – und damit auch eines jeden Polyeders – formal.

Definition 8.2.8

Eine Teilmenge des $\boldsymbol{R}^n$ ist beschränkt, falls sie in einer Kugel mit endlichem Radius liegt. *beschränkte Menge*

Das linke Polyeder der Abb. 8.2.2 ist also beschränkt, das rechte ist es nicht. Beschränkte Polyeder zeichnet eine Eigenschaft aus, die jetzt erarbeitet wird. Zuvor sei noch angemerkt, daß Beschränktheit einer Menge natürlich nicht die Endlichkeit der Zahl ihrer Elemente bedeutet. Eine endliche Menge des $\boldsymbol{R}^n$ ist stets beschränkt, die Umkehrung dieser Aussage gilt nicht.

Übungsaufgabe 8.2.9

i) Geben Sie eine endliche Punktmenge des $\boldsymbol{R}^3$ an und begründen Sie, warum sie beschränkt ist!

ii) Begründen Sie, warum das Polyeder der Abb. 8.2.2 links beschränkt ist. Geben Sie eine Kugel an!

iii) Begründen Sie, warum das Polyeder der Abb. 8.2.2 rechts nicht beschränkt ist!

Hat man endlich viele Punkte $\bar{\mathbf{x}}^1,\ldots,\bar{\mathbf{x}}^k$ des $\boldsymbol{R}^n$, so kann man die Menge aller Konvexkombinationen

$$\left\{\mathbf{x} : \mathbf{x} = \lambda_1\bar{\mathbf{x}}^1 + \ldots + \lambda_k\bar{\mathbf{x}}^k;\ \lambda_i \geq \mathbf{0},\ \sum_{i=1}^{k}\lambda_i = 1\right\} \qquad \textbf{(8.2.07)}$$

bilden. Solch eine Menge heißt in der Literatur auch *Polytop*. *Polytop*

Ein Polytop (griech. = Vielort) hat als Ecken gerade einige der Punkte $\bar{\mathbf{x}}^1,\ldots,\bar{\mathbf{x}}^k$, die man zu seiner Erzeugung mittels (8.2.07) verwandt hat. Der Beweis ist trivial, soll aber hier ausgespart werden.

Zwei weitere Aussagen werden notiert, aber nicht bewiesen. Wegen ihrer Wichtigkeit formulieren wir sogar einen Satz.

Satz 8.2.10

i) Jedes Polytop ist ein beschränktes Polyeder.

ii) Jedes beschränkte Polyeder ist ein Polytop.

Von der Anschauung her sind die Aussagen des Satzes klar, ihre Beweise sind ein wenig mühsam.

Der Satz besagt: Jedes Polytop kann man auch als Ungleichungssystem schreiben und jedes beschränkte Polyeder kann man auch als Konvexkombinationen seiner Ecken darstellen!

konvexe Hülle

Die Menge aller Konvexkombinationen einer beliebigen Menge M nennt man auch die *konvexe Hülle* von M: $\mathbf{C}(M)$. Sie ist die kleinste konvexe Menge, die M „umfaßt". In (8.2.07) erkennt man, daß das dort beschriebene Polytop die konvexe Hülle von $\left\{\overline{\mathbf{x}}^1,\ldots,\overline{\mathbf{x}}^k\right\}$ ist.

Übungsaufgabe 8.2.11

i) Wählen Sie fünf Punkte des $\boldsymbol{R}^2$ und zeichnen Sie die dazugehörige konvexe Hülle!

ii) Wählen Sie die fünf Punkte unter i) so, daß nicht alle zur Bildung der konvexen Hülle benötigt werden!

Simplex

Die konvexe Hülle von $n+1$ Punkten des $\boldsymbol{R}^n$, die nicht alle auf einer Hyperebene liegen, trägt einen eigenen Name: *Simplex.* Ein Simplex ist der *einfachste* Körper im $\boldsymbol{R}^n$ in dem Sinne, daß er nicht mehr Ecken als nötig und dennoch „positives Volumen" hat.

Das Polyeder in Abb. 8.2.2 links ist ein Simplex. Es fällt auf, daß gewisse Schnitte durch diesen Körper Dreiecke sind. Ein Dreieck ist ein zweidimensionales Simplex. Es ist nämlich die konvexe Hülle von 3 Punkten des $\boldsymbol{R}^2$, die nicht alle auf einer Geraden liegen (s.o.).

Lineare Programmierung

Simplexmethode

Die numerische Berechnung von Simplices niedrigerer aus denen höherer „Dimensionen" erfolgt mit einer Art von Pivotschritten. Die aus einer Folge solcher Schritte bestehende *Lineare Programmierung* (siehe auch nächstes Kapitel) wurde daher von ihrem Entdecker G. DANTZIG *Simplexmethode* getauft.

8.3. Kegel

Kegel sind eine weitere Gruppe von Körpern, über die einige Anmerkungen gemacht werden sollen. Kegel zeichnen sich durch zwei Eigenschaften aus: *Kegel*

- sie haben eine Ecke (Spitze), nämlich den Ursprung
- der Strahl vom Ursprung durch jeden Punkt des Kegels verläuft völlig im Kegel.

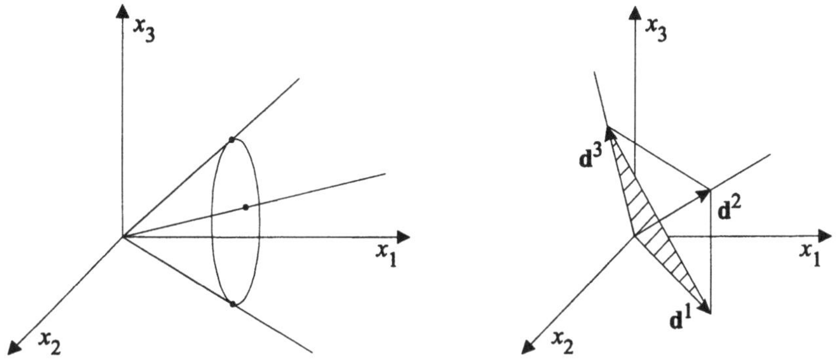

Abb. 8.3.1: Kreiskegel und Polyederkegel

Abb. 8.3.1 zeigt links einen „Kreiskegel". Jeder senkrechte Schnitt durch seine „Mittelachse" ist eine Kreisscheibe. Rechts ist versucht worden, einen Polyederkegel zu zeichnen. Er besitzt drei Kanten, die durch Vektoren $\mathbf{d}^1$, $\mathbf{d}^2$, $\mathbf{d}^3$ gebildet werden. Der Kreiskegel interessiert hier nicht weiter, der Polyederkegel wird genauer untersucht.

Er trägt natürlich den Namen *Polyeder*kegel, weil er ein Polyeder ist; das sagt uns zumindest die Anschauung. Mathematisch ist die Sache komplizierter. Man müßte nämlich zeigen, daß jeder Polyederkegel auch als Ungleichungssystem geschrieben werden kann. Seine „Entstehung" wird jedoch eher durch die drei „Kantenvektoren" $\mathbf{d}^1$, $\mathbf{d}^2$, $\mathbf{d}^3$ erklärt. Wir beschränken uns jetzt auf die Formulierung einer Definition und eines Satzes. Beide bestätigen unsere Anschauung, der Satz ist jedoch nicht trivial beweisbar. *Polyederkegel*

Definition 8.3.2

i) **Es seien $\mathbf{d}^1,\ldots,\mathbf{d}^l$ Vektoren des R^n. Dann ist die Menge aller Nichtnegativkombinationen $\left\{\mathbf{x} : \mathbf{x} = u_1\mathbf{d}^1 + \ldots + u_l\mathbf{d}^l;\ u_1,\ldots,u_l \geq \mathbf{0}\right\}$ der von $\mathbf{d}^1,\ldots,\mathbf{d}^l$ aufgespannte Polyederkegel.**

Extremrichtung

ii) Ein x im Polyederkegel, welches nicht durch andere Vektoren des Kegels nichtnegativ kombinierbar ist, heißt eine *Extremrichtung* desselben.

minimales Erzeugendensystem eines Kegels

Läßt man in $\left\{\mathbf{d}^1,\ldots,\mathbf{d}^l\right\}$ diejenigen Vektoren weg, die nichtnegativ von anderen kombiniert werden können, erhält man ein *minimales Erzeugendensystem* des Kegels, seine Vektoren sind Extremrichtungen.

Nun noch der

Satz 8.3.3

Jeder Polyederkegel ist ein Polyeder.

Jeder Polyederkegel läßt sich folglich als Ungleichungssystem hinschreiben.

Damit sind wir fast am Ende diese Abschnitts. Hinzuzufügen wäre noch eine nicht triviale Erweiterung des Satzes 8.2.10 in seiner zweiten Aussage. Vor die Formulierung dieser Erweiterung stellen wir eine graphische Erläuterung.

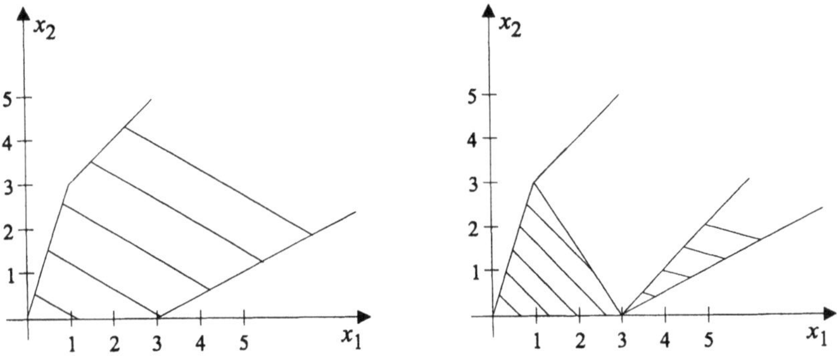

Abb. 8.3.4: Ein unbeschränktes Polyeder

Das unbeschränkte konvexe Polyeder der obigen Abbildung links wird aus den folgenden Ungleichungen gebildet:

$$-3x_1 + 1x_2 \le 0, \quad -1x_1 + 1x_2 \le 2$$
$$-1x_1 + 0x_2 \le 0, \quad +1x_1 - 2x_2 \le 3$$

Übungsaufgabe 8.3.5

i) Finden Sie heraus, welche der Geraden in Abb. 8.3.4 welcher Ungleichung entspricht!

ii) Zeichnen Sie die Orthogonalvektoren dieser Ungleichungen ein!

In der Abbildung rechts ist angedeutet, wie man sich das konvexe Polyeder aus zwei geometrischen Figuren „zusammengesetzt“ denken kann, nämlich aus einem Polytop und einem Polyederkegel.

Mit „zusammensetzen“ ist folgendes gemeint:

Jeder Punkt des Polyeders

- liegt entweder im Polytop, ist also als Konvexkombination seiner Ecken darstellbar oder
- liegt nicht im Polytop. Dann ist er aber die Summe eines Punktes im Polytop plus einem Vektor aus dem Kegel. Er ist somit zusammensetzbar aus einer Konvexkombination der Ecken des Polytops plus eine Nichtnegativkombination der Extremrichtungen des Kegels.

Nun von der Anschauung wieder in den $\boldsymbol{R}^n$.

Satz 8.3.6

Jedes Polyeder ist die algebraische Summe eines Polytops *P* und eines Kegels *K*: $P \oplus K$.

Die Symbolik $P \oplus K$ ist eben gerade so zu verstehen, daß jeder Punkt $\mathbf{x}$ des Polyeders als Summe einer Konvexkombination der Ecken $\overline{\mathbf{x}}^i$ des Polytops

$$\mathbf{y} = \sum_{i=1}^{k} \lambda_i \overline{\mathbf{x}}^i; \quad \lambda_i \geq 0, \ \sum_{i=1}^{k} \lambda_i = 1$$

plus einer Nichtnegativkombination der Extremrichtungen $\mathbf{d}^j$ des Kegels

$$\mathbf{z} = \sum_{j=1}^{l} \mu_j \mathbf{d}^j; \quad \mu_j \geq 0$$

darstellbar ist:

$$\mathbf{x} = \sum_{i=1}^{k} \lambda_i \overline{\mathbf{x}}^i + \sum_{j=1}^{l} \mu_j \mathbf{d}^j .$$

Ihre Anschauung bestätigt: Diese Darstellung ist i.a. nicht eindeutig.

Kapitel 9

Vorbereitung auf die Lineare Programmierung

9.1. Die Deckungsbeitragsrechnung

In Unternehmen der verarbeitenden Industrie werden Produkte erzeugt und auf den Markt gebracht. In der Produktions- und Kostentheorie werden Sie lernen, daß für diesen Vorgang Dinge, Werte, Kräfte, Dispositionen eingesetzt werden müssen; sie alle faßt der Wirtschaftswissenschaftler unter dem Begriff *Produktionsfaktoren* zusammen. Der Einsatz oder Verzehr von Produktionsfaktoren oder *Ressourcen* verursacht *Kosten*.

Produktionsfaktoren

Ressourcen

Kosten

Bei Veräußerung eines Produktes am Markt möchte das Unternehmen über den *Preis* diese Kosten vergolten haben und zusätzlich einen *Gewinn* erwirtschaften. Für eine Produkteinheit bezeichnet nun der *Stückdeckungsbeitrag* den Preis abzüglich der Kosten der Faktorverbräuche und zwar derjenigen Verbräuche, die dem Produkt direkt zugeordnet werden können wie etwa Materialien, Hilfsstoffe, Mannstunden, Maschinenstunden, Kilowattstunden etc. Da diese Kosten mit der Anzahl produzierter Stücke variieren, nennt man sie auch *variable* Kosten. Übrig bleibt ein Kostensatz für all die übrigen im Unternehmen eingesetzten Faktoren, die *Fixkosten*. In ihnen erscheinen Löhne und Gehälter für dispositive Tätigkeiten, Abschreibungen auf Grund und Boden sowie Gebäude, Versicherungsprämien und vieles andere mehr.

Preis, Gewinn

Stückdeckungsbeitrag

variable Kosten

Fixkosten

Das Unternehmen möchte nun seine Produktionsmengen x_j der Produkte P_j, $j = 1,\ldots,n$, so einrichten, daß

- nicht mehr Ressourcen verzehrt werden als es die Kapazitäten erlauben
- der Gesamtdeckungsbeitrag (als Summe aller Stückdeckungsbeiträge) maximal wird.

In der Produktionstheorie werden Sie lernen, daß bei *linearer Technologie* diese Aufgabe als *Lineares Programmierungsproblem* (LP) oder Lineares Optimierungsproblem (LOP) formulierbar ist. Es hat die Gestalt

lineare Technologie

Lineares Programmierungsproblem

$$\text{Max } z = \sum_{j=1}^{n} c_j x_j$$

unter den Restriktionen

$$\sum_{j=1}^{n} a_{ij} x_j \quad \leq \text{ oder } = \text{ oder } \geq b_i \quad i = 1,\ldots,m, \qquad \textbf{(9.1.01)}$$

$$x_j \geq 0 \quad j = 1,\ldots,n.$$

Hierbei dürfen Sie sich unter den c_j die Stückdeckungsbeiträge, unter den b_i die Kapazitäten der Ressourcen R_i und unter den a_{ij} die Ressourcenverbräuche von R_i pro Stück von P_j vorstellen. Bei ≤-Restriktionen liegt eine Verbrauchsbeschränkung nach oben, bei ≥-Restriktionen eine nach unten (Mindestverbrauch) vor. =-Restriktionen treten z.B. auf, wenn ein Faktor nicht lagerungsfähig ist und genau aufgebraucht werden muß. Ein Vektor $\mathbf{x}^T = (x_1,\ldots,x_n)$, der alle Restriktionen in (9.1.01) erfüllt, ist eine *technisch realisierbare* Produktion.

technisch realisierbare Produktion

(9.1.01) kann heute auf Rechenanlagen für hunderte von Restriktionen und Variablen gelöst werden. Mehr über die Lösung solcher Probleme erfahren Sie in den Kursen „Lineare Optimierung“ (Kurs 00851) und/oder „Planungs- und Entscheidungstechniken“ (Kurs 00512) des Lehrgebietes BWL, speziell Operations Research.

Schlupfvariable

Durch einen Trick, nämlich das Einführen einer sogenannten *Schlupfvariablen* s_i, kann man die i-te Restriktion von (9.1.01),

sollte sie vom Typ ≤ sein, in eine Gleichung überführen

- $$\sum_{j=1}^{n} a_{ij} x_j + s_i = b_i, \quad s_i \geq 0,$$

sollte sie vom Typ ≥ sein, ebenfalls in eine Gleichung überführen

- $$\sum_{j=1}^{n} a_{ij} x_j - s_i = b_i, \quad s_i \geq 0.$$

Die Schlupfvariable stellt im ersten Fall die nicht ausgeschöpften Ressourcen, im zweiten Fall den über den Mindestverbrauch hinausgehenden Verzehr dar. Die Schlupfvariablen liefern selbstverständlich keinen Beitrag zur Zielfunktion.

Durch das Einführen von Schlupfvariablen geht man vom LOP (9.1.01) zu einer äquivalenten Form über:

$$\text{Max } z = \sum_{j=1}^{n} c_j x_j + 0 \sum_i s_i$$

unter den Restriktionen **(9.1.01')**

$$\sum_{j=1}^{n} a_{ij} x_j \pm s_i = b_i$$

für die Zeilen i, die in (9.1.01) $\leq$- oder $\geq$-Relationen und

$$\sum_{j=1}^{n} a_{ij} x_j \qquad = b_i$$

für die Zeilen i, die in (9.1.01) =-Relationen aufweisen mit

$$x_j \geq 0, \quad j = 1, \ldots, n; \quad s_i \geq 0 \text{ für entsprechende } i. \qquad \text{(NNB)}$$

(9.1.01') ist ein lineares *Gleichungssystem* mit *Nichtnegativitätsbedingungen* (NNB) und einer zu maximierenden *Zielfunktion*. Für manche Betrachtungen ist es nun wichtig, wie in (9.1.01') die Schlupfvariablen besonders auszuweisen, für andere nicht. Kommt es nicht darauf an, schreibt man oft nach *Umbezeichnung* von Variablen und Koeffizienten wieder

Gleichungssystem mit NNB

Zielfunktion

$$\begin{aligned} &\text{Max } z = \mathbf{c}^{\mathrm{T}}\mathbf{x} \\ &\quad \mathbf{Ax} = \mathbf{b}, \quad \mathbf{x} \geq \mathbf{0}. \end{aligned} \qquad \textbf{(9.1.01'')}$$

Die formalen Schritte der Umbezeichnung ersparen wir Ihnen.

Das Studium von technisch realisierbaren Produktionen kann man also auf das von Gleichungssystemen mit NNB reduzieren. Das wollen wir im folgenden Abschnitt tun.

9.2. Basislösungen und Polyederecken

In diesem Abschnitt werden lineare Gleichungssysteme der Form

$$\mathbf{Ax} = \mathbf{b} \qquad \textbf{(9.2.01)}$$

untersucht. Hierbei ist $\mathbf{A}$ eine $m \times n$-Matrix mit $m < n$ und $Rg(\mathbf{A}) = m$. $\mathbf{x}$ ist ein Variablenvektor des $\boldsymbol{R}^n$ und $\mathbf{b}$ ein Vektor des $\boldsymbol{R}^m$. In Abschnitt 5.5 wurden solche Gleichungssysteme mit Hilfe des Gaußschen Eliminationsverfahrens gelöst. Dort waren wir zufrieden, wenn wir *eine* Lösung gefunden hatten; die Lösungs*menge* wurde nur am Rande erwähnt.

Im vorliegenden Abschnitt liegt die Betonung auf dem Auffinden mehrerer spe-
Basislösung zieller Lösungen, sogenannter *Basislösungen*.

Definition 9.2.1

x heißt eine Basislösung zu (9.2.01), wenn

- $n-m$ **Variable den Wert null haben und**
- **die Spalten der Matrix A zu den übrigen** m **Variablen l.u. sind.**

Indiziert man die Variablen und damit die Spalten von **A** so um, daß die l.u. Spalten vorn stehen, wird **A** zu (**B**|**N**). **B** steht hier für die Matrix der l.u. Vektoren des $\boldsymbol{R}^m$, sie bilden eine *B*asis. **N** ist aus den Spalten geformt, die *N*icht zur Basis gehören.

Benennt man die entsprechenden Komponenten des umindizierten Vektors **x** auch $\mathbf{x}_B$ bzw. $\mathbf{x}_N$, hat man

$$\mathbf{Ax}=\mathbf{b} \quad \equiv \quad (\mathbf{B}|\mathbf{N})\begin{pmatrix}\mathbf{x}_B\\ \mathbf{x}_N\end{pmatrix}=\mathbf{b} \quad \equiv \quad \mathbf{Bx}_B+\mathbf{Nx}_N=\mathbf{b}. \qquad \textbf{(9.2.02)}$$

Ist $\mathbf{x}_N=\mathbf{0}$ und löst $\mathbf{x}_B$ die Gleichung $\mathbf{Bx}_B+\mathbf{0}=\mathbf{b}$, so ist $\mathbf{x}=(\mathbf{x}_B,\mathbf{0})^{\mathrm{T}}$ also eine Basislösung. Ein solches $\mathbf{x}_B$ gibt es stets und es ist eindeutig bestimmt (Wieso?).

Gegeben sei das 3×5-Gleichungssystem in Tableauform

$$\begin{array}{ccccc|c} 1 & 0 & 1 & 1 & -1 & 2\\ 2 & 1 & 1 & 1 & -3 & 1\\ 3 & 0 & 3 & 1 & -4 & 0 \end{array} \qquad \textbf{(9.2.03)}$$

Man weiß zunächst nicht, ob drei ausgewählte Spaltenvektoren l.u. sind. Sind jedoch z.B. die ersten drei Spalten l.u., lassen sie sich durch Pivotschritte zu einer 3×3-Einheitsmatrix umformen. Sind die ersten drei Spalten nicht l.u., erscheint irgendwann eine Nullzeile in dem vorderen 3×3-Teil des Tableaus. In einem solchen Fall muß eine andere Spalte – in der in der entsprechenden Zeile keine Null steht – „in die Basis hinein".

Sind alle Kombinationen von 3 Vektoren l.u., gibt es insgesamt $\binom{5}{3}=\dfrac{5!}{3!(5-3)!}$ verschiedene Basislösungen, im allgemeinen $m\times n$-Fall maximal $\binom{n}{m}=\dfrac{n!}{m!(n-m)!}$.

Bekanntlich liest man $\binom{5}{3}$ „fünf über drei" bzw. $\binom{n}{m}$ „n über m".

Aus (9.2.03) erhalten Sie durch einen Pivotschritt

$$\left.\begin{array}{ccccc} \textcircled{1} & 0 & 1 & 1 & -1 \\ 2 & 1 & 1 & 1 & -3 \\ 3 & 0 & 3 & 1 & -4 \end{array}\right| \begin{array}{c} 2 \\ 1 \\ 0 \end{array} \quad \rightarrow \quad \left.\begin{array}{ccccc} 1 & 0 & 1 & 1 & -1 \\ 0 & 1 & -1 & -1 & -1 \\ 0 & 0 & 0 & \textcircled{-2} & -1 \end{array}\right| \begin{array}{c} 2 \\ -3 \\ -6 \end{array}$$

Die ersten drei Spalten sind also nicht l.u. Nimmt man jedoch die 4-te Spalte hinzu und pivotisiert mit –2, ergibt sich

$$\left.\begin{array}{ccccc} 1 & 0 & 1 & 0 & -3/2 \\ 0 & 1 & -1 & 0 & -1/2 \\ 0 & 0 & 0 & 1 & 1/2 \end{array}\right| \begin{array}{c} -1 \\ 0 \\ 3 \end{array} \qquad \textbf{(9.2.04)}$$

Auf Umindizierung verzichten wir, da man ja sieht, wo die Basis ist.

$x_3 = 0$ und $x_5 = 0$ führt zu der sofort ablesbaren Lösung $x_1 = -1,\ x_2 = 0,\ x_4 = 3$.

$(x_1, x_2, x_3, x_4, x_5) = (\underline{-1}, \underline{0}, 0, \underline{3}, 0)$ ist also Basislösung. Die Basisvariablen sind unterstrichen. Es fällt auf, daß auch Basisvariable null sein *können*, Nichtbasisvariable *müssen* es.

Die Spalten in (9.2.03), die in (9.2.04) zu Einheitsspalten wurden, nennt man *Basisspalten*, die übrigen *Nichtbasisspalten*.

Basisspalte
Nichtbasisspalte

Das Auffinden weiterer Basislösungen erleichtert folgende Überlegung. Jede Nichtbasisspalte kann eine Basisspalte ersetzen, falls in (9.2.04) erstere dort einen von null verschiedenen Wert hat, wo in der Basisspalte die 1 steht.

Vollziehen Sie nach:

- die dritte Spalte könnte die Basisspalte $j = 1$ oder $j = 2$, nicht aber $j = 4$ ersetzen,
- die letzte Spalte könnte alle drei Basisspalten ersetzen.

Um ein wenig Ordnung in die Angelegenheit zu bringen, notieren wir alle $\binom{5}{3} = 10$ möglichen Basispositionen.

$j=$ 1	2	3	4	5
×	×	×		
×	×		×	
×	×			×
×		×	×	
×		×		×
×			×	×
	×	×	×	
	×	×		×
	×		×	×
		×	×	×

$(\underline{-1}, \underline{0}, 0, \underline{3}, 0)$

Übungsaufgabe 9.2.2

Geben Sie die Basislösung zu

×	×			×
×		×		×

und dann zu an, sofern sie existiert!

Sie haben erkannt, daß beide Vorschläge in der Übungsaufgabe auch wirklich Basen waren. Noch etwas Erfreuliches ist Ihnen aufgefallen:

Von

×	×		×	

zu

×	×			×

und zu

×		×		×

bedurfte es jeweils nur *eines* Pivotschrittes. Haben zwei Basen des Gleichungssystems $\mathbf{Ax} = \mathbf{b}$ die Eigenschaft, mittels eines Pivotschrittes ineinander überführbar zu sein, heißen sie *benachbart* oder *Nachbarbasen*.

benachbarte Basen/ Nachbarbasen

Bisher wurden keine Nichtnegativitätsbedingungen betrachtet. Das ändern wir jetzt und untersuchen

$$\mathbf{Ax} = \mathbf{b} \quad \text{und} \quad x_j \geq 0 \quad \text{für alle} \quad j = 1, \ldots, n. \qquad \textbf{(9.2.05)}$$

Das heißt, es werden jetzt Basislösungen gesucht, die für alle x_j die Nichtnegativitätsbedingungen NNB erfüllen. (Der Fall, bei dem nur *einige* x_j nichtnegativ sein müssen, ist etwas komplizierter und wird im Kurs „Lineare Programmierung" des Fachgebietes BWL insbesondere OR der FeU in Hagen besprochen.)

zulässige Basislösung

Ein wenig unglücklich hat sich für solche Basislösungen, die die NNB erfüllen, der Begriff *zulässige Basislösungen* eingebürgert; er wird hier auch verwandt.

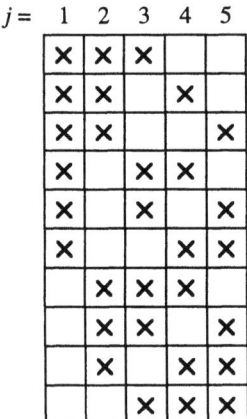

Zulässig ist $(\underline{-1}, \underline{0}, 0, \underline{3}, 0)$ also nicht, wohl aber $(\underline{8}, \underline{3}, 0, 0, \underline{6})$, weil nur im letzten Vektor alle Komponenten nichtnegativ sind.

In der Übungsaufgabe 9.2.2 haben Sie übrigens das dazugehörige Tableau erzeugt. Es ist

$$\begin{array}{ccccc|c} 1 & 0 & 1 & 3 & 0 & 8 \\ 0 & 1 & -1 & 1 & 0 & 3 \\ 0 & 0 & 0 & 2 & 1 & 6 \end{array} \qquad \textbf{(9.2.06)}$$

Kann man verhindern, beim Übergang von einer Basislösung zur anderen, also bei einem *Basistausch*, negative Werte zu erzeugen? Kann man also einer Nachbarbasis bereits frühzeitig ansehen, ob sie negative Basisvariable haben wird? Man kann!

Basistausch

Am besten demonstrieren wir die Vorgehensweise an Tableau (9.2.06). Wir haben uns – aus welchen Gründen auch immer – entschieden, die Spalte zur Variablen mit dem Index $j = 4$ in die Basis aufzunehmen.

Erhöht man die Variable x_4 und hält die weitere Nichtbasisvariable x_3 auf ihrem Wert $x_3 = 0$ fest, müssen die Basisvariablen x_1, x_2, x_5 mitvariieren. Sie sind nämlich durch x_4 *gebunden*, x_4 ist *frei*. In konkreten Zahlen:

gebundene / freie Variable

$$\begin{pmatrix} 1\,0\,0 \\ 0\,1\,0 \\ 0\,0\,1 \end{pmatrix} \begin{pmatrix} x_1 \\ x_2 \\ x_5 \end{pmatrix} = \begin{pmatrix} 8 \\ 3 \\ 6 \end{pmatrix} - \begin{pmatrix} 3 \\ 1 \\ 2 \end{pmatrix} x_4 \quad \text{bzw.} \quad \begin{pmatrix} x_1 \\ x_2 \\ x_5 \end{pmatrix} = \begin{pmatrix} 8 \\ 3 \\ 6 \end{pmatrix} - \begin{pmatrix} 3 \\ 1 \\ 2 \end{pmatrix} x_4 .$$

Nun ist $\begin{pmatrix} 8 \\ 3 \\ 6 \end{pmatrix} \geq 0$; gefordert ist *auch* $\begin{pmatrix} 8 \\ 3 \\ 6 \end{pmatrix} - \begin{pmatrix} 3 \\ 1 \\ 2 \end{pmatrix} x_4 \geq 0$.

Wieweit kann x_4 erhöht werden, bevor eine der Basisvariablen $\begin{pmatrix} x_1 \\ x_2 \\ x_5 \end{pmatrix}$ negativ wird?

Natürlich nur bis $\min\left(\frac{8}{3}, \frac{6}{2}\right) = \frac{8}{3}$. Da $x_2 = 3 - 1x_4$, wird x_2 bei $\frac{3}{1}$ negativ; x_1 wird bei $\frac{8}{3}$ negativ; x_5 bei $\frac{6}{2}$; zuerst also x_1. Hat man sich in Tableau (9.2.06) also entschlossen, x_4 zu erhöhen, bildet man

$$\left.\begin{array}{c|cc} 3 & 8 & 8:3 \\ 1 & 3 & 3:1 \\ 2 & 6 & 6:2 \end{array}\right\} \quad \min = \frac{8}{3}$$

und erhöht x_4 auf $\frac{8}{3}$.

Als Folge dieser Operation wird $x_1 = 0$ und alle übrigen bisherigen Basisvariablen bleiben zumindest größer oder gleich 0! Also

„x_4 rein in die Basis“ „x_1 raus aus der Basis“

$$\begin{array}{ccccc|c} 1 & 0 & 1 & \textcircled{3} & 0 & 8 \\ 0 & 1 & -1 & 1 & 0 & 3 \\ 0 & 0 & 0 & 2 & 1 & 6 \end{array} \quad \rightarrow \quad \begin{array}{ccccc|c} 1/3 & 0 & 1/3 & 1 & 0 & 8/3 \\ 1/3 & 1 & -4/3 & 0 & 0 & 17/3 \\ -2/3 & 0 & -2/3 & 0 & 1 & 2/3 \end{array} \qquad \text{Voilà!}$$

Auffällig ist, daß man für den Tauschschritt bereits eine zulässige Basislösung – vgl. (9.2.02) – voraussetzt. In diesem Fall ist also offensichtlich eine Folge weiterer zulässiger Basislösungen erzeugbar. Die bisherigen Erkenntnisse lassen sich verallgemeinern.

Es liege wie in (9.2.02) ein lineares Gleichungssystem

$$\mathbf{Ax} = \mathbf{b} \quad \equiv \quad (\mathbf{B}|\mathbf{N})\begin{pmatrix}\mathbf{x}_B \\ \mathbf{x}_N\end{pmatrix} = \mathbf{b} \quad \equiv \quad \mathbf{Bx}_B + \mathbf{Nx}_N = \mathbf{b} \tag{9.2.07}$$

mit der zusätzlichen NNB $\mathbf{x} \geq 0$ vor.

Die Basis **B** sei so, daß die Prämultiplikation von (9.2.07) mit $\mathbf{B}^{-1}$

$$\mathbf{B}^{-1}(\mathbf{B}|\mathbf{N})\begin{pmatrix}\mathbf{x}_B \\ \mathbf{x}_N\end{pmatrix} = \mathbf{B}^{-1}\mathbf{b} \quad \text{bzw.} \quad (\mathbf{I}|\mathbf{B}^{-1}\mathbf{N})\begin{pmatrix}\mathbf{x}_B \\ \mathbf{x}_N\end{pmatrix} = \mathbf{B}^{-1}\mathbf{b} \tag{9.2.08}$$

gerade $\mathbf{B}^{-1}\mathbf{b} \geq \mathbf{0}$ erfüllt. $(\mathbf{x}_B = \mathbf{B}^{-1}\mathbf{b},\ \mathbf{x}_N = \mathbf{0})$ ist dann eine zulässige Basislösung. Oft sind Gleichungssysteme der Form (9.2.07) gegeben, in denen von vornherein ein Teil der Matrix **A** die Einheitsmatrix **I** ist und $\mathbf{b} \geq 0$ gilt. Dann erübrigt sich die Prämultiplikation wie in (9.2.08). Ein Gleichungssystem dieser speziellen Art liegt in der *kanonischen Form* vor.

kanonische Form eines Gleichungssystems

Das Auffinden weiterer zulässiger Basislösungen geschieht nun in altgewohnter Art. Explizit ausgeschrieben sei das Tableau zu (9.2.08):

$$\begin{array}{cccc|c} 1 \;\; 0 & 0 & a^*_{1,m+1} \;\cdots\cdots & a^*_{1n} & b^*_1 \\ 0 \;\; 1 & \vdots & \vdots & \vdots & \vdots \\ \vdots \;\; 0 \;\; \ddots & \vdots & \vdots & \vdots & \vdots \\ \vdots \;\; \vdots \quad \ddots & \vdots & \vdots & \vdots & \vdots \\ 0 \;\; 0 & 1 & a^*_{m,m+1} \;\cdots\cdots & a^*_{mn} & b^*_m \end{array}$$

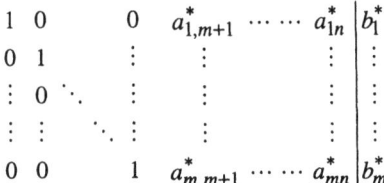

Die allgemeinen Koeffizienten wurden gesternt, um anzudeuten, daß gegebenenfalls bereits eine Prämultiplikation erfolgt ist, das System also nicht mehr in der ursprünglichen Form $\mathbf{Ax} = \mathbf{b}$ ist.

Aus welchen Gründen auch immer sei entschieden, die Spalte mit dem Index j_0 in die Basis aufzunehmen. Dann lautet das *Eliminationskriterium*

Eliminationskriterium

$$i_0 = \arg \min_i \left\{ \frac{b_i^*}{a_{ij_0}^*} : a_{ij_0}^* > 0 \right\} \qquad \textbf{(9.2.09)}$$

Die *Argumentfunktion* arg liefert den Zeilenindex i_0, für den das Minimum aller Quotienten $\frac{b_i^*}{a_{ij_0}^*}$ angenommen wird. Sind in der Spalte j_0 alle $a_{ij_0}^* \leq 0$, kann man die Variable x_{j_0} unbeschränkt erhöhen, ohne die NNB zu gefährden. Ein Basistausch kann dann nicht stattfinden. Der Lösungsraum ist nicht beschränkt!

Argumentfunktion

Im Regelfall aber liefert (9.2.09) das Pivotelement $a_{i_0 j_0}^*$. Ein Pivotschritt führt zu einer weiteren zulässigen Basislösung.

Übungsaufgabe 9.2.3

Gegeben sei das folgende kanonische Gleichungssystem

$$\begin{aligned} 1x_1 \qquad\qquad & +5x_4 -2x_5 = 1 \\ 1x_2 \qquad & -1x_4 +2x_5 = 1 \\ 1x_3 & +1x_4 +2x_5 = 2 \end{aligned}$$

Nehmen Sie x_5 in die Basis auf!

Wir möchten noch die Verbindung zwischen Ecken eines konvexen Polyeders und Basislösungen eines linearen Gleichungssystems mit NNB aufzeigen.

Gemäß unserer Ausführungen in Abschnitt 9.1 kann die Grundaufgabe der Deckungsbeitragsrechnung – nach Einführen von Schlupfvariablen und Umbezeichnung – in der Form (9.1.01") geschrieben werden.

Gefordert ist also die Maximierung einer linearen Zielfunktion über einem konvexen Polyeder. Die folgende Aussage ist ein mathematisch nicht leicht zu beweisender

Satz 9.2.4

Nimmt die Zielfunktion in (9.1.01") ihr Maximum an, so auch in einer Ecke des durch die Restriktionen beschriebenen konvexen Polyeders.

Die Bedingung „Nimmt ... an“ wurde vorangestellt, da es unbeschränkte Polyeder gibt. Die Anschauung bestätigt die Behauptung des Satzes, im letzten Abschnitt dieses Kapitels wird sie für einen einfachen Fall visualisiert. Auf einen allgemeinen Beweis wird verzichtet.

Die Tragweite des Satzes 9.2.4 ergibt sich erst im Zusammenspiel mit einem weiteren.

Satz 9.2.5

i) **Jede Ecke des konvexen Polyeders $\mathbf{Ax} = \mathbf{b},\ \mathbf{x} \geq \mathbf{0}$ ist durch mindestens eine zulässige Basislösung darstellbar.**
ii) **Jede zulässige Basislösung von $\mathbf{Ax} = \mathbf{b},\ \mathbf{x} \geq \mathbf{0}$ ist eine Ecke des konvexen Polyeders.**

Wenn es also gelingt, die zulässigen Basislösungen in einer intelligenten Weise abzusuchen, ist auch die optimale Ecke auffindbar. Intelligent sollte die Suche schon sein, da es ja schlimmstenfalls $\binom{n}{m} = \frac{n!}{m!(n-m)!}$ zulässige Basen gibt.

Das bereits erwähnte Simplex-Verfahren ist eine solche Suche; es wurde von G. DANTZIG ersonnen und ist bis heute Grundlage fast aller LP-Programme.

Für kleine LP-Aufgaben mit zwei Variablen kann die Lösung zeichnerisch gefunden werden. Die Vorgehensweise wird jetzt erläutert.

9.3. Graphische Lösung einer Planungsaufgabe

Zu planen sind die Produktionsmengen x_1, x_2 zweier Produkte P_1, P_2, deren Stückdeckungsbeiträge 5 bzw. 6 [1.000 DM] betragen; zu berücksichtigen sind ferner Fixkosten von 7 [1.000 DM]. Die Bearbeitung von Teilen in der Vor- und in der Hauptmontage beansprucht die Arbeitsstunden

	P_1	P_2
Vor$M$	10	10
Haupt$M$	10	20 ,

40 bzw. 60 Arbeitsstunden sind die Kapazitäten in einer Planungsperiode für die jeweiligen Montagen.

Produkt P_1 erhält eine elektronische Komponente, von der der Zulieferer maximal 3 in der Planungsperiode bereitstellen kann. Zu lösen ist also das Planungsproblem

$$\text{Max } z = 5x_1 + 6x_2 - 7$$

unter den Restriktionen

$$\begin{aligned} 10x_1 + 10x_2 &\le 40 \\ 10x_1 + 20x_2 &\le 60 \\ x_1 \qquad\quad &\le \ 3 \quad \text{und } x_1, x_2 \ge 0. \end{aligned} \qquad \textbf{(9.3.01)}$$

Der Zulässigkeitsbereich technisch erlaubter Produktionen ist schnell gezeichnet:

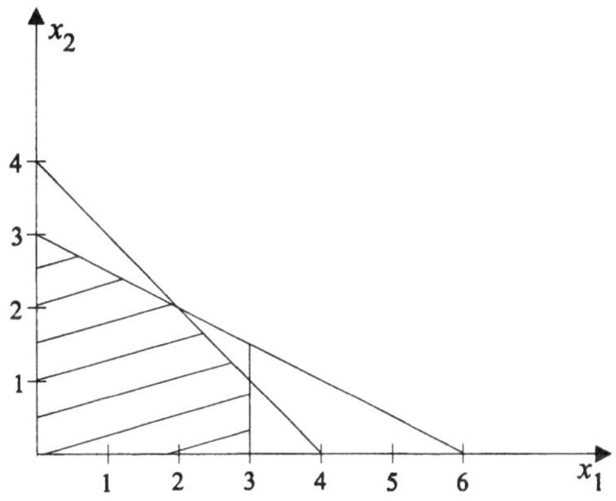

Abb. 9.3.1: Technisch erlaubte Produktionen

Er ist der mengentheoretische Durchschnitt aller fünf Ungleichungen in (9.3.01). Er ist ein beschränktes konvexes Polyeder. Seine Ecken sind

$$\overline{\mathbf{x}}^1 = \begin{pmatrix} 0 \\ 0 \end{pmatrix}, \ \overline{\mathbf{x}}^2 = \begin{pmatrix} 3 \\ 0 \end{pmatrix}, \ \overline{\mathbf{x}}^3 = \begin{pmatrix} 3 \\ 1 \end{pmatrix}, \ \overline{\mathbf{x}}^4 = \begin{pmatrix} 2 \\ 2 \end{pmatrix}, \ \overline{\mathbf{x}}^5 = \begin{pmatrix} 0 \\ 3 \end{pmatrix}.$$

Für jedes z ist $\{(x_1, x_2)^T \colon z = 5x_1 + 6x_2 - 7\}$ eine *Isogewinnlinie*. Sie ist die Ortslinie aller Produktionen, die den gleichen Gewinn abwerfen. *Isogewinnlinie*

Z.B. ist für $z = -7$ die Linie in Abb. 9.3.2 eingezeichnet.

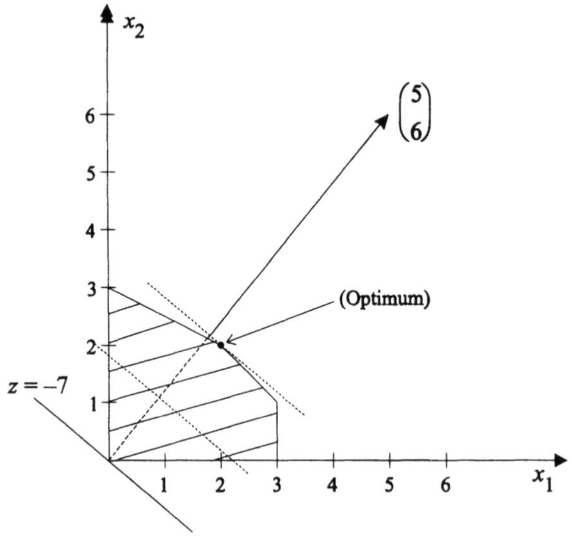

Abb. 9.3.2: Isogewinnlinien und technisch erlaubte Produktionen

Bei $z=-7$ läuft die Isogewinnlinie durch den Ursprung. Nur $\begin{pmatrix}x_1\\x_2\end{pmatrix}=\begin{pmatrix}0\\0\end{pmatrix}$ ist technisch erlaubt und liefert den „Gewinn“ −7 [1.000 DM]. Das aber ist der Ruhezustand des Unternehmens: Keine Produktion, Fixkosten fallen aber an; also erwirtschaftet es DM 7.000,– Verlust.

Verschiebt man nun die Isogewinnlinie parallel in Richtung des Orthogonalenvektors $\begin{pmatrix}5\\6\end{pmatrix}$, erhält man eine der punktgestrichelten Linien, auch sie sind Isogewinnlinien.

Der (kürzeste) euklidische Abstand δ eines jeden Punktes $\begin{pmatrix}x_1^0\\x_2^0\end{pmatrix}$ auf einer punktgestrichelten von der Linie $z=-7$ ergibt sich durch Einsetzen in die Hessesche Normalform der Geradengleichung $-7=5x_1+6x_2-7$, nämlich

$$\frac{-7}{\sqrt{5^2+6^2}}+\delta=\frac{5x_1^0}{\sqrt{5^2+6^2}}+\frac{6x_2^0}{\sqrt{5^2+6^2}}-\frac{7}{\sqrt{5^2+6^2}}$$

Lesen Sie hierzu nochmals Abschnitt 3.3.! Und δ ist positiv!

Für ein solches $\begin{pmatrix}x_1^0\\x_2^0\end{pmatrix}$ hat sich der Gewinn also von −7 auf $-7+\delta\sqrt{5^2+6^2}$ erhöht. Speziell interessiert natürlich die durch einen Pfeil gekennzeichnete Ecke

$\begin{pmatrix} x_1^{opt} \\ x_2^{opt} \end{pmatrix} = \begin{pmatrix} 2 \\ 2 \end{pmatrix}$. Sie erzeugt unter allen technisch erlaubten Produktionen den höchsten Gewinn, nämlich

$$z = 5 \cdot 2 + 6 \cdot 2 - 7 = 15 \text{ [1.000 DM]}.$$

Das δ diente nur Hilfsüberlegungen und wird nicht mehr gebraucht.

Durch hinschauen wurde also ein LP-Problem mit zwei Variablen gelöst. Die Lösung besteht aus folgenden Schritten:

- Zeichnen des Bereichs technisch erlaubter Produktionen,
- Einzeichnen einer Isogewinnlinie, z.B. durch den Ursprung,
- Parallelverschieben der Isogewinnlinie in Richtung des Normalenvektors, bis sie durch die „äußerste Ecke" des Bereichs technisch erlaubter Produktionen läuft,
- Ablesen der optimalen Lösung,
- Einsetzen der optimalen Lösung in die Zielfunktion und Berechnung des optimalen Zielfunktionswertes.

Übungsaufgabe 9.3.3

Erfinden Sie eine ökonomisch sinnvolle LP-Aufgabe mit 2 Variablen und lösen Sie sie graphisch.

Lösungen zu den Übungsaufgaben

Kapitel 2

Übungsaufgabe 2.1.3

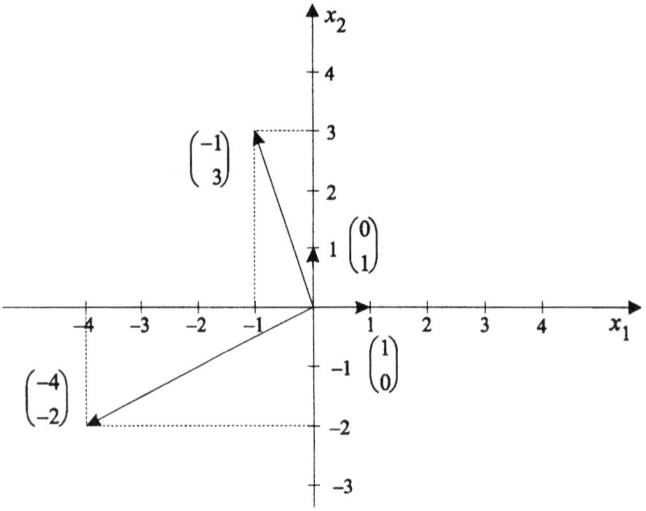

✓

Übungsaufgabe 2.1.7

i)

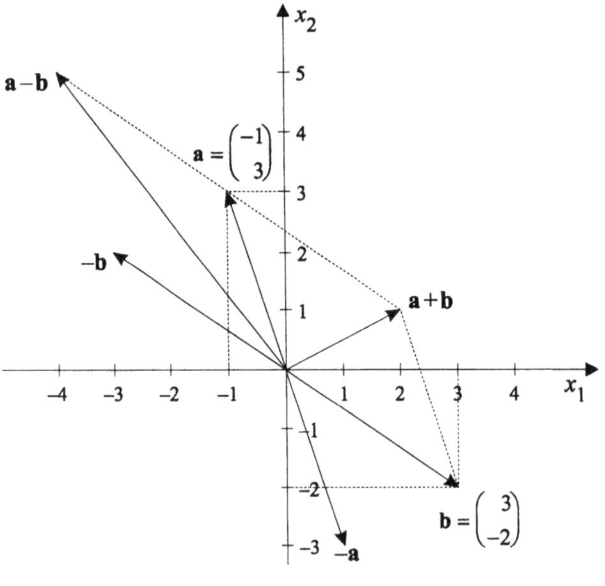

ii) $\mathbf{a}+\mathbf{b}=\begin{pmatrix}-1\\3\end{pmatrix}+\begin{pmatrix}3\\-2\end{pmatrix}=\begin{pmatrix}2\\1\end{pmatrix}$

iii) $\mathbf{a}-\mathbf{b}=\begin{pmatrix}-1\\3\end{pmatrix}-\begin{pmatrix}3\\-2\end{pmatrix}=\begin{pmatrix}-4\\5\end{pmatrix}$

iv) $-\mathbf{a},\ -\mathbf{b}$: $-\mathbf{a}=\begin{pmatrix}1\\-3\end{pmatrix}$; $-\mathbf{b}=\begin{pmatrix}-3\\2\end{pmatrix}$

✓

Übungsaufgabe 2.2.6

i) Der Vektor $\begin{pmatrix}1\\1\end{pmatrix}$ ist linear unabhängig, denn: $\begin{pmatrix}0\\0\end{pmatrix}=\alpha\begin{pmatrix}1\\1\end{pmatrix}$ für $\alpha \neq 0$ läßt sich nicht darstellen.

ii) $\begin{pmatrix}1\\1\end{pmatrix}$ und $\begin{pmatrix}2\\2\end{pmatrix}$ sind linear abhängig, da z. B. $\begin{pmatrix}0\\0\end{pmatrix}=-2\begin{pmatrix}1\\1\end{pmatrix}+1\begin{pmatrix}2\\2\end{pmatrix}$ gilt.

iii) $\begin{pmatrix}0\\0\end{pmatrix}$ und $\begin{pmatrix}1\\5\end{pmatrix}$ sind linear abhängig, da einer der beiden Vektoren der Nullvektor ist.

iv) $\begin{pmatrix}1\\2\end{pmatrix}$ und $\begin{pmatrix}2\\1\end{pmatrix}$ sind linear unabhängig. Die Linearkombination der Vektoren ergibt nur für $\alpha_1=\alpha_2=0$ den Nullvektor.

v) $\begin{pmatrix}1\\1\end{pmatrix}, \begin{pmatrix}-1\\5\end{pmatrix}, \begin{pmatrix}6\\\pi\end{pmatrix}$

Diese drei Vektoren sind linear abhängig, denn 3 Vektoren im $\boldsymbol{R}^2$ sind linear abhängig.

✓

Übungsaufgabe 2.3.5

i) $\begin{pmatrix}1\\0\end{pmatrix}\cdot\begin{pmatrix}-1\\0\end{pmatrix}=1\cdot -1+0\cdot 0=-1+0=-1$

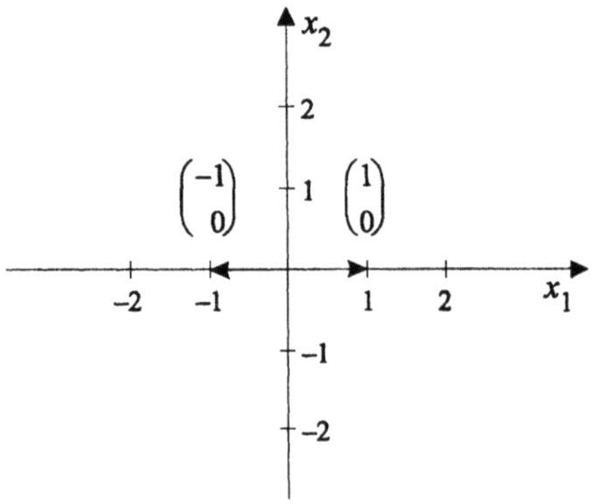

ii) $$\begin{pmatrix}1/\sqrt{2}\\1/\sqrt{2}\end{pmatrix}\cdot\begin{pmatrix}3/\sqrt{2}\\-3/\sqrt{2}\end{pmatrix}=\frac{1}{\sqrt{2}}\cdot\frac{3}{\sqrt{2}}+\frac{1}{\sqrt{2}}\cdot-\frac{3}{\sqrt{2}}=\frac{3}{2}-\frac{3}{2}=0$$

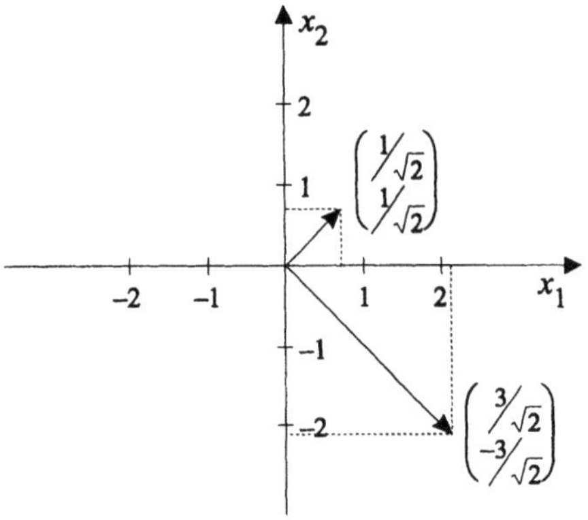

iii) $$\begin{pmatrix}0\\1\end{pmatrix}\cdot\begin{pmatrix}-1\\0\end{pmatrix}=0\cdot-1+1\cdot0=0+0=0$$

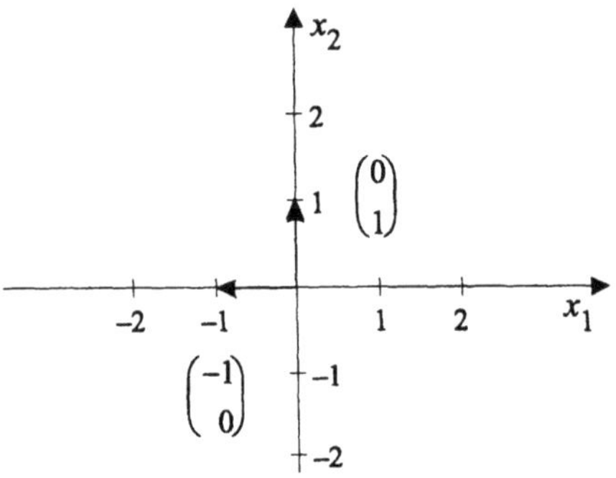

iv) $\begin{pmatrix} 2 \\ 1 \end{pmatrix} \cdot \begin{pmatrix} 3 \\ -6 \end{pmatrix} = 2 \cdot 3 + 1 \cdot -6 = 6 - 6 = 0$

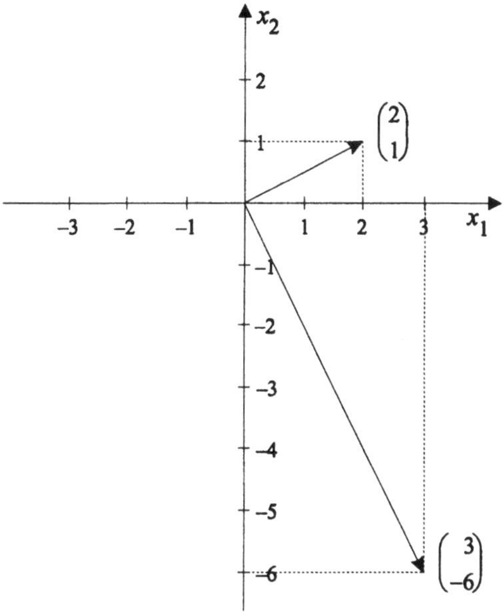

Außer in i) stehen die Vektoren jeweils senkrecht aufeinander.

✓

Übungsaufgabe 2.3.9

i) $x_1 = 2x_2 + 5$

$\Rightarrow x_1 - 2x_2 - 5 = 0$

Division durch $\sqrt{5}$ ergibt die Hessesche Normalform

$$\frac{x_1}{\sqrt{5}} - \frac{2x_2}{\sqrt{5}} - \frac{5}{\sqrt{5}} = 0.$$

ii) Durch Einsetzen von $\begin{pmatrix} 12 \\ 1 \end{pmatrix}$ erhält man:

$$\frac{12}{\sqrt{5}} - \frac{2}{\sqrt{5}} - \frac{5}{\sqrt{5}} = \sqrt{5}.$$

Der Abstand beträgt $\sqrt{5}$.

iii) 1) $\frac{1}{\sqrt{5}} - \frac{2 \cdot 1}{\sqrt{5}} - \frac{5}{\sqrt{5}}$

$= \frac{-6}{\sqrt{5}} < 0$

2) $\frac{2}{\sqrt{5}} - \frac{2 \cdot 2}{\sqrt{5}} - \frac{5}{\sqrt{5}}$

$= \frac{-7}{\sqrt{5}} < 0$

Also liegen die Punkte (1,1) und (2,2) auf derselben Seite der Geraden.

iv) Die Ungleichung $x_1 - 2x_2 \le 5$ stellt eine Halbebene dar. Die Gerade $x_1 - 2x_2 = 5$ bzw. $x_1 - 2x_2 - 5 = 0$ ist in der folgenden Figur eingetragen.

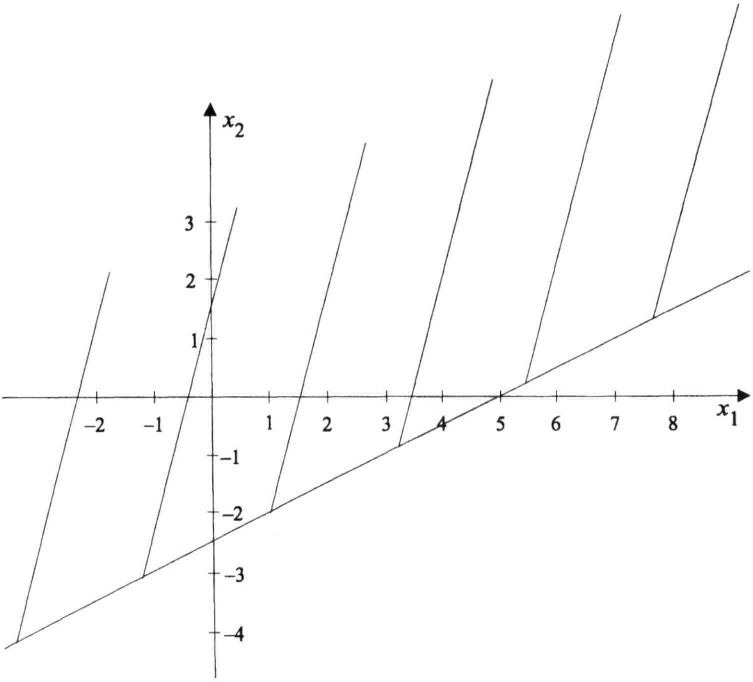

Setzen wir $x_1 = 0$; $x_2 = 0$ in die Ungleichung ein, erhalten wir $0 - 2 \cdot 0 - 5 \le 0 \Rightarrow -5 \le 0$. Also wahr.

Die Ungleichung $x_1 - 2x_2 - 5 \le 0$ gilt für den Punkt (0,0). Also der Punkt liegt in der Halbebene.

✓

Kapitel 3

Übungsaufgabe 3.1.4

Januar	4000t	1500t	2500t	3000t	1000t
Februar	1000t	1500t	2400t	1200t	500t
	S_1	S_2	S_3	S_4	S_5

g bezeichne die Gesamtabsätze

$$\mathbf{a}^1 = \begin{pmatrix} 4000 \\ 1500 \\ 2500 \\ 3000 \\ 1000 \end{pmatrix}, \ \mathbf{a}^2 = \begin{pmatrix} 1000 \\ 1500 \\ 2400 \\ 1200 \\ 500 \end{pmatrix}$$

$$\mathbf{g} = \begin{pmatrix} 4000 \\ 1500 \\ 2500 \\ 3000 \\ 1000 \end{pmatrix} + \begin{pmatrix} 1000 \\ 1500 \\ 2400 \\ 1200 \\ 500 \end{pmatrix} = \begin{pmatrix} 5000 \\ 3000 \\ 4900 \\ 4200 \\ 1500 \end{pmatrix}.$$

✓

Übungsaufgabe 3.1.7

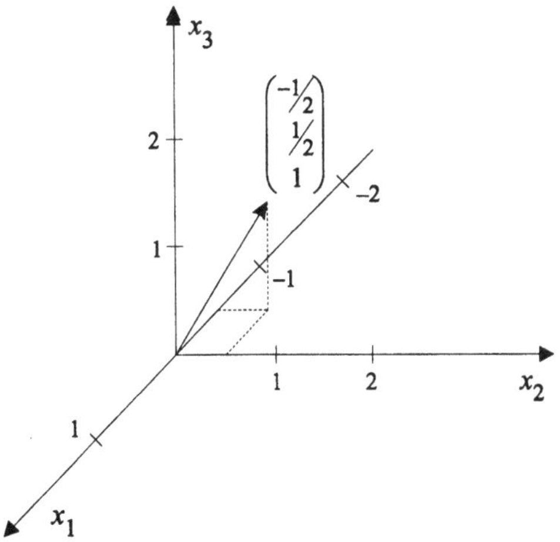

✓

Übungsaufgabe 3.2.3

Der Monatsbedarf beträgt 500 Pakete Schokokekse
1150 Pakete Butterkekse
450 Pakete Vollkorngebäck
200 Schachteln Waffeln

$$\alpha_1\begin{pmatrix}10\\15\\5\\0\end{pmatrix}+\alpha_2\begin{pmatrix}0\\20\\10\\10\end{pmatrix}=\begin{pmatrix}500\\1150\\450\\200\end{pmatrix}$$ ist die Bedarfsgleichung.

Aus $10\alpha_1 = 500$ folgt $\alpha_1 = 50$
Aus $10\alpha_2 = 200$ folgt $\alpha_2 = 20$

also gibt insgesamt

$$50\begin{pmatrix}10\\15\\5\\0\end{pmatrix}+20\begin{pmatrix}0\\20\\10\\10\end{pmatrix}=\begin{pmatrix}500\\1150\\450\\200\end{pmatrix}.$$

✓

Übungsaufgabe 3.2.5

i)

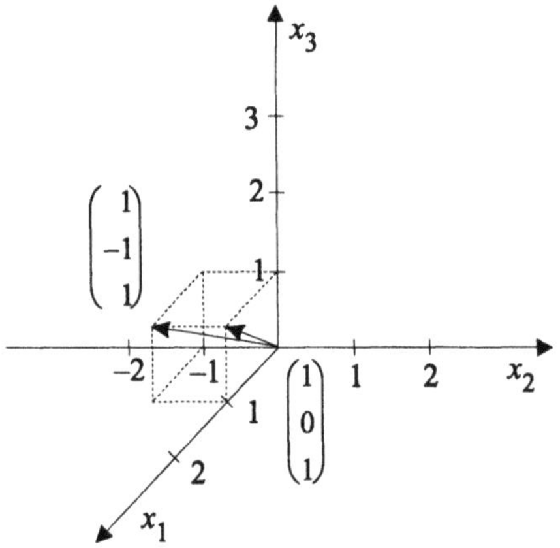

ii)

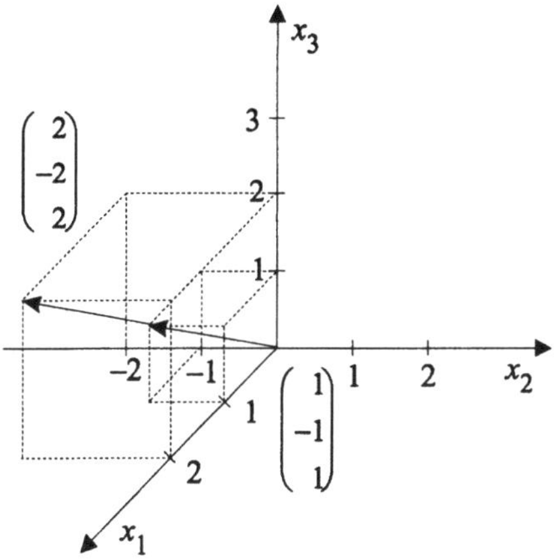

✓

Übungsaufgabe 3.2.11

i) $$\begin{pmatrix} 1 \\ 2 \\ 0 \end{pmatrix} = -1 \begin{pmatrix} 1 \\ 0 \\ 1 \end{pmatrix} + 1 \begin{pmatrix} 1 \\ 1 \\ 0 \end{pmatrix} + 1 \begin{pmatrix} 1 \\ 1 \\ 1 \end{pmatrix}$$

Diese Koordinatendarstellung ist richtig!

ii) $$\begin{pmatrix} 2 \\ 2 \\ 0 \\ 4 \end{pmatrix} \neq 5 \begin{pmatrix} 1 \\ 1 \\ 1 \\ 1 \end{pmatrix} + 4 \begin{pmatrix} 1 \\ 1 \\ 1 \\ 0 \end{pmatrix} + 3 \begin{pmatrix} 1 \\ 1 \\ 0 \\ 0 \end{pmatrix} + 2 \begin{pmatrix} 1 \\ 0 \\ 0 \\ 0 \end{pmatrix}$$

Diese Koordinatendarstellung ist falsch!

✓

Übungsaufgabe 3.3.4

i) $\mathbf{a} = \begin{pmatrix} 1 \\ 2 \\ 3 \end{pmatrix}$, $\mathbf{b} = \begin{pmatrix} -2 \\ -1 \\ 1 \end{pmatrix}$

$\mathbf{a}^T \cdot \mathbf{b} = -2 - 2 + 3 = -1 \neq 0$

$\Rightarrow$ Die Vektoren sind nicht orthogonal!

ii) Die Einheitsvektoren $\mathbf{e}^1 = \begin{pmatrix}1\\0\\0\end{pmatrix}$, $\mathbf{e}^2 = \begin{pmatrix}0\\1\\0\end{pmatrix}$, $\mathbf{e}^3 = \begin{pmatrix}0\\0\\1\end{pmatrix}$ sind paarweise orthogonal, da die jeweiligen Skalarprodukte gleich 0 sind.

iii) Diese Aussage ist ebenfalls richtig!

✓

Übungsaufgabe 3.3.7

i) Wir suchen alle Punkte $(x_1, x_2, x_3)^T \in \boldsymbol{R}^3$ mit $x_1 + x_2 + x_3 = 1$.

Beispielsweise erfüllen folgende Punkte die Bedingung:

$$\mathbf{x}^1 = \begin{pmatrix}1/2\\1/4\\1/4\end{pmatrix};\ \mathbf{x}^2 = \begin{pmatrix}1/4\\1/2\\1/4\end{pmatrix};\ \mathbf{x}^3 = \begin{pmatrix}1/4\\1/4\\1/2\end{pmatrix}.$$

Die Achsenabschnitte erhält man, indem man jeweils zwei Komponenten gleich Null setzt und die dritte Komponente entsprechend der Hyperebenengleichung bestimmt.

$$\mathbf{y}^1 = \begin{pmatrix}1\\0\\0\end{pmatrix};\ \mathbf{y}^2 = \begin{pmatrix}0\\1\\0\end{pmatrix};\ \mathbf{y}^3 = \begin{pmatrix}0\\0\\1\end{pmatrix}.$$

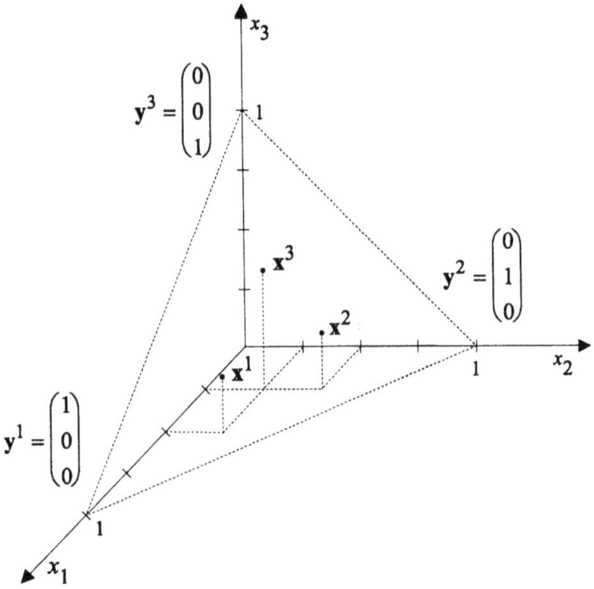

ii) Wir suchen alle Punkte $(x_1, x_2, x_3)^T \in \boldsymbol{R}^3$ mit $5x_1 + 3x_2 - x_3 = 1$.

Beispielsweise erfüllen folgende Punkte die Bedingung:

$$\mathbf{x}^1 = \begin{pmatrix} 1 \\ -1 \\ 1 \end{pmatrix}; \ \mathbf{x}^2 = \begin{pmatrix} 1 \\ -2 \\ -2 \end{pmatrix}; \ \mathbf{x}^3 = \begin{pmatrix} -1 \\ 3 \\ 3 \end{pmatrix}.$$

$$\mathbf{y}^1 = \begin{pmatrix} 1/5 \\ 0 \\ 0 \end{pmatrix}; \ \mathbf{y}^2 = \begin{pmatrix} 0 \\ 1/3 \\ 0 \end{pmatrix}; \ \mathbf{y}^3 = \begin{pmatrix} 0 \\ 0 \\ -1 \end{pmatrix}.$$

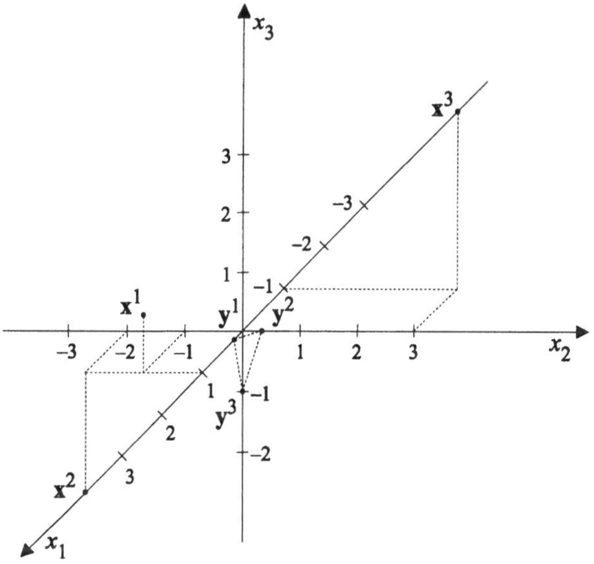

✓

Übungsaufgabe 3.4.2

Zu A_0)

$$\mathbf{a}^{1T}(\mathbf{x}+\mathbf{y}) \overset{(S1)}{=} (\mathbf{x}^T + \mathbf{y}^T)\mathbf{a}^1 \overset{(S3)}{=} \mathbf{x}^T\mathbf{a}^1 + \mathbf{y}^T\mathbf{a}^1 \overset{(S1)}{=} \mathbf{a}^{1T}\mathbf{x} + \mathbf{a}^{1T}\mathbf{y} \overset{(3.4.05)}{=} 0 + 0 = 0.$$

Dieselbe Aussage gilt für $\mathbf{a}^{2T}, \ldots, \mathbf{a}^{kT}$.

Insgesamt hat man also:

$\mathbf{x} + \mathbf{y}$ erfüllt (3.4.05), wenn $\mathbf{x}$ und $\mathbf{y}$ es erfüllen.

Zu B_0)

$$\mathbf{a}^{1\mathrm{T}}(\alpha\mathbf{x}) \overset{(S1)}{=} (\alpha\mathbf{x})^{\mathrm{T}}\mathbf{a}^1 \overset{(S2)}{=} \alpha(\mathbf{x}^{\mathrm{T}}\mathbf{a}^1) \overset{(S1)}{=} \alpha(\mathbf{a}^{1\mathrm{T}}\mathbf{x}) \overset{(3.4.05)}{=} 0.$$

Dieselbe Aussage gilt für $\mathbf{a}^{2\mathrm{T}},\ldots,\mathbf{a}^{k\mathrm{T}}$.
Insgesamt hat man also:
$\alpha\mathbf{x}$ erfüllt (3.4.05), wenn $\mathbf{x}$ es erfüllt.

✓

Übungsaufgabe 3.5.1

Es seien $\mathbf{u}^1,\ldots,\mathbf{u}^n$ nicht verschwindende paarweise orthogonale Vektoren. Zu zeigen ist, daß sie linear unabhängig sind.

Es sei $\mathbf{0} = \alpha_1\mathbf{u}^1 + \alpha_2\mathbf{u}^2 + \ldots + \alpha_n\mathbf{u}^n$ Nullinearkombination.
Multiplikation mit $\mathbf{u}^{1\mathrm{T}}$ ergibt $0 = \alpha_1\mathbf{u}^{1\mathrm{T}}\mathbf{u}^1 = \alpha_1 \cdot 1 = \alpha_1$, also $\alpha_1 = 0$.
Genauso zeigt man $0 = \alpha_2,\ldots,0 = \alpha_n$.

Also ist $\alpha_1\mathbf{u}^1 + \alpha_2\mathbf{u}^2 + \ldots + \alpha_n\mathbf{u}^n$ zwingend die triviale Nulllinearkombination.

✓

Übungsaufgabe 3.5.2

Die zu orthonormalisierende Basis ist

$$\mathbf{a}^1 = \begin{pmatrix}1\\1\\1\end{pmatrix};\ \mathbf{a}^2 = \begin{pmatrix}1\\1\\0\end{pmatrix};\ \mathbf{a}^3 = \begin{pmatrix}1\\0\\0\end{pmatrix}$$

1. Schritt $\qquad \mathbf{u}^1 = \dfrac{\mathbf{a}^1}{\|\mathbf{a}^1\|} = \dfrac{1}{\sqrt{3}}\begin{pmatrix}1\\1\\1\end{pmatrix}$

2. Schritt $\qquad \mathbf{v}^2 = \mathbf{a}^2 - (\mathbf{u}^{1\mathrm{T}}\mathbf{a}^2)\mathbf{u}^1 = \begin{pmatrix}1\\1\\0\end{pmatrix} - \dfrac{2}{\sqrt{3}}\cdot\dfrac{1}{\sqrt{3}}\begin{pmatrix}1\\1\\1\end{pmatrix} = \begin{pmatrix}1/\sqrt{3}\\1/\sqrt{3}\\-2/\sqrt{3}\end{pmatrix}$

$$\mathbf{u}^2 = \frac{3}{\sqrt{6}}\begin{pmatrix}1/3\\1/3\\-2/3\end{pmatrix} = \frac{1}{\sqrt{6}}\begin{pmatrix}1\\1\\-2\end{pmatrix}$$

3.Schritt $\mathbf{v}^3 = \mathbf{a}^3 - (\mathbf{u}^{1T}\mathbf{a}^3)\mathbf{u}^1 - (\mathbf{u}^{2T}\mathbf{a}^3)\mathbf{u}^2$

$$= \begin{pmatrix} 1 \\ 0 \\ 0 \end{pmatrix} - \frac{1}{\sqrt{3}} \cdot \frac{1}{\sqrt{3}} \begin{pmatrix} 1 \\ 1 \\ 1 \end{pmatrix} - \frac{1}{\sqrt{6}} \cdot \frac{1}{\sqrt{6}} \begin{pmatrix} 1 \\ 1 \\ -2 \end{pmatrix} = \begin{pmatrix} 1 & -\frac{1}{3} & -\frac{1}{6} \\ 0 & -\frac{1}{3} & -\frac{1}{6} \\ 0 & -\frac{1}{3} & \frac{1}{3} \end{pmatrix} = \begin{pmatrix} \frac{1}{2} \\ -\frac{1}{2} \\ 0 \end{pmatrix}$$

$$\mathbf{u}^3 = \sqrt{2} \begin{pmatrix} \frac{1}{2} \\ -\frac{1}{2} \\ 0 \end{pmatrix}$$

✓

Kapitel 4

Übungsaufgabe 4.1.3

i) $\begin{pmatrix} 2 & 1 \\ 0 & 0 \end{pmatrix} \cdot \begin{pmatrix} 1 \\ 2 \end{pmatrix} = \begin{pmatrix} 2 \cdot 1 + 1 \cdot 2 \\ 0 \cdot 1 + 0 \cdot 2 \end{pmatrix} = \begin{pmatrix} 4 \\ 0 \end{pmatrix}$

ii) $(2,\ 1,\ 3) \begin{pmatrix} \pi \\ 1 \\ 1 \end{pmatrix} = 2 \cdot \pi + 1 \cdot 1 + 3 \cdot 1 = 2\pi + 4$

Das Ergebnis ist hier also eine Zahl.

iii) $\begin{pmatrix} 2 & 1 \\ 1 & 1 \\ 1 & 1 \end{pmatrix} \cdot \left[\begin{pmatrix} -1 \\ -1 \end{pmatrix} + \begin{pmatrix} 1 \\ 1 \end{pmatrix} \right] = \begin{pmatrix} 2 & 1 \\ 1 & 1 \\ 1 & 1 \end{pmatrix} \cdot \begin{pmatrix} 0 \\ 0 \end{pmatrix} = \begin{pmatrix} 2 \cdot 0 + 1 \cdot 0 \\ 1 \cdot 0 + 1 \cdot 0 \\ 1 \cdot 0 + 1 \cdot 0 \end{pmatrix} = \begin{pmatrix} 0 \\ 0 \\ 0 \end{pmatrix}$

Man kann natürlich auch so rechnen:

$$\begin{pmatrix} 2 & 1 \\ 1 & 1 \\ 1 & 1 \end{pmatrix} \cdot \begin{pmatrix} -1 \\ -1 \end{pmatrix} + \begin{pmatrix} 2 & 1 \\ 1 & 1 \\ 1 & 1 \end{pmatrix} \cdot \begin{pmatrix} 1 \\ 1 \end{pmatrix}$$

Das Ergebnis ist das gleiche.

iv) $\begin{pmatrix} 1 & -1 & -1 \\ 1 & 0 & 0 \end{pmatrix} \cdot \begin{pmatrix} 1 \\ 1 \end{pmatrix}$

Diese Aufgabe ist nicht lösbar, da der Vektor $\begin{pmatrix} 1 \\ 1 \end{pmatrix}$ nicht so viele Komponenten hat wie die Matrix Spalten.

v) $\begin{pmatrix} 1 & 0 & 0 \\ 0 & 1 & 0 \\ 0 & 0 & 1 \end{pmatrix} \cdot \begin{pmatrix} 5 \\ 7 \\ 9 \end{pmatrix} = \begin{pmatrix} 5 \\ 7 \\ 9 \end{pmatrix}$

✓

Übungsaufgabe 4.2.4

$$\mathbf{L} = \begin{pmatrix} 500 & 500 & 600 \\ 300 & 100 & 400 \\ 200 & 600 & 100 \\ 50 & 300 & 700 \end{pmatrix} \text{ Lagerbestand zu Beginn einer Woche}$$

i) $2\mathbf{K} + 3\mathbf{S} \leq \mathbf{L}$

ii) $$2\begin{pmatrix} 50 & 100 & 200 \\ 20 & 0 & 100 \\ 50 & 150 & 10 \\ 25 & 60 & 100 \end{pmatrix} + 3\begin{pmatrix} 100 & 50 & 50 \\ 70 & 30 & 50 \\ 20 & 100 & 20 \\ 0 & 60 & 100 \end{pmatrix} \leq \mathbf{L}$$

$$\begin{pmatrix} 100 & 200 & 400 \\ 40 & 0 & 200 \\ 100 & 300 & 20 \\ 50 & 120 & 200 \end{pmatrix} + \begin{pmatrix} 300 & 150 & 150 \\ 210 & 90 & 150 \\ 60 & 300 & 60 \\ 0 & 180 & 300 \end{pmatrix} = \begin{pmatrix} 400 & 350 & 550 \\ 250 & 90 & 350 \\ 160 & 600 & 80 \\ 50 & 300 & 500 \end{pmatrix} \leq \mathbf{L}$$

iii) $$2\begin{pmatrix} 100 & 100 & 100 \\ 10 & 10 & 50 \\ 0 & 20 & 5 \\ 0 & 100 & 200 \end{pmatrix} + 3\begin{pmatrix} 100 & 100 & 200 \\ 50 & 10 & 100 \\ 70 & 20 & 30 \\ 10 & 32 & 100 \end{pmatrix} \leq \mathbf{L}$$

$$\begin{pmatrix} 200 & 200 & 200 \\ 20 & 20 & 100 \\ 0 & 40 & 10 \\ 0 & 200 & 400 \end{pmatrix} + \begin{pmatrix} 300 & 300 & 600 \\ 150 & 30 & 300 \\ 210 & 60 & 90 \\ 30 & 96 & 300 \end{pmatrix} = \begin{pmatrix} 500 & 500 & 800 \\ 170 & 50 & 400 \\ 210 & 100 & 100 \\ 30 & 296 & 700 \end{pmatrix} \not\leq \mathbf{L}$$

✓

Übungsaufgabe 4.2.6

i) $$5\cdot\begin{pmatrix} 1 & 1 & 1 \\ 2 & -1 & -1 \end{pmatrix} + \begin{pmatrix} 5 & 1 & 1 \\ -1 & -1 & 1 \end{pmatrix} = \begin{pmatrix} 5 & 5 & 5 \\ 10 & -5 & -5 \end{pmatrix} + \begin{pmatrix} 5 & 1 & 1 \\ -1 & -1 & 1 \end{pmatrix} = \begin{pmatrix} 10 & 6 & 6 \\ 9 & -6 & -4 \end{pmatrix}$$

ii) $$-\begin{pmatrix} 1 & 1 & 1 \\ 1 & 1 & 1 \end{pmatrix} + \begin{pmatrix} 0 & 0 & 0 \\ 0 & 0 & 0 \end{pmatrix} = \begin{pmatrix} -1 & -1 & -1 \\ -1 & -1 & -1 \end{pmatrix} + \begin{pmatrix} 0 & 0 & 0 \\ 0 & 0 & 0 \end{pmatrix} = \begin{pmatrix} -1 & -1 & -1 \\ -1 & -1 & -1 \end{pmatrix}$$

iii) 1. Monat 2. Monat 3. Monat

$$\begin{pmatrix} 3 & 5 & 4 \\ 2 & 6 & 1 \\ 0 & 3 & 4 \end{pmatrix} + \begin{pmatrix} 2 & 1 & 0 \\ 3 & 2 & 1 \\ 2 & 1 & 4 \end{pmatrix} + 3 \cdot \begin{pmatrix} 2 & 1 & 0 \\ 3 & 2 & 1 \\ 2 & 1 & 4 \end{pmatrix}$$

$$= \begin{pmatrix} 5 & 6 & 4 \\ 5 & 8 & 2 \\ 2 & 4 & 8 \end{pmatrix} + \begin{pmatrix} 6 & 3 & 0 \\ 9 & 6 & 3 \\ 6 & 3 & 12 \end{pmatrix} = \begin{pmatrix} 11 & 9 & 4 \\ 14 & 14 & 5 \\ 8 & 7 & 20 \end{pmatrix}$$

iv) Die Gesamttransportkosten erhält man, wenn man die unter c) berechnete Matrix mit dem Transportkostenvektor multipliziert.

$$\begin{pmatrix} 11 & 9 & 4 \\ 14 & 14 & 5 \\ 8 & 7 & 20 \end{pmatrix} \cdot \begin{pmatrix} 1 \\ 1 \\ 2 \end{pmatrix} = \begin{pmatrix} 11 \cdot 1 + 9 \cdot 1 + 4 \cdot 2 \\ 14 \cdot 1 + 14 \cdot 1 + 5 \cdot 2 \\ 8 \cdot 1 + 7 \cdot 1 + 20 \cdot 2 \end{pmatrix} = \begin{pmatrix} 28 \\ 38 \\ 55 \end{pmatrix}$$

Das bedeutet dann:

Die Gesamttransportkosten für Artikel 1 betragen 28 [DM].

Die Gesamttransportkosten für Artikel 2 betragen 38 [DM].

Die Gesamttransportkosten für Artikel 3 betragen 55 [DM].

✓

Übungsaufgabe 4.2.7

i) Bildet die Matrix $\mathbf{A}$ n-Vektoren in m-Vektoren ab, so bildet die Matrix $\mathbf{A}^T$ m-Vektoren in n-Vektoren ab.

ii) Ist $\mathbf{x}$ ein Zeilenvektor, so ist $\mathbf{x}^T$ ein Spaltenvektor.

iii) Ist $\mathbf{A} = \begin{pmatrix} 1 & 0 & 0 \\ 0 & 1 & 0 \\ 0 & 0 & 1 \end{pmatrix}$, so ist $\mathbf{A}^T = \begin{pmatrix} 1 & 0 & 0 \\ 0 & 1 & 0 \\ 0 & 0 & 1 \end{pmatrix}$

Das bedeutet, für die Einheitsmatrix $\mathbf{I}$ gilt $\mathbf{I} = \mathbf{I}^T$.

✓

Übungsaufgabe 4.3.5

i) Die Distributivität muß in zwei verschiedenen Formen aufgeschrieben werden, da die Kommutativität fehlt.

ii) Daß die Kommutativität i. a. nicht gilt, wird bereits in Beispiel iv) und v) nachgewiesen.

iii) Wir rechnen exemplarisch nach, daß sich die Reihenfolge der Matrizen bei der Transposition umkehrt.

$$\begin{pmatrix} 0 & -1 \\ -1 & 2 \end{pmatrix} \begin{pmatrix} 1 & 2 \\ 1 & 1 \end{pmatrix} = \begin{pmatrix} -1 & -1 \\ 1 & 0 \end{pmatrix}$$

Transponieren aller drei Matrizen und Umstellen der beiden auf der linken Seite der Gleichung ergibt:

$$\begin{pmatrix} 1 & 1 \\ 2 & 1 \end{pmatrix} \begin{pmatrix} 0 & -1 \\ -1 & 2 \end{pmatrix} = \begin{pmatrix} -1 & 1 \\ -1 & 0 \end{pmatrix}$$

✓

Übungsaufgabe 4.3.6

i) Für die passende $\mathbf{0}_{n,p}$-Matrix gilt natürlich $\mathbf{A}_{m,n} \cdot \mathbf{0}_{n,p} = \mathbf{0}_{m,p}$, da alle Skalarprodukte auf der linken Seite mit Nullvektoren gebildet werden.

ii) Für die passende $\mathbf{0}_{l,m}$-Matrix gilt natürlich $\mathbf{0}_{l,m} \cdot \mathbf{A}_{m,n} = \mathbf{0}_{l,n}$, Begründung wie unter i).

iii) $\mathbf{A} \cdot \mathbf{e}^j$ ergibt die j-te Spalte $\begin{pmatrix} a_{1j} \\ a_{2j} \\ \vdots \\ a_{mj} \end{pmatrix}$.

✓

Übungsaufgabe 4.3.7

	R_1	R_2	R_3
Z_1	4	3	6
Z_2	6	1	9

	Z_1	Z_2
P_1	1	1
P_2	2	1
P_3	3	5
P_4	4	6

Es bezeichne $\mathbf{B}_{2,3}$ die linke und $\mathbf{A}_{4,2}$ die rechte Matrix. $\mathbf{A} \cdot \mathbf{B}$ liefert dann die Bedarfe an Rohstoffe für die Endprodukte.

	R_1	R_2	R_3
P_1	10	4	15
P_2	14	7	21
P_3	42	14	63
P_4	52	18	78

$\mathbf{A} \cdot \mathbf{B}$

✓

Übungsaufgabe 4.3.8

Die Rohstoffverbräuche pro Gütereinheit betragen

$$\mathbf{A} = \begin{pmatrix} 1 & 0 & 5 \\ 4 & 4 & 2 \end{pmatrix} \begin{matrix} G_1 \\ G_2 \end{matrix} \quad (\text{Spalten } R_1\ R_2\ R_3)$$

Die Einheitsrohstoffkosten sind

$$\mathbf{k} = \begin{pmatrix} 4 \\ 2 \\ 1 \end{pmatrix} \begin{matrix} R_1 \\ R_2 \\ R_3 \end{matrix}$$

Also belaufen sich die Herstellkosten auf

$\mathbf{h} = \mathbf{A} \cdot \mathbf{k} + \mathbf{f}$, wobei $\mathbf{f}^{\mathrm{T}} = \overset{G_1\ G_2}{(5,\ 6)}$ der Fertigungskostenvektor ist.

$$\mathbf{A} \cdot \mathbf{k} + \mathbf{f} = \begin{pmatrix} 14 \\ 32 \end{pmatrix} \begin{matrix} G_1 \\ G_2 \end{matrix}$$

Der Gewinn beträgt

$$g = \mathbf{V}^{\mathrm{T}} \cdot \mathbf{p} - \mathbf{V}^{\mathrm{T}} \cdot \mathbf{h} = \mathbf{V}^{\mathrm{T}}(\mathbf{p} - \mathbf{h}) = \begin{pmatrix} 10 & 11 \\ 15 & 20 \\ 12 & 10 \\ 10 & 10 \end{pmatrix} \cdot \begin{pmatrix} 36 \\ 8 \end{pmatrix} = \begin{pmatrix} 448 \\ 700 \\ 512 \\ 440 \end{pmatrix} \begin{matrix} Q_1 \\ Q_2 \\ Q_3 \\ Q_4 \end{matrix}$$

Gewinn im 1. Quartal $g_1 = 448$ DM
Gewinn im 2. Quartal $g_2 = 700$ DM
Gewinn im 3. Quartal $g_3 = 512$ DM
Gewinn im 4. Quartal $g_4 = 440$ DM
Gewinn über ein Jahr = $g_1 + g_2 + g_3 + g_4 = 2000$ DM

✓

Übungsaufgabe 4.4.1

i) Nein.
Bei einer oberen Dreiecksmatrix stehen „unter“ der Hauptdiagonalen nur Nullen.

ii) Ja.

iii) Ja.
Es handelt sich sogar um eine Einheitsmatrix.

iv) Bei der Multiplikation mit einer Skalarmatrix werden die Komponenten eines Vektors jeweils mit den Skalaren multipliziert. Der Vektor wird in jeder Komponentenrichtung gestreckt oder gestaucht.

v) Multipliziert man eine $m \times n$-Matrix **A** von links mit einer $m \times m$-Einheitsmatrix oder von rechts mit einer $n \times n$-Einheitsmatrix, gilt

$$\mathbf{I}_m \cdot \mathbf{A}_{m,n} = \mathbf{A}_{m,n}$$

$$\mathbf{A}_{m,n} \cdot \mathbf{I}_n = \mathbf{A}_{m,n}$$

A bleibt also jeweils unverändert. Die Einheitsmatrizen stellen identische Abbildungen im $\boldsymbol{R}^m$ und $\boldsymbol{R}^n$ dar!

vi) 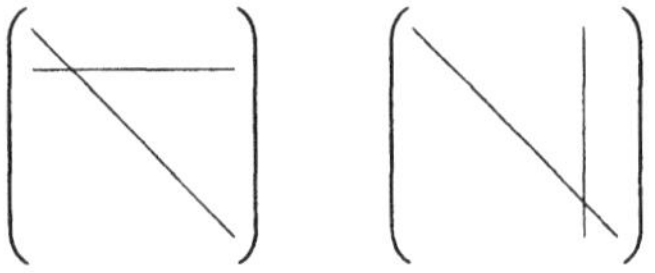

Das Produkt zweier Diagonalmatrizen ist wieder eine Diagonalmatrix, da Skalarprodukte von Zeilen- mit Spaltenvektoren immer die Zahl 0 ergeben, es sei denn die i-te Zeile wird auch genau mit dem i-ten Spaltenvektor multipliziert.

vii) Nur die Einheitsmatrix unter iii) ist symmetrisch.

✓

Übungsaufgabe 4.4.2

i) $$\left(\begin{array}{c|cc} 1 & 0 & 0 \\ \hline 0 & 1 & 1 \\ 0 & -1 & 1 \end{array}\right) \cdot \left(\begin{array}{c|cc} 1 & 0 & 0 \\ \hline 0 & \frac{1}{2} & -\frac{1}{2} \\ 0 & \frac{1}{2} & \frac{1}{2} \end{array}\right) = \left(\begin{array}{c|cc} 1 & 0 & 0 \\ \hline 0 & 1 & 0 \\ 0 & 0 & 1 \end{array}\right)$$

ii) $$\left(\begin{array}{c|cc} 1 & -5 & -3 \\ \hline 0 & 1 & 1 \\ 0 & -1 & 1 \end{array}\right) \cdot \left(\begin{array}{c|cc} 1 & 4 & -1 \\ \hline 0 & \frac{1}{2} & -\frac{1}{2} \\ 0 & \frac{1}{2} & \frac{1}{2} \end{array}\right) = \left(\begin{array}{c|cc} 1 & 0 & 0 \\ \hline 0 & 1 & 0 \\ 0 & 0 & 1 \end{array}\right)$$

iii) $$\left(\begin{array}{c|c} 1 & -\mathbf{c}^T \\ \hline \mathbf{0} & \mathbf{B} \end{array}\right)\left(\begin{array}{c|c} 1 & \mathbf{c}^T\mathbf{D} \\ \hline \mathbf{0} & \mathbf{D} \end{array}\right) = \left(\begin{array}{c|c} 1\cdot 1-\mathbf{c}^T\mathbf{0} & \mathbf{c}^T\mathbf{D}-\mathbf{c}^T\mathbf{D} \\ \hline \mathbf{0}\cdot 1+\mathbf{B}\cdot\mathbf{0} & \mathbf{0}\cdot\mathbf{c}^T\mathbf{D}+\mathbf{B}\mathbf{D} \end{array}\right) = \left(\begin{array}{c|c} 1 & \mathbf{0}^T \\ \hline \mathbf{0} & \mathbf{B}\mathbf{D} \end{array}\right)$$

Achtung: $\mathbf{0}\cdot(\mathbf{c}^T\mathbf{D})$ ist eine Nullspalte mal einen Zeilenvektor: das ergibt als dyadisches Produkt eine Nullmatrix.

✓

Übungsaufgabe 4.5.2

Wenn $j = i$ zugelassen wäre, hätte man in der Produktionskoeffizientenmatrix wenigstens ein Element der Hauptdiagonale $p_{ii} > 0$. Das würde bedeuten, daß zur Herstellung des Produktes i schon eine gewissen Menge desselben Produktes zur Verfügung stehen muß. Derartige Fälle treten selten auf (z. B. verbraucht ein Kraftwerk selber Strom und eine Raffinerie verbraucht für ihre Fahrzeuge eigenes Benzin).

✓

Übungsaufgabe 4.5.5

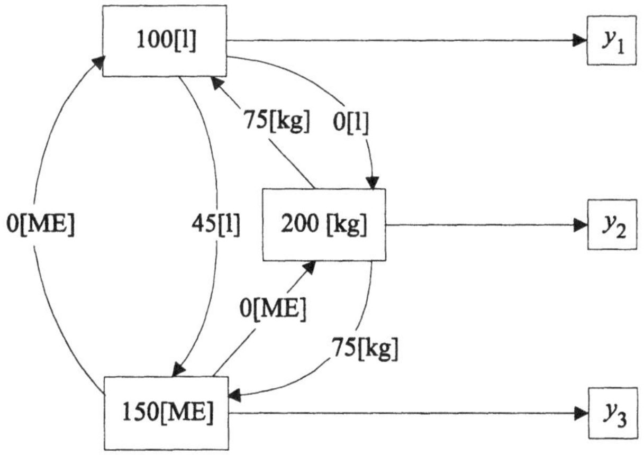

✓

Übungsaufgabe 4.5.7

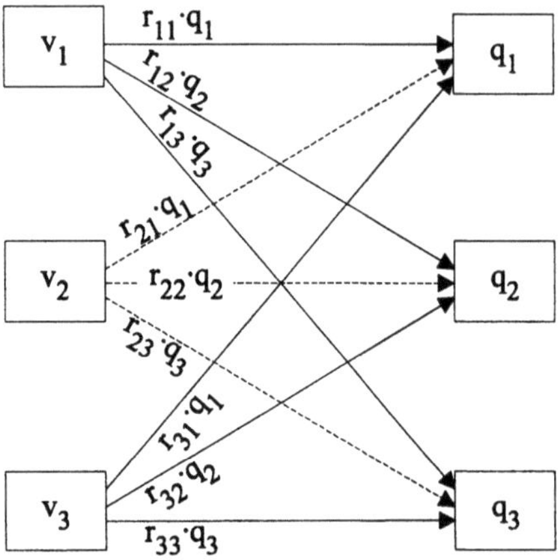

✓

Kapitel 5

Übungsaufgabe 5.2.5

i) $Rg\begin{pmatrix} 1 & 1 & 2 \\ 1 & 3 & 1 \\ 5 & 1 & 1 \end{pmatrix} \quad Rg\begin{pmatrix} 1 & 0 & 1 \\ 1 & 2 & 0 \\ 5 & -4 & -4 \end{pmatrix}$

das (–1)fache der 1. Spalte zur 2. und 3. Spalte addieren.

$$= Rg\begin{pmatrix} 0 & 0 & 1 \\ 1 & 2 & 0 \\ 9 & -4 & -4 \end{pmatrix}$$

das (–1)fache der 3. Spalte zur 1. Spalte addieren.

$$= Rg\begin{pmatrix} 0 & 0 & 1 \\ 1 & 0 & 0 \\ 9 & -22 & -4 \end{pmatrix}$$

das (–2)fache der 1. Spalte zur 2. Spalte addieren.

$$= Rg\begin{pmatrix} 0 & 0 & 1 \\ 1 & 0 & 0 \\ 0 & 1 & 0 \end{pmatrix}$$

die 2. Spalte mit $-\frac{1}{22}$ multiplizieren, dann das (–9)fache der 2. Spalte zur 1. Spalte addieren und das 4fache der 2. Spalte zur 3. Spalte addieren.

$$= Rg\begin{pmatrix} 1 & 0 & 0 \\ 0 & 1 & 0 \\ 0 & 0 & 1 \end{pmatrix}$$

Spalten vertauschen.

Daraus folgt: $$Rg\begin{pmatrix} 1 & 1 & 2 \\ 1 & 3 & 1 \\ 5 & 1 & 1 \end{pmatrix} = 3$$

ii) $$Rg\begin{pmatrix} 0 & 1 & 1 \\ 0 & 2 & 2 \\ 1 & 1 & 1 \end{pmatrix}$$

2 Spalten sind gleich, der Rang wird also höchstens 2 sein. Das (–2)fache der 1. Zeile zur 2. Zeile addieren.

$$Rg\begin{pmatrix} 0 & 1 & 1 \\ 0 & 2 & 2 \\ 1 & 1 & 1 \end{pmatrix} = Rg\begin{pmatrix} 0 & 1 & 1 \\ 0 & 0 & 0 \\ 1 & 1 & 1 \end{pmatrix}$$

Das (–1)fache der 1. Zeile zur 3. Zeile addieren.

$$= Rg\begin{pmatrix} 0 & 1 & 1 \\ 0 & 0 & 0 \\ 1 & 0 & 0 \end{pmatrix}$$

Damit ist $Rg\begin{pmatrix} 0 & 1 & 1 \\ 0 & 2 & 2 \\ 1 & 1 & 1 \end{pmatrix} = 2$.

iii) $$Rg\begin{pmatrix} 0 & 0 & 0 \\ 0 & 0 & 1 \end{pmatrix}$$

Hier kann man sofort ablesen

$$Rg\begin{pmatrix} 0 & 0 & 0 \\ 0 & 0 & 1 \end{pmatrix} = 1.$$

✓

Übungsaufgabe 5.4.2

i) Ja.

Ein homogenes Gleichungssystem hat mindestens immer die triviale Lösung $\mathbf{x} = 0$.

Ja.

Ein Gleichungssystem $\mathbf{Ax} = \mathbf{b}$ ist genau dann lösbar, wenn

$Rg(\mathbf{A}) = Rg(\mathbf{A|b})$ gilt

$$Rg(\mathbf{A}|\mathbf{b}) = Rg\begin{pmatrix} 1 & 0 & 1 & 3 & -1 \\ 1 & 0 & 0 & 0 & 0 \\ 0 & 1 & 1 & 1 & 1 \end{pmatrix}$$

$$= Rg\begin{pmatrix} 0 & 0 & 1 & 3 & -1 \\ 1 & 0 & 0 & 0 & 0 \\ 0 & 1 & 1 & 1 & 1 \end{pmatrix}$$

$$= Rg\begin{pmatrix} 0 & 0 & 1 & 3 & -1 \\ 1 & 0 & 0 & 0 & 0 \\ 0 & 1 & 0 & -2 & 2 \end{pmatrix}$$

$$= Rg\begin{pmatrix} 1 & 0 & 0 & 3 & -1 \\ 0 & 1 & 0 & 0 & 0 \\ 0 & 0 & 1 & -2 & 2 \end{pmatrix}$$

Offenbar gilt $Rg(\mathbf{A}|\mathbf{b}) = Rg(\mathbf{A}) = 3$.

ii) Nein.

$$Rg(\mathbf{A}|\mathbf{b}) = Rg\begin{pmatrix} 0 & 1 & 1 & 1 \\ 1 & 2 & 3 & -1 \\ 1 & 1 & 2 & -1 \end{pmatrix}$$

$$= Rg\begin{pmatrix} 0 & 1 & 1 & 1 \\ 0 & 1 & 1 & 0 \\ 1 & 1 & 2 & -1 \end{pmatrix}$$

$$= Rg\begin{pmatrix} 0 & 0 & 0 & 1 \\ 0 & 1 & 1 & 0 \\ 1 & 0 & 1 & -1 \end{pmatrix}$$

Offensichtlich gilt $Rg(\mathbf{A}) = 2 \neq 3 = Rg(\mathbf{A}|\mathbf{b})$. Das Gleichungssystem ist mithin nicht lösbar.

Man erhält das Ergebnis auch schneller. Die Gleichungen lauten

$$x_2 + x_3 = 1$$
$$x_1 + 2x_2 + 3x_3 = -1$$
$$x_1 + x_2 + 2x_3 = -1$$

Subtrahiert man die beiden letzten Gleichungen, erhält man

$$x_2 + x_3 = 0$$

Andererseits soll

$$x_2 + x_3 = 1$$

sein. Es gibt dazu keine Lösung.

Nein.

Aus den gerade durchgeführten Überlegungen heraus müßte man einmal

$$x_2 + x_3 = 5$$

und nach Subtraktion der Gleichungen wie oben

$$x_2 + x_3 = 0$$

gelten. Es gibt dazu keine Lösung.

✓

Übungsaufgabe 5.5.2

i) Ausgangstableau

x_1	x_2	x_3	x_4	b
0	0	1	1	2
0	2	−1	−1	1
1	0	0	−1	1

1	0	0	−1	1
0	2	−1	−1	1
0	0	1	1	2

Vertauschen der 1. und 3. Zeile, damit ist die 1. Spalte erledigt.

1	0	0	−1	1
0	1	$-\frac{1}{2}$	$-\frac{1}{2}$	$\frac{1}{2}$
0	0	1	1	2

Nach Division der 2. Zeile durch 2 ist das neue Tableau fertig.

Endtableau

x_1	x_2	x_3	x_4	b
1	0	0	-1	1
0	1	0	0	$3/2$
0	0	1	1	2

Addition des $\left(\frac{1}{2}\right)$fachen der 3. Zeile zur 2. Zeile

ii) Ausgangstableau

x_1	x_2	x_3	b
1	$-1/2$	1	$1/2$
2	-1	1	1
3	$-3/2$	1	2

1	$-1/2$	1	$1/2$
0	0	-1	0
0	0	-2	$1/2$

x_1	x_3	x_2	b
1	1	$-1/2$	$1/2$
0	-1	0	0
0	-2	0	$1/2$

Vertauschen zweier Spalten, Multiplikation der 2. Zeile mit (–1)

Endtableau

x_1	x_3	x_2	b
1	0	$-1/2$	$1/2$
0	1	0	0
0	0	0	$1/2$

iii) Ausgangstableau

x_1	x_2	b
1	2	5
1	3	1
1	$5/2$	3

1	2	5
0	1	-4
0	$1/2$	-2

Endtableau

x_1	x_2	b
1	0	13
0	1	−4
0	0	0

iv) Ausgangstableau

x_1	x_2	x_3	b
1	2	−1	1
1	1	2	0

1	2	−1	1
0	−1	3	−1

Endtableau

x_1	x_2	x_3	b
1	0	5	−1
0	1	−3	1

✓

Übungsaufgabe 5.5.3

$$\begin{array}{c} \\ P_1 \\ P_2 \\ P_3 \\ P_4 \end{array}\begin{array}{c} \;R_1\;\; R_2\;\; R_3\;\; R_4 \\ \left(\begin{array}{cccc|c} 2 & 4 & 1 & 0 & 60 \\ 4 & 2 & 1 & 1 & 90 \\ 6 & 8 & 0 & 1 & 90 \\ 3 & 0 & 1 & 2 & 90 \end{array}\right) \end{array} \Rightarrow \left(\begin{array}{cccc|c} 1 & 2 & 1/2 & 0 & 30 \\ 0 & -6 & -1 & 1 & -30 \\ 0 & -4 & -3 & 1 & -90 \\ 0 & -6 & -1/2 & 2 & 0 \end{array}\right)$$

$$\Rightarrow \left(\begin{array}{cccc|c} 1 & 0 & 1/6 & 2/6 & 20 \\ 0 & 1 & 1/6 & -1/6 & 5 \\ 0 & 0 & -14/6 & 2/6 & -70 \\ 0 & 0 & 1/2 & 1 & 30 \end{array}\right) \Rightarrow \left(\begin{array}{cccc|c} 1 & 0 & 0 & 5/14 & 15 \\ 0 & 1 & 0 & -1/7 & 0 \\ 0 & 0 & 1 & -1/7 & 30 \\ 0 & 0 & 0 & 15/14 & 15 \end{array}\right) \Rightarrow \left(\begin{array}{cccc|c} 1 & 0 & 0 & 0 & 10 \\ 0 & 1 & 0 & 0 & 2 \\ 0 & 0 & 1 & 0 & 32 \\ 0 & 0 & 0 & 1 & 14 \end{array}\right)$$

✓

Übungsaufgabe 5.7.2

$$\mathbf{A}\cdot\mathbf{A}^{-1}=\begin{pmatrix}2&-1&0\\1&2&-2\\0&-1&1\end{pmatrix}\cdot\begin{pmatrix}0&1&2\\-1&2&4\\-1&2&5\end{pmatrix}$$

$$\begin{pmatrix}2&-1&0\end{pmatrix}\begin{pmatrix}0\\-1\\1\end{pmatrix}=0+1+0=1$$

$$\begin{pmatrix}2&-1&0\end{pmatrix}\begin{pmatrix}1\\2\\2\end{pmatrix}=2-2+0=0$$

$$\begin{pmatrix}2&-1&0\end{pmatrix}\begin{pmatrix}2\\4\\5\end{pmatrix}=4-4+0=0$$

$$\begin{pmatrix}1&2&-2\end{pmatrix}\begin{pmatrix}0\\-1\\-1\end{pmatrix}=0-2+2=0$$

$$\begin{pmatrix}1&2&-2\end{pmatrix}\begin{pmatrix}1\\2\\2\end{pmatrix}=1+4-4=1$$

$$\begin{pmatrix}1&2&-2\end{pmatrix}\begin{pmatrix}2\\4\\5\end{pmatrix}=2+8-10=0$$

$$\begin{pmatrix}0&-1&1\end{pmatrix}\begin{pmatrix}0\\-1\\-1\end{pmatrix}=0+1-1=0$$

$$\begin{pmatrix}0&-1&1\end{pmatrix}\begin{pmatrix}1\\2\\2\end{pmatrix}=0-2+2=0$$

$$\begin{pmatrix}0&-1&1\end{pmatrix}\begin{pmatrix}2\\4\\5\end{pmatrix}=0-4+5=1$$

Das ergibt insgesamt:

$$\mathbf{A}\cdot\mathbf{A}^{-1}=\begin{pmatrix}1&0&0\\0&1&0\\0&0&1\end{pmatrix}=\mathbf{I}$$

✓

Übungsaufgabe 5.7.3

i) Zu lösen sind die Gleichungssysteme

$$x_{11}+2x_{21}=1$$

$$3x_{11}+4x_{21}=0$$

und

$$x_{12}+2x_{22}=0$$

$$3x_{12}+4x_{22}=1$$

Lösung (mittels Pivotisieren)

$$\begin{matrix}1&2&1\\3&4&0\end{matrix}\rightarrow\begin{matrix}1&2&1\\0&-2&-3\end{matrix}\rightarrow\begin{matrix}1&0&-2\\0&1&3/2\end{matrix}$$

Analog

$$\begin{matrix}1&2&0\\3&4&1\end{matrix}\rightarrow\begin{matrix}1&2&0\\0&-2&1\end{matrix}\rightarrow\begin{matrix}1&0&1\\0&1&-1/2\end{matrix}$$

Die Inverse ist also

$$\mathbf{A}^{-1}=\begin{pmatrix}-2&1\\3/2&-1/2\end{pmatrix}$$

ii) Analog zu i)

$$\begin{matrix}2&-1&2&1\\-6&3&0&0\\8&-4&3&0\end{matrix}\rightarrow\begin{matrix}1&-1/2&1&1/2\\0&0&6&3\\0&0&-5&-4\end{matrix}\rightarrow\begin{matrix}1&-1/2&0&0\\0&0&1&1/2\\0&0&0&-3/2\end{matrix}$$

Offensichtlich ist dieses Gleichungssystem nicht lösbar, die gegebene Matrix **B** kann also keine Inverse besitzen.

iii) Für 2×3-Matrizen sind keine Inversen definiert!

✓

Übungsaufgabe 5.7.5

Man zeigt einfach, daß $\mathbf{B}^{-1}\mathbf{A}^{-1}$ wirklich die Inverse von **AB** ist:

$$(\mathbf{AB})(\mathbf{B}^{-1}\mathbf{A}^{-1}) = \mathbf{A}(\mathbf{BB}^{-1})\mathbf{A}^{-1} = \mathbf{AIA}^{-1} = \mathbf{AA}^{-1} = \mathbf{I}$$

✓

Übungsaufgabe 5.7.6

i) Multiplikation von links mit $\mathbf{A}^{-1}$ ergibt auf der linken Seite der Gleichung:

$$\mathbf{A}^{-1}(\mathbf{AC}) = \mathbf{A}^{-1}\mathbf{AC} = \mathbf{IC} = \mathbf{C}$$

Auf der rechten Seite erhält man $\mathbf{A}^{-1}\mathbf{B}$

Insgesamt gilt $\mathbf{C} = \mathbf{A}^{-1}\mathbf{B}$ ○

ii) Analog zu i) gilt $\mathbf{C} = \mathbf{AB}^{-1}$

✓

Übungsaufgabe 5.8.1

$$\mathbf{A}^{-1}\mathbf{A} = \begin{pmatrix} 0 & 1 & 2 \\ -1 & 2 & 4 \\ -1 & 2 & 5 \end{pmatrix} \begin{pmatrix} 2 & -1 & 0 \\ 1 & 2 & -2 \\ 0 & -1 & 1 \end{pmatrix} = \begin{pmatrix} 1 & 0 & 0 \\ 0 & 1 & 0 \\ 0 & 0 & 1 \end{pmatrix}$$

und

$$\mathbf{AA}^{-1} = \begin{pmatrix} 2 & -1 & 0 \\ 1 & 2 & -2 \\ 0 & -1 & 1 \end{pmatrix} \begin{pmatrix} 0 & 1 & 2 \\ -1 & 2 & 4 \\ -1 & 2 & 5 \end{pmatrix} = \begin{pmatrix} 1 & 0 & 0 \\ 0 & 1 & 0 \\ 0 & 0 & 1 \end{pmatrix}$$

✓

Übungsaufgabe 5.8.2

i)
$$\begin{array}{ccc|ccc} 1 & 1 & 1 & 1 & 0 & 0 \\ 0 & 1 & 1 & 0 & 1 & 0 \\ 0 & 0 & 1 & 0 & 0 & 1 \end{array} \rightarrow \begin{array}{ccc|ccc} 1 & 0 & 0 & 1 & -1 & 0 \\ 0 & 1 & 1 & 0 & 1 & 0 \\ 0 & 0 & 1 & 0 & 0 & 1 \end{array} \rightarrow \begin{array}{ccc|ccc} 1 & 0 & 0 & 1 & -1 & 0 \\ 0 & 1 & 0 & 0 & 1 & -1 \\ 0 & 0 & 1 & 0 & 0 & 1 \end{array}$$

$$\mathbf{A}^{-1} = \begin{pmatrix} 1 & -1 & 0 \\ 0 & 1 & -1 \\ 0 & 0 & 1 \end{pmatrix}$$

ii)

$$\left.\begin{array}{ccc} 1 & -1 & 0 \\ 1 & 1 & 2 \\ -1 & 1 & 0 \end{array}\right| \begin{array}{ccc} 1 & 0 & 0 \\ 0 & 1 & 0 \\ 0 & 0 & 1 \end{array} \rightarrow \left.\begin{array}{ccc} 1 & -1 & 0 \\ 0 & 2 & 2 \\ 0 & 0 & 0 \end{array}\right| \begin{array}{ccc} 1 & 0 & 0 \\ -1 & 1 & 0 \\ 1 & 0 & 1 \end{array}$$

Man erkennt, daß die gegebene Matrix nicht invertierbar ist.

iii)

$$\left.\begin{array}{cccc} 1 & 1 & 1 & 1 \\ 0 & 1 & 1 & 1 \\ 0 & 0 & 1 & 1 \\ 0 & 0 & 0 & 1 \end{array}\right| \begin{array}{cccc} 1 & 0 & 0 & 0 \\ 0 & 1 & 0 & 0 \\ 0 & 0 & 1 & 0 \\ 0 & 0 & 0 & 1 \end{array} \rightarrow \left.\begin{array}{cccc} 1 & 0 & 0 & 0 \\ 0 & 1 & 1 & 1 \\ 0 & 0 & 1 & 1 \\ 0 & 0 & 0 & 1 \end{array}\right| \begin{array}{cccc} 1 & -1 & 0 & 0 \\ 0 & 1 & 0 & 0 \\ 0 & 0 & 1 & 0 \\ 0 & 0 & 0 & 1 \end{array} \rightarrow$$

$$\left.\begin{array}{cccc} 1 & 0 & 0 & 0 \\ 0 & 1 & 0 & 0 \\ 0 & 0 & 1 & 1 \\ 0 & 0 & 0 & 1 \end{array}\right| \begin{array}{cccc} 1 & -1 & 0 & 0 \\ 0 & 1 & -1 & 0 \\ 0 & 0 & 1 & 0 \\ 0 & 0 & 0 & 1 \end{array} \rightarrow \left.\begin{array}{cccc} 1 & 0 & 0 & 0 \\ 0 & 1 & 0 & 0 \\ 0 & 0 & 1 & 0 \\ 0 & 0 & 0 & 1 \end{array}\right| \begin{array}{cccc} 1 & -1 & 0 & 0 \\ 0 & 1 & -1 & 0 \\ 0 & 0 & 1 & -1 \\ 0 & 0 & 0 & 1 \end{array}$$

$$\mathbf{A}^{-1} = \begin{pmatrix} 1 & -1 & 0 & 0 \\ 0 & 1 & -1 & 0 \\ 0 & 0 & 1 & -1 \\ 0 & 0 & 0 & 1 \end{pmatrix}$$

✓

Übungsaufgabe 5.9.3

$\mathbf{R}^{-1}$ haben wir schon, gemäß dem Inversionsalgorihtmus, für Sie berechnet.

$$\mathbf{R}^{-1} = \begin{pmatrix} 2 & -5/3 & 1 \\ -4 & 10/3 & -1 \\ -4 & 25/6 & -2{,}5 \end{pmatrix}$$

q errechnet sich nach:

$$\mathbf{q} = \begin{pmatrix} 2 & -5/3 & 1 \\ -4 & 10/3 & -1 \\ -4 & 25/6 & -2{,}5 \end{pmatrix} \cdot \begin{pmatrix} 400 \\ 660 \\ 400 \end{pmatrix} = \begin{pmatrix} 100 \\ 200 \\ 150 \end{pmatrix}$$

✓

Übungsaufgabe 5.9.5

i)

$$\mathbf{I}-\mathbf{P}=\begin{pmatrix} 1 & 0 & -1/5 & -1/10 \\ -1/2 & 1 & -1/10 & 0 \\ 0 & 0 & 1 & 0 \\ 0 & 0 & 0 & 1 \end{pmatrix}$$

Deren Inverse ist die Gesamtbedarfmatrix.

$$\left.\begin{array}{cccc|cccc} 1 & 0 & -1/5 & -1/10 & 1 & 0 & 0 & 0 \\ -1/2 & 1 & -1/10 & 0 & 0 & 1 & 0 & 0 \\ 0 & 0 & 1 & 0 & 0 & 0 & 1 & 0 \\ 0 & 0 & 0 & 1 & 0 & 0 & 0 & 1 \end{array}\right. \rightarrow \begin{array}{cccc|cccc} 1 & 0 & -1/5 & -1/10 & 1 & 0 & 0 & 0 \\ 0 & 1 & -1/5 & -1/20 & 1/2 & 1 & 0 & 0 \\ 0 & 0 & 1 & 0 & 0 & 0 & 1 & 0 \\ 0 & 0 & 0 & 1 & 0 & 0 & 0 & 1 \end{array}$$

$$\begin{array}{cccc|cccc} 1 & 0 & 0 & -1/10 & 1 & 0 & 1/5 & 0 \\ 0 & 1 & 0 & -1/20 & 1/2 & 1 & 1/5 & 0 \\ 0 & 0 & 1 & 0 & 0 & 0 & 1 & 0 \\ 0 & 0 & 0 & 1 & 0 & 0 & 0 & 1 \end{array} \rightarrow \begin{array}{cccc|cccc} 1 & 0 & 0 & 0 & 1 & 0 & 1/5 & 1/10 \\ 0 & 1 & 0 & 0 & 1/2 & 1 & 1/5 & 1/20 \\ 0 & 0 & 0 & 0 & 0 & 0 & 1 & 0 \\ 0 & 0 & 1 & 1 & 0 & 0 & 0 & 1 \end{array}$$

ii)

$$\begin{pmatrix} 1 & 0 & 1/5 & 1/10 \\ 1/2 & 1 & 1/5 & 1/20 \\ 0 & 0 & 1 & 0 \\ 0 & 0 & 0 & 1 \end{pmatrix}\begin{pmatrix} 400 \\ 200 \\ 100 \\ 200 \end{pmatrix}=\begin{pmatrix} 400 \\ 430 \\ 100 \\ 200 \end{pmatrix}$$

Dies sind die gefragten Bruttobedarfe.

✓

Kapitel 6

Übungsaufgabe 6.1.2

Aus 123 soll also 321 entstehen. Das geschieht mittels folgender ungeraden –nämlich 3 – Zahl von Inversionen:

123 132 312 321

✓

Übungsaufgabe 6.2.2

Zu zeigen: Addiert man zu einer Zeile das λ -fache einer anderen, so bleibt der Zahlenwert unverändert:

$$\begin{vmatrix} \mathbf{a}^{1\mathrm{T}} \\ \vdots \\ \mathbf{a}^{i\mathrm{T}} + \lambda\,\mathbf{a}^{k\mathrm{T}} \\ \vdots \\ \mathbf{a}^{k\mathrm{T}} \\ \vdots \\ \mathbf{a}^{n\mathrm{T}} \end{vmatrix} \overset{\textit{Linearität}}{=} \begin{vmatrix} \mathbf{a}^{1\mathrm{T}} \\ \vdots \\ \mathbf{a}^{i\mathrm{T}} \\ \vdots \\ \mathbf{a}^{k\mathrm{T}} \\ \vdots \\ \mathbf{a}^{n\mathrm{T}} \end{vmatrix} + \lambda \begin{vmatrix} \mathbf{a}^{1\mathrm{T}} \\ \vdots \\ \mathbf{a}^{k\mathrm{T}} \\ \vdots \\ \mathbf{a}^{k\mathrm{T}} \\ \vdots \\ \mathbf{a}^{n\mathrm{T}} \end{vmatrix}$$

und da eine Determinante mit zwei gleichen Zeilen den Wert 0 hat, folgt die Behauptung.

✓

Übungsaufgabe 6.2.4

Nach der Sarrus-Regel gilt

$$|\mathbf{A}| = \begin{vmatrix} a_{11} & a_{12} & a_{13} \\ a_{21} & a_{22} & a_{23} \\ a_{31} & a_{32} & a_{33} \end{vmatrix}$$

$$= a_{11}\, a_{23}\, a_{33} + a_{12}\, a_{23}\, a_{31} + a_{13}\, a_{21}\, a_{32} - a_{13}\, a_{22}\, a_{31} - a_{11}\, a_{23}\, a_{32} - a_{12}\, a_{21}\, a_{33}\,.$$

$$\begin{vmatrix} a_{11} & a_{12} & a_{13} \\ a_{21} & a_{22} & a_{23} \\ a_{31} & a_{32} & a_{33} \end{vmatrix} = a_{11} \begin{vmatrix} a_{22} & a_{23} \\ a_{32} & a_{33} \end{vmatrix} - a_{12} \begin{vmatrix} a_{21} & a_{23} \\ a_{31} & a_{33} \end{vmatrix} + a_{13} \begin{vmatrix} a_{21} & a_{22} \\ a_{31} & a_{32} \end{vmatrix}$$

$$= a_{11} \cdot a_{22} \cdot a_{33} - a_{11} \cdot a_{23} \cdot a_{32}$$

$$-a_{12} \cdot a_{21} \cdot a_{33} + a_{12} \cdot a_{23} \cdot a_{31}$$

$$+a_{13} \cdot a_{21} \cdot a_{32} - a_{13} \cdot a_{22} \cdot a_{31}$$

ist identisch mit dem Ergebnis der Sarrus-Regel.

✓

Übungsaufgabe 6.2.10

$$\begin{vmatrix} 0 & 1 & -1 & 1 \\ 1 & -1 & 1 & 0 \\ 2 & 1 & 1 & 1 \\ -1 & 0 & 1 & 2 \end{vmatrix}$$

nach dem Laplaceschen Entwicklungssatz.

$$= 0\begin{vmatrix} -1 & 1 & 0 \\ 1 & 1 & 1 \\ 0 & 1 & 2 \end{vmatrix} - 1\begin{vmatrix} 1 & 1 & 0 \\ 2 & 1 & 1 \\ -1 & 1 & 2 \end{vmatrix} - 1\begin{vmatrix} 1 & -1 & 0 \\ 2 & 1 & 1 \\ -1 & 0 & 2 \end{vmatrix} - 1\begin{vmatrix} 1 & -1 & 1 \\ 2 & 1 & 1 \\ -1 & 0 & 1 \end{vmatrix}$$

$$= 0 - 1\left[1\begin{vmatrix} 1 & 1 \\ 1 & 2 \end{vmatrix} - 1\begin{vmatrix} 2 & 1 \\ -1 & 2 \end{vmatrix} + 0\begin{vmatrix} 2 & 1 \\ -1 & 1 \end{vmatrix}\right]$$

$$-1\left[1\begin{vmatrix} 1 & 1 \\ 0 & 2 \end{vmatrix} + 1\begin{vmatrix} 2 & 1 \\ -1 & 2 \end{vmatrix} + 0\begin{vmatrix} 2 & 1 \\ -1 & 0 \end{vmatrix}\right]$$

$$-1\left[1\begin{vmatrix} 1 & 1 \\ 0 & 1 \end{vmatrix} + 1\begin{vmatrix} 2 & 1 \\ -1 & 1 \end{vmatrix} + 1\begin{vmatrix} 2 & 1 \\ -1 & 0 \end{vmatrix}\right]$$

$$= 0 - 1\big(1(2-1) - 1(4+1) + 0\big)$$

$$-1\big(1(2-0) + 1(4+1) + 0\big)$$

$$-1\big(1(1-0) + 1(2+1) + 1(0+1)\big)$$

$$= 4 - 7 - 5 = -8$$

✓

Übungsaufgabe 6.2.15

$$\det(\mathbf{A}) = \begin{vmatrix} 1 & 1 & 1 \\ 1 & 1 & 0 \\ 1 & 0 & 0 \end{vmatrix} = \begin{vmatrix} 0 & 0 & 1 \\ 0 & 1 & 0 \\ 1 & 0 & 0 \end{vmatrix} = -1 \cdot \begin{vmatrix} 1 & 0 & 0 \\ 0 & 1 & 0 \\ 0 & 0 & 1 \end{vmatrix} = -1$$

Da $\mathbf{b}^1 = 2 \cdot \mathbf{b}^2 - \mathbf{b}^3$ gilt, folgt $\det(\mathbf{B}) = 0$.

Desweiteren folgt aus dem nicht vollen Rang von **B**, daß auch **AB** nicht vollen Rang besitzt und somit $\det(\mathbf{AB}) = 0$.

✓

Übungsaufgabe 6.3.3

$$\mathbf{x}_1 = \frac{\begin{vmatrix} 4 & -1 & 2 & 5 \\ 26 & 5 & -7 & 3 \\ -7 & -1 & 2 & -2 \\ 13 & 3 & 0 & 4 \end{vmatrix}}{\begin{vmatrix} 3 & -1 & 2 & 5 \\ 6 & 5 & -7 & 3 \\ -1 & -1 & 2 & -2 \\ 3 & 3 & 0 & 4 \end{vmatrix}}$$

$$= \frac{4\cdot\begin{vmatrix} 5 & -7 & 3 \\ -1 & 2 & -2 \\ 3 & 0 & 4 \end{vmatrix} + 1\cdot\begin{vmatrix} 26 & -7 & 3 \\ -7 & 2 & -2 \\ 13 & 0 & 4 \end{vmatrix} + 2\cdot\begin{vmatrix} 26 & 5 & 3 \\ -7 & -1 & -2 \\ 13 & 3 & 4 \end{vmatrix} - 5\cdot\begin{vmatrix} 26 & 5 & -7 \\ -7 & -1 & 2 \\ 13 & 3 & 0 \end{vmatrix}}{3\cdot\begin{vmatrix} 5 & -7 & 3 \\ -1 & 2 & -2 \\ 3 & 0 & 4 \end{vmatrix} + 1\cdot\begin{vmatrix} 6 & -7 & 3 \\ -1 & 2 & -2 \\ 3 & 0 & 4 \end{vmatrix} + 2\cdot\begin{vmatrix} 6 & 5 & 3 \\ -1 & -1 & -2 \\ 3 & 3 & 4 \end{vmatrix} - 5\cdot\begin{vmatrix} 6 & 5 & -7 \\ -1 & -1 & 2 \\ 3 & 3 & 0 \end{vmatrix}}$$

$$= \frac{\begin{array}{l} 4(40+42+0-18-0-28)+1(208+182+0-78-0-196) \\ +2(-104-130-63+39+156+140)-5(0+130+147-91-156-0) \end{array}}{\begin{array}{l} 3(40+42+0-18-0-28)+1(48+42+0-18-0-28) \\ +2(-24-30-9+9+36+20)-5(0+30+21-21-36-0) \end{array}}$$

$$= \frac{4\cdot 36 + 1\cdot 116 + 2\cdot 38 - 5\cdot 30}{3\cdot 36 + 1\cdot 44 + 2\cdot 2 - 5\cdot(-6)} = \frac{144+116+76-150}{108+44+4+30} = \frac{186}{186} = 1$$

Analog

$$\mathbf{x}_2 = \frac{\begin{vmatrix} 3 & 4 & 2 & 5 \\ 6 & 26 & -7 & 3 \\ -1 & -7 & 2 & -2 \\ 3 & 13 & 0 & 4 \end{vmatrix}}{186} = \frac{372}{186} = 2,$$

$$\mathbf{x}_3 = \frac{\begin{vmatrix} 3 & -1 & 4 & 5 \\ 6 & 5 & 26 & 3 \\ -1 & -1 & -7 & -2 \\ 3 & 3 & 13 & 4 \end{vmatrix}}{186} = \frac{-186}{186} = -1 \quad \text{und}$$

$$\mathbf{x}_4 = \frac{\begin{vmatrix} 3 & -1 & 2 & 4 \\ 6 & 5 & -7 & 26 \\ -1 & -1 & 2 & -7 \\ 3 & 3 & 0 & 13 \end{vmatrix}}{186} = \frac{186}{186} = 1\,.$$

✓

Kapitel 7

Übungsaufgabe 7.2.1

i) $$(x_1, x_2, x_3)\begin{pmatrix} a_{11} & a_{12} & a_{13} \\ a_{21} & a_{22} & a_{23} \\ a_{31} & a_{32} & a_{33} \end{pmatrix}\begin{pmatrix} x_1 \\ x_2 \\ x_3 \end{pmatrix} = (x_1, x_2, x_3)\begin{pmatrix} \sum_{j=1}^{3} a_{1j}x_j \\ \sum_{j=1}^{3} a_{2j}x_j \\ \sum_{j=1}^{3} a_{3j}x_j \end{pmatrix}$$

$$= \sum_{i=1}^{3} x_i \sum_{j=1}^{3} a_{ij}x_j = \sum_{i=1}^{3}\sum_{j=1}^{3} a_{ij}x_i x_j$$

ii) $$(x_1, x_2, x_3)\begin{pmatrix} 1 & 2 & 3 \\ 1 & 2 & 4 \\ -1 & 3 & 0 \end{pmatrix}\begin{pmatrix} x_1 \\ x_2 \\ x_3 \end{pmatrix} =$$

$$1x_1^2 + 2x_1x_2 + 3x_1x_3 + 1x_2x_1 + 2x_2^2 + 4x_2x_3 - 1x_3x_1 + 3x_3x_2 + 0x_3^2 =$$

$$1x_1^2 + 2x_2^2 + 0x_3^2 + 3x_1x_2 + 2x_1x_3 + 7x_2x_3$$

iii) Einsetzen von $\mathbf{x}^T = (5, 4, -4)$ ergibt den Zahlenwert

$$q(\mathbf{x}) = 25 + 32 + 0 + 60 - 40 - 112 = -35\,.$$

✓

Übungsaufgabe 7.2.2

i) $$\mathbf{x}^T\mathbf{B}\mathbf{x} = \mathbf{x}^T \frac{\mathbf{A} + \mathbf{A}^T}{2}\mathbf{x} = \mathbf{x}^T \begin{pmatrix} 1 & 3/2 & 1 \\ 3/2 & 2 & 7/2 \\ 1 & 7/2 & 0 \end{pmatrix}\mathbf{x}$$

ii) Natürlich ergibt sich wieder

$$q(\mathbf{x}) = 25 + 32 + 0 + 60 - 40 - 112 = -35\,.$$

✓

Übungsaufgabe 7.2.5

r sei eine reele Zahl aus dem Wertebereich von
$q(\mathbf{x}) = \mathbf{x}^T\mathbf{A}\mathbf{x}$;
also gilt $r = \mathbf{x}^{\circ T}\mathbf{A}\mathbf{x}^\circ$ für ein spezielles $\mathbf{x}^\circ$.
Ist nun $\mathbf{x}^\circ = \mathbf{R}\mathbf{y}^\circ$, so hat man

$$\begin{aligned} r &= \mathbf{x}^{\circ T}\mathbf{A}\mathbf{x}^\circ \\ &= (\mathbf{R}\mathbf{y}^\circ)^T\mathbf{A}(\mathbf{R}\mathbf{y}^\circ) \\ &= \mathbf{y}^{\circ T}\mathbf{R}^T\mathbf{A}\mathbf{R}\mathbf{y}^\circ \end{aligned}$$

für ein spezielles $\mathbf{y}^\circ$. Analog geht man beim Wertebereich von
$q(\mathbf{y}) = \mathbf{y}^T\mathbf{B}\mathbf{y}$ mit $\mathbf{B} = \mathbf{R}^T\mathbf{A}\mathbf{R}$ vor.

✓

Übungsaufgabe 7.2.7

i) $|5| = 5 > 0$

$$\begin{vmatrix} 5 & 2 \\ 2 & 3 \end{vmatrix} = 11 > 0$$

$$\begin{vmatrix} 5 & 2 & 1 \\ 2 & 3 & 1 \\ 1 & 1 & 2 \end{vmatrix} = 18 > 0$$

Die Matrix ist also positiv definit.

ii) $|0| = 0$;

Das Kriterium des Satzes ist nicht anwendbar!

✓

Übungsaufgabe 7.3.2

$$\begin{aligned} (y_1, y_2)\begin{pmatrix} 0 & b \\ b & 0 \end{pmatrix}\begin{pmatrix} y_1 \\ y_2 \end{pmatrix} &= (z_1, z_2)\underbrace{\begin{pmatrix} 1 & 1 \\ 1 & -1 \end{pmatrix}\begin{pmatrix} 0 & b \\ b & 0 \end{pmatrix}}\begin{pmatrix} 1 & 1 \\ 1 & -1 \end{pmatrix}\begin{pmatrix} z_1 \\ z_2 \end{pmatrix} \\ &= (z_1, z_2)\quad\begin{pmatrix} b & b \\ -b & b \end{pmatrix}\quad\begin{pmatrix} 1 & 1 \\ 1 & -1 \end{pmatrix}\begin{pmatrix} z_1 \\ z_2 \end{pmatrix} \\ &= (z_1, z_2)\begin{pmatrix} 2b & 0 \\ 0 & -2b \end{pmatrix}\begin{pmatrix} z_1 \\ z_2 \end{pmatrix} \end{aligned}$$

✓

Übungsaufgabe 7.3.3

$$\begin{pmatrix} 1 & & & & & & \\ & \ddots & & & & & \\ & & 1 & & & & \\ & & & 1 & \frac{b_{r,r+1}}{b_{rr}} & \cdots & \frac{b_{rn}}{b_{rr}} \\ & & & & 1 & & \vdots \\ & & & & & \ddots & \vdots \\ & & & & & & 1 \end{pmatrix} + \begin{pmatrix} 1 & & & & & & \\ & \ddots & & & & & \\ & & 1 & & & & \\ & & & 1 & -\frac{b_{r,r+1}}{b_{rr}} & \cdots & -\frac{b_{rn}}{b_{rr}} \\ & & & & 1 & & \vdots \\ & & & & & \ddots & \vdots \\ & & & & & & 1 \end{pmatrix}$$

$$= \begin{pmatrix} 1 & & & & & & \\ & \ddots & & & & & \\ & & 1 & & & & \\ & & & 1 & 0 & \cdots & 0 \\ & & & & 1 & & \vdots \\ & & & & & \ddots & \vdots \\ & & & & & & 1 \end{pmatrix}$$

✓

Kapitel 8

Übungsaufgabe 8.2.9

i) $\left\{ \begin{pmatrix} 1 \\ 0 \\ 0 \end{pmatrix}, \begin{pmatrix} 0 \\ 1 \\ 0 \end{pmatrix}, \begin{pmatrix} 0 \\ 0 \\ 1 \end{pmatrix} \right\}$

Ist z. B eine aus drei Punkten bestehende Punktmenge des $\boldsymbol{R}^3$. Sie liegen alle in der Einheitskugel um den Ursprung.

ii) Der Pyramidenstumpf im linken Teil der Abbildung liegt zum Beispiel ganz in einer Kugel mit Radius 3:

$$\{\mathbf{x} : \|\mathbf{x}\| \le 3\}$$

iii) Welche Kugel

$$\{\mathbf{x} : \|\mathbf{x}\| \le r\}$$

man auch immer betrachtet, stets gibt es einen Punkt auf dem Strahl, der außerhalb der Kugel liegt.

✓

Übungsaufgabe 8.2.11

i)

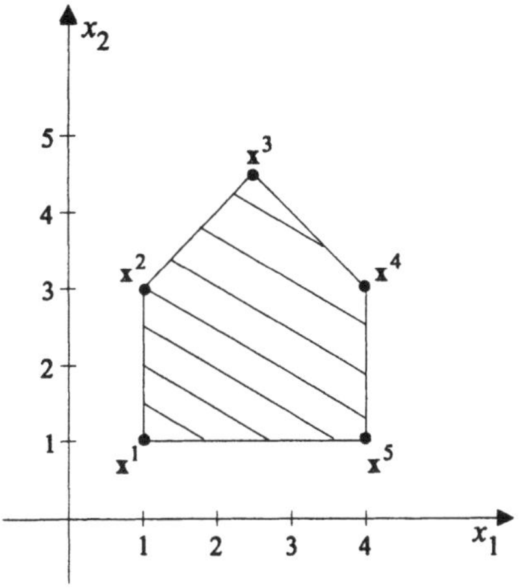

Die schraffierte Fläche ist die konvexe Hülle der Punkte $\overline{\mathbf{x}}^1$ bis $\overline{\mathbf{x}}^5$.

ii)

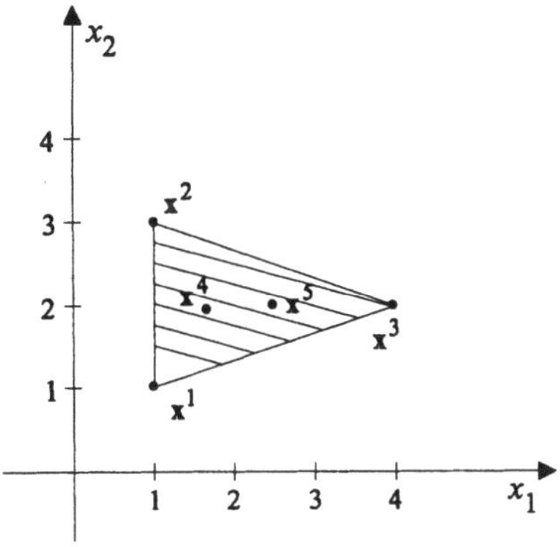

Die schraffierte Fläche ist die konvexe Hülle der Punkte $\overline{\mathbf{x}}^1$ bis $\overline{\mathbf{x}}^3$. $\overline{\mathbf{x}}^4$ und $\overline{\mathbf{x}}^5$ sind in der konvexen Hülle enthalten.

✓

Übungsaufgabe 8.3.5

I	$-3x_1 + 1x_2 \leq 0$
II	$-1x_1 + 1x_2 \leq 2$
III	$0x_1 - 2x_2 \leq 3$
IV	$1x_1 - 2x_2 \leq 3$

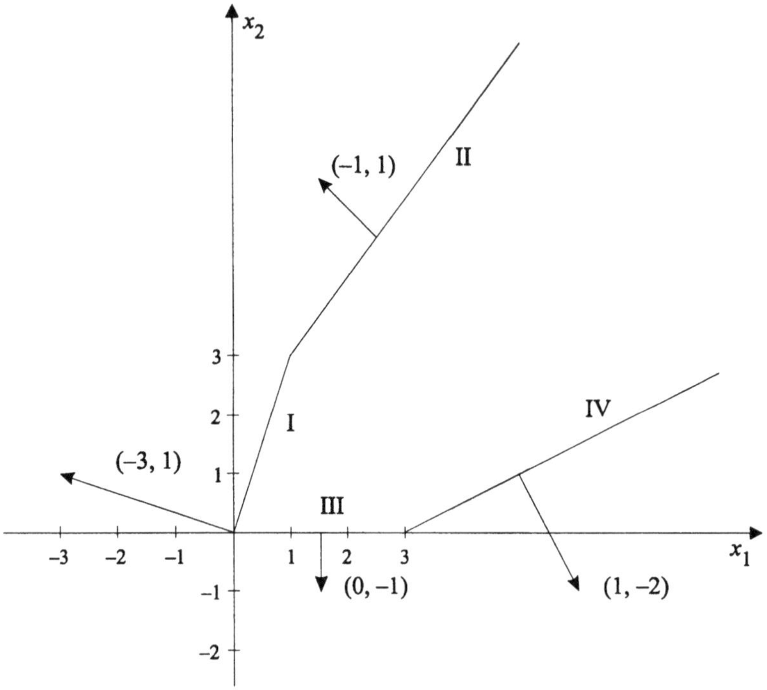

✓

Kapitel 9

Übungsaufgabe 9.2.2

Ausgehend von dem Tableau (9.2.04) erhält man durch Pivotisieren um $\frac{1}{2}$

1	0	1	0	$-\frac{3}{2}$	-1		1	0	1	3	0	8
0	1	-1	0	$-\frac{1}{2}$	0	$\rightarrow$	0	1	-1	1	0	3
0	0	0	1	$\frac{1}{2}$	3		0	0	0	2	1	6

$(\underline{x}_1, \underline{x}_2, x_3, x_4, \underline{x}_5) = (8,3,0,0,6)$.

Durch erneutes Pivotisieren um -1 erhält man:

1	1	0	4	0	11	
0	-1	1	-1	0	-3	und somit
0	0	0	2	1	6	

$(\underline{x}_1, x_2, \underline{x}_3, x_4, \underline{x}_5) = (11,0,-3,0,6)$.

✓

Übungsaufgabe 9.2.3

$$\begin{array}{ccccc|c} 1 & 0 & 0 & 5 & -2 & 1 \\ 0 & 1 & 0 & -1 & 2 & 1 \\ 0 & 0 & 1 & 1 & 2 & 2 \end{array} \quad \min\left\{\frac{1}{2},\frac{2}{2}\right\}=\frac{1}{2}.$$

Das führt zu dem Tableau

$$\begin{array}{ccccc|c} 1 & 1 & 0 & 4 & 0 & 2 \\ 0 & \frac{1}{2} & 0 & -\frac{1}{2} & 1 & \frac{1}{2} \\ 0 & -1 & 1 & 2 & 0 & 1 \end{array}.$$

Die dazugehörige zulässige Basislösung lautet:

$$(x_1, x_2, x_3, x_4, x_5) = (2, 0, 1, 0, \tfrac{1}{2})$$

✓

Übungsaufgabe 9.3.3

Eine Möbelfabrik stellt Stühle und Tische her. Beide Güter müssen mit 2 Maschinen A und B, verarbeitet werden. Für die Herstellung von einem Stuhl wird die Maschine A für 2 Stunden und die Maschine B für 1 Stunde benötigt. Für die Herstellung von einem Tisch wird die Maschine A für 1 Stunde und Maschine B für 2 Stunden benötigt. Der Erlös beim Verkauf von einem Stuhl beträgt 300 DM und beim Verkauf von einem Tisch 400 DM. Die Maschinen A und B sind pro Tag für höchstens 12 Stunden disponibel. Wieviele Stühle und Tische sollen pro Tag produziert werden, um den Erlös zu maximieren?

Sei x_1 = Anzahl der produzierten Stühle pro Tag
und x_2 = Anzahl der produzierten Tische pro Tag,
der tägliche Gewinn $z = 300x_1 + 400x_2$ ①

Nun gilt

$2x_1 + x_2 \leq 12$ (Maschine A) ②
und $x_1 + 2x_2 \leq 12$ (Maschine B) ③

Zusätzlich gilt

$x_1 \geq 0$ ④
und $x_2 \geq 0$ ⑤

④

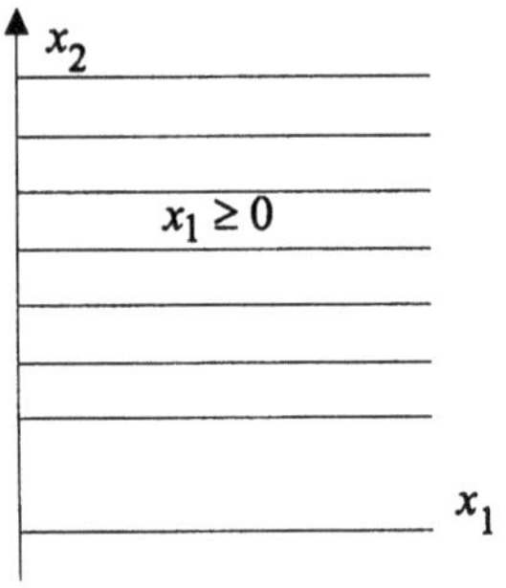
x_2
$x_1 \geq 0$
x_1

⑤

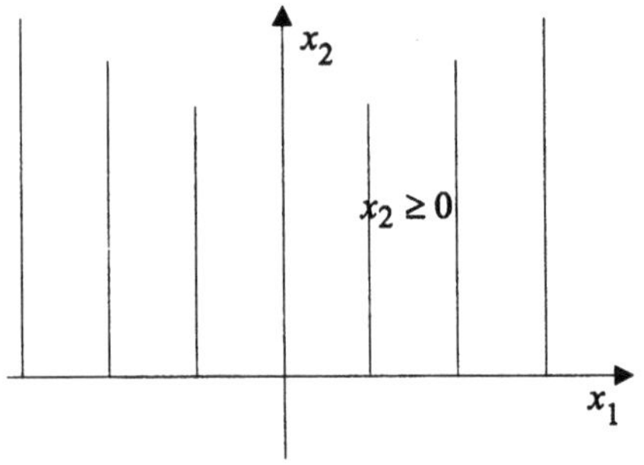
x_2
$x_2 \geq 0$
x_1

②

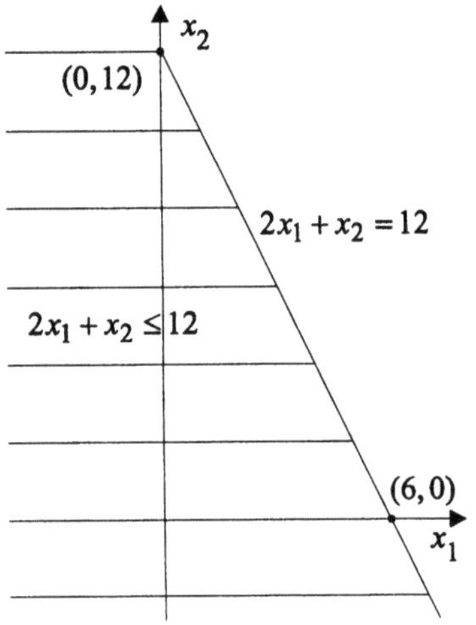
x_2
(0,12)
$2x_1 + x_2 = 12$
$2x_1 + x_2 \leq 12$
(6,0)
x_1

③

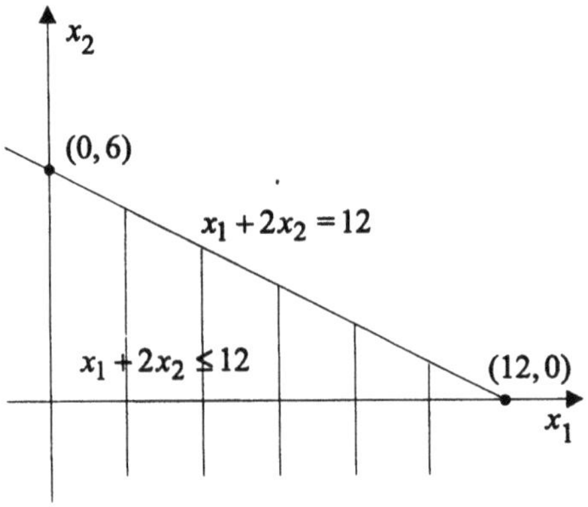
x_2
(0,6)
$x_1 + 2x_2 = 12$
$x_1 + 2x_2 \leq 12$
(12,0)
x_1

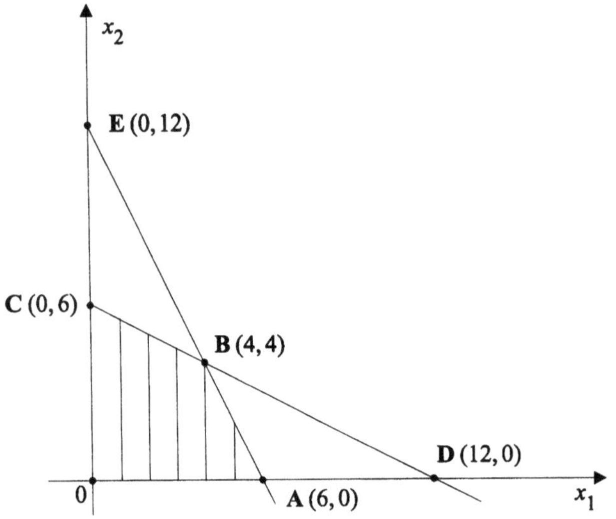
x_2
E (0,12)
C (0,6)
B (4,4)
D (12,0)
0
A (6,0)
x_1

Punkt	Zielwert z
0$(0,0)$	0
A$(6,0)$	1800
B$(4,4)$	2800
C$(0,6)$	2400

Der maximale Wert von z ist 2800. Also beträgt der maximale Erlös pro Tag 2800 DM. Um den maximalen Erlös zu erreichen, sollen pro Tag 4 Stühle und 4 Tische hergestellt werden.

✓

Literaturverzeichnis

Die mit * gekennzeichneten Bücher sind besonders geeignet zur Auffrischung von Vorkenntnissen (Schulwissen).

Allen, R. G. (1971)
„Mathematische Wirtschaftstheorie"
Duncker & Humblot, Berlin.

Bader, H., Fröhlich, S. (1988):
„Einführung in die Mathematik für Volks- und Betriebswirte"
9. Auflage, Oldenbourg, München, Wien.

Bartsch, H.-J. (1990):
„Taschenbuch mathematischer Formeln"
13. Auflage, Harri Deutsch, Frankfurt/M., Thun.

Berg, C., Korb, U.-G. (1985):
„Mathematik für Wirtschaftswissenschaftler"
Teil 1: Analysis, Teil 2: Lineare Algebra.
3. Auflage, Gabler, Wiesbaden.

Böhm, V. (1982):
„Mathematische Grundlagen für Wirtschaftswissenschaftler"
Springer, Berlin, Heidelberg, New York.

Bosch, K. (1994):
„Mathematik für Wirtschaftswissenschaftler: Eine Einführung"
9. Auflage, Oldenbourg, München, Wien.

Bronstein, I.N., Semendjajew, K.A. (1991):
„Taschenbuch der Mathematik"
25. Auflage, Teubner, Leipzig.

Dörsam, P. (1995):
„Mathematik -anschaulich dargestellt- für Studierende der Wirtschaftswissenschaft"
5. Auflage, PD-Verlag, Heidenau

Domschke, W., Drexl, A. (1991):
„Einführung in Operations Research"
2. Auflage, Springer, Berlin, Heidelberg, New York.

Dorninger, D., Karigl, G. (1988):
„Mathematik für Wirtschaftsinformatiker"
Band I + II, Springer, Berlin, Heidelberg, New York.

Dück, W., Körth, H., Runge W., Wunderlich L. (1988):
„Taschenbuch der Wirtschaftsmathematik: Formeln, Tabellen, Zusammenstellungen"
2. Auflage, Harri Deutsch, Frankfurt/Main, Thun.

Gal, T., Gal, J. (1991):
„Mathematik für Wirtschaftswissenschaftler, Aufgabensammlung"
2. Auflage, Springer, Berlin, Heidelberg, New York.

Gal, T., Gehring, H. (1981):
„Betriebswirtschaftliche Planungs- und Entscheidungstechniken"
de Gruyter, Berlin, New York.

Hadley, G. (1980):
„Linear Algebra"
9. Auflage, Addison-Wesley, Massachusetts.

Hackl, P., Katzenbeisser, W. (1992):
„Mathematik für Sozial- und Wirtschaftwissenschaftler"
2. Auflage, Oldenbourg, München, Wien

Hauptmann, H. (1988):
„Mathematik für Betriebs- und Volkswirte"
2. Auflage, Oldenbourg, München, Wien.

Hitz, H., Muzzulini, D. (1989):
„Lineare Algebra am Beispiel"
Hochschulverlag, Zürich.

* Hoffmann, S. (1995):
„Mathematische Grundlagen für Betriebswirte"
4. Auflage, Neue Wirtschafts-Briefe, Herne

* Hohloch, E., Kümmerer, H. (1989/88):
„Brücken zur Mathematik"
Band 1: Grundlagen, 3. Auflage, Band 2: Lineare Algebra, 2. Auflage, Band 3: Vektorrechnung, 2. Auflage, Cornelsen-Schwann-Girardet, Düsseldorf.

Horst, R. (1989):
„Mathematik für Ökonomen: Lineare Algebra"
2. Auflage, Oldenbourg, München, Wien.

Huang, D., Schulz, W. (1994):
„Einführung in die Mathematik für Wirtschaftswissenschaftler"
6. Auflage, Oldenbourg, München, Wien.

Jaeger, A., Wäscher, G. (1987):
„Mathematische Propädeutik für Wirtschaftswissenschaftler, Lineare Algebra und Lineare Optimierung"
Oldenbourg, München, Wien.

Köhler, H. (1987):
„Lineare Algebra"
2. Auflage, Hanser, München.

Kosiek, R. (1988/82):
„Mathematik für Wirtschaftswissenschaftler"
Band 1: Lehrbuch, 4. Auflage, Band 2: Übungen und Lösungen, 2. Auflage, Florentz, München.

Luderer, B., Würker, U. (1995):
„Einstieg in die Wirtschaftsmathematik"
Teubner, Stuttgart, Leipzig

Marinell, G. (1985):
„Mathematik für Sozial- u. Wirtschaftswissenschaftler"
5. Auflage, Oldenbourg, München, Wien.

* Merz, W., Kubla, H., Schlotter, W., Stein, G. (1977):
„Mathematik für Sie"
3. Auflage, Band 1, Grundwissen, Huber, M., Ismaning

* Merz, W., Costantin, F., Geiss, F., Koppelberg, B., Koppelberg, S., Schlotter, W. (1979)
„Mathematik für Sie"
Band 2, Grundwissen, Huber, M., Ismaning

Müller-Merbach, H. (1973):
„Operations Research"
3. Auflage, Vahlen, München.

Neumann, K., Morlock, M. (1993):
„Operations Research"
Hanser, München, Wien.

Niemeyer, H., Wermuth, E. (1987):
„Lineare Algebra, Analytische und numerische Behandlung"
Vieweg, Braunschweig, Wiesbaden.

Nollau, V. (1993):
„Mathematik für Wirtschaftswissenschaftler"
Teubner, Stuttgart, Leipzig

Oberhofer, W. (1993):
„Lineare Algebra für Wirtschaftswissenschaftler“
4. Auflage, Oldenbourg, München, Wien.

Ohse, D. (1993/90):
„Mathematik für Wirtschaftswissenschaftler“
Band I, 3. Auflage, Band II, 2. Auflage, Vahlen, München.

Pfeiffer, R. (1980):
„Mathematik für Volks- und Betriebswirte“
Band 1-5, Gabler, Wiesbaden.

* Piehler, G., Sippel, D., Pfeiffer, U., (1996):
„Mathematik zum Studieneinstieg"
3. Auflage, Springer, Berlin, Heidelberg, New York

* Purkert, W. (1995):
„Brückenkurs Mathematik für Wirtschaftswissenschafter“
Teubner, Stuttgart, Leipzig

Ringleb, F. O. (1967):
„Mathematische Formelsammlung"
8. Auflage, de Gruyter, Berlin

Rödder, W., Sommer, G. (1975):
„Lineare Planungsrechnung“
In: Zeitschrift für Betriebswirtschaft 3/75 bis 12/75, Gabler, Wiesbaden.

Rommelfanger, H. (1994/92):
„Mathematik für Wirtschaftswissenschaftler"
Band I, 2. Auflage, Band II, 3. Auflage, Bibliographisches Institut, Mannheim

Roppert, J. (1992):
„Mathematik - Eine erste Einführung“
Springer, Wien, New York

Schwarze, J. (1992):
„Mathematik für Wirtschaftswissenschaftler“
Band I-III, 9. Auflage, Neue Wirtschaftsbriefe, Herne, Berlin.

* Schwarze, J. (1993)
„Mathematik für Wirtschaftswissenschaftler - Elementare Grundlagen für Studienanfänger“
5. Auflage, Neue Wirtschafts-Briefe, Herne

Schwarze, J. (1994):
„Aufgabensammlung zur Mathematik für Wirtschaftswissenschaftler“
3. Auflage, Neue Wirtschaftsbriefe, Herne, Berlin.

Stöppler, S. (1982):
„Mathematik für Wirtschaftswissenschaftler"
3. Auflage, Gabler, Wiesbaden.

Tietze, J. (1992):
„Einführung in die angewandte Wirtschaftsmathematik"
4. Auflage, Vieweg, Braunschweig, Wiesbaden.

Vogt, H. (1988):
„Einführung in die Wirtschaftsmathematik"
6. Auflage, Physica, Heidelberg.

Vogt, H. (1988):
„Aufgaben und Beispiele zur Wirtschaftsmathematik"
2. Auflage, Physica, Heidelberg.

Zehfuß, H. (1987):
„Wirtschaftsmathematik in Beispielen"
2. Auflage, Oldenbourg, München, Wien.

Stichwortverzeichnis

MIX
Papier aus verantwortungsvollen Quellen
Paper from responsible sources
FSC® C105338

If you have any concerns about our products,
you can contact us on
ProductSafety@springernature.com

In case Publisher is established outside the EU,
the EU authorized representative is:
Springer Nature Customer Service Center GmbH
Europaplatz 3, 69115 Heidelberg, Germany

Printed by Libri Plureos GmbH
in Hamburg, Germany